beck'sche reihe

Seit dem Umweltgipfel der Vereinten Nationen 1992 in Rio de Janeiro beherrscht das Schlagwort der „Nachhaltigkeit" die öffentliche Diskussion. Dabei geht es um eine zukünftige Entwicklung, die ökologisch vertretbar ist und die Rechte der kommenden Generationen angemessen berücksichtigt.

Das vorliegende Buch leistet einen wichtigen Beitrag zur Diskussion um dieses Konzept. Denn gerade beim Thema Umwelt zeigt sich, wie notwendig ein fächerübergreifender Dialog zwischen den Wissenschaften ist, da es neben den Naturwissenschaften fast alle Bereiche des gesellschaftlichen Lebens und nicht zuletzt deren geistige Grundlagen berührt.

Vittorio Hösle ist Professor für Philosophie an der Universität Notre Dame, USA. Bei C.H.Beck sind von ihm zuletzt erschienen: *Die Philosophie und die Wissenschaften* (1999), *Moral und Politik* (1997), *Die Krise der Gegenwart und die Verantwortung der Philosophie* ([3]1997).
Dr. *Bernd Goebel* und Dr. *Luca Di Blasi* sind Mitarbeiter am Forschungsinstitut für Philosophie Hannover.

Nachhaltigkeit in der Ökologie

Wege in eine zukunftsfähige Welt

Herausgegeben von
Luca Di Blasi, Bernd Goebel
und Vittorio Hösle

Verlag C.H.Beck

Die diesem Band zugrundeliegende Vortragsreihe
und die Drucklegung des Buches wurden gefördert durch die
Deutsche Bundesstiftung Umwelt

Die Deutsche Bibliothek – CIP-Einheitsaufnahme

Nachhaltigkeit in der Ökologie : Wege in eine zukunftsfähige Welt / hrsg. von Luca Di Blasi, Bernd Goebel und Vittorio Hösle. – Orig.-Ausg. – München : Beck, 2001
(Beck'sche Reihe ; 1435)
ISBN 3 406 47561 2

Originalausgabe
ISBN 3 406 47561 2

Umschlagentwurf: +malsy, Bremen

Gesamtherstellung: Druckerei C. H. Beck, Nördlingen
Printed in Germany

www.beck.de

Inhalt

Vorwort 7

Vittorio Hösle
Dimensionen einer Krise.
Das Umweltproblem im 21. Jahrhundert 9

Hubert Wiggering/Michael Hahn
Ist unsere Umwelt dauerhaft geschädigt?
Bilanz und Perspektiven 37

Wolfgang Haber
Ökologie und Nachhaltigkeit. Einführung in die
Grundprinzipien der theoretischen Ökologie 66

Peter Koslowski
Prinzipien einer ökologisch nachhaltigen Ökonomie 96

Ernst-Dieter Lantermann
Umgang mit komplexen Umweltproblemen im
Spannungsfeld von Denken, Wissen und Gefühl 114

Paul Leidinger
Der Mensch – ein natürlicher Feind der Natur?
Unser Verhältnis zur Umwelt in der Geschichte 129

Richard Schenk
Der Mensch – die Dornenkrone der Schöpfung?
Umweltzerstörung aus theologischer Sicht 151

Johannes Merck
Nachhaltig handeln.
Die Umwelt- und Gesellschaftspolitik des OTTO Versand . 175

Gerhard de Haan
Bildung für eine nachhaltige Entwicklung als Voraussetzung für gesellschaftlichen Wandel 184

Michaele Hustedt
Sind wir zu viele? Über das Verhältnis von Weltbevölkerung und Umweltzerstörung 209

Michael Kloepfer
Haben nur Menschen Rechte? 233

Klaus Michael Meyer-Abich
Für wen hat die Natur einen Eigenwert? Die Abhängigkeit der ökologischen Ethik vom Menschenbild 243

Anmerkungen 263

Die Autoren 289

Vorwort

Spätestens seit dem Erdgipfel der Vereinten Nationen 1992 in Rio de Janeiro beherrscht das Schlagwort der „Nachhaltigkeit" die öffentlichen Diskussionen; dabei geht es um eine zukünftige Entwicklung, die ökologisch vertretbar ist und die Rechte der kommenden Generationen angemessen berücksichtigt. Trotzdem sind Umfragen zufolge nur fünfzehn Prozent der Bundesbürger dem Wort Nachhaltigkeit begegnet, und von diesen wiederum ist nur eine Minderheit in der Lage, den Begriff einigermaßen klar zu bestimmen.

Das vorliegende Buch will einen Beitrag zur Klärung dieses wichtigen Begriffs leisten. Es ist aus der öffentlichen Vortragsreihe „Für ein nachhaltiges Verhältnis zur Umwelt. Philosophie und Fachdisziplinen im Gespräch" hervorgegangen, die das Forschungsinstitut für Philosophie Hannover unter der Leitung von Vittorio Hösle und unterstützt von der Deutschen Bundesstiftung Umwelt vom 17. Mai bis 15. Juli 2000 in Hannover veranstaltete.

Inspiriert wurde die Vortragsreihe von der Weltausstellung EXPO 2000 Hannover und ihrem Motto „Mensch – Natur – Technik". Neben der Präzisierung des Leitbegriffs der Nachhaltigkeit ist es das Ziel dieses Buches, einen grundsätzlichen Denkprozeß darüber in Gang zu bringen, welche Einstellungen und Entwicklungen die Umweltkrise herbeigeführt haben, welche Dimensionen sie aufweist und welches die Voraussetzungen für ein neues Verhältnis zur Natur und die Überwindung der Umweltkrise sind.

Bei der Erörterung dieser Fragen waren wir dem Prinzip der Interdisziplinarität verpflichtet. Gerade beim Thema Umwelt zeigt sich, wie notwendig ein fächerübergreifender Dialog zwischen den sich immer weiter spezialisierenden Einzelwissenschaften ist, da die Frage nach dem Umweltschutz neben den Naturwissenschaften fast alle Bereiche des gesellschaftlichen Lebens und nicht zuletzt deren geistige Grundlagen berührt. So kamen in den Vorträgen neben Vertretern aus Politik und Wirtschaft auch Geistes- und Naturwissenschaftler zu Wort. Der Philosophie kam hierbei nicht nur die Rolle der Moderatorin zu, sondern sie war in zwei Einzelvorträgen auch inhaltlich beteiligt.

Die Vortragsreihe und dieses Buch wären ohne die finanzielle Förderung durch die Deutsche Bundesstiftung Umwelt nicht zustande gekommen. Ihr und den Referenten gilt unser besonderer Dank. Danken möchten wir auch Frau Barbara Niemetz und insbesondere Frau Elisabeth Kühn für ihre engagierte Mitarbeit; ohne sie wäre das Projekt nicht so reibungslos verlaufen.

Hannover, 15. August 2000

Luca Di Blasi
Bernd Goebel
Vittorio Hösle

Vittorio Hösle

Dimensionen einer Krise
Das Umweltproblem im 21. Jahrhundert

Es gehört zu den Ambivalenzen des Jahrtausendbeginns, daß sich Hoffnungen und Ängste auf komplexe Weise mischen. Die Überwindung des sowjetischen Totalitarismus wird sicher als das wichtigste Ereignis der 1990er Jahre in die Geschichte eingehen: Nicht nur sind Millionen Menschen von einer brutalen Diktatur befreit worden, die ihre Grundrechte unterdrückte, nicht nur hat die Einführung der Marktwirtschaft ökonomische Chancen geschaffen und der spezifisch planwirtschaftlichen Form der Umweltzerstörung ein Ende gesetzt, mit dem Ende des Kalten Krieges ist auch die Gefahr eines Dritten Weltkriegs mit der sehr realen Gefahr eines nuklearen Weltenbrandes wenigstens vorläufig gebannt. Das Umweltproblem, um das es in diesem Buch geht, ist zum Gegenstand bedeutender internationaler Konferenzen und, was mehr ist, internationaler Abkommen geworden. Wir wissen heute, daß wesentlich ernster als der Verbrauch der viel langsamer, als der Club of Rome in seinem ersten Bericht vorhergesagt hatte,[1] zur Neige gehenden Ressourcen die Belastungen der Umwelt sind. Politik und Wirtschaft nehmen sich dieser letzteren Umweltprobleme in einer Weise an, die ohnehin in den 1960er Jahren, aber auch noch in den 1980er Jahren undenkbar gewesen wäre, und die erreichten Fortschritte sind beachtlich.

Und dennoch besteht nicht der geringste Anlaß zur Entwarnung. Die Entwicklung in den Nachfolgestaaten der Sowjetunion, zumal in Rußland, ist noch keineswegs derart, daß sie erneute, wenn auch dieses Mal anders begründete Konflikte ausschlösse; vermutlich sind begrenzte nukleare Kriege (etwa in Südasien) nach dem Wegfall der bipolaren weltpolitischen Grundstruktur der Nachkriegszeit sogar wahrscheinlicher geworden. Die Einführung der Marktwirtschaft in Osteuropa einschließlich Rußlands hat zu großen sozialen Ungerechtigkeiten geführt, angesichts deren eine Berücksichtigung ökologischer Anliegen nicht leicht ist. Auch nur von einer Stabilisierung der CO_2-Emissionen, geschweige denn ihrer Reduktion sind wir weit entfernt, und eine –

vermutlich dadurch (mit)bedingte – Erwärmung der Atmosphäre scheint eine Tatsache zu sein, die sich noch lange fortsetzen wird. Dem letzten Bericht des Worldwatch Institute[2] entnehme ich, daß die globale Durchschnittstemperatur 1996–1998 um 0.44 Grad Celsius höher war als 1969–1971 und, wenn die Entwicklungstrends sich fortsetzen, im 21. Jahrhundert noch einmal um wenigstens ein Grad steigen wird. Das Schmelzen von Eiskappen und Gletschern ist jetzt schon im Gange und wird weiterschreiten, mit der bekannten Konsequenz der Erhöhung des Meeresspiegels (um mindestens 17 cm). Eine weitere Konsequenz der Erwärmung des Meerwassers ist die zunehmende Beeinträchtigung der Korallenriffe, die nicht nur Küsten vor Stürmen schützen, sondern auch vielen Meeresarten als Brutplatz dienen. Der Artentod setzt sich ungebremst fort – bei den Arten der wichtigsten Wirbeltierklassen sind inzwischen zweistellige Prozentzahlen gefährdet oder gar vom Aussterben bedroht: 34% der Fische, 11% der Vögel, 25% der Säugetiere. Es mag sein, daß die Ozeane noch nicht überfischt werden, aber sie sind auf jeden Fall sehr nahe daran und werden es sicher sehr bald sein, wenn bei weiterhin zunehmender Weltbevölkerung der durchschnittliche Bedarf pro Kopf gleichbleibt. Die Waldfläche des Planeten schrumpft weiter, sowohl in absoluten Zahlen als auch a fortiori pro Kopf. Die Getreideanbaufläche pro Person hat sich in den letzten fünfzig Jahren halbiert, von 0,24 auf 0,12 Hektar, und wird, selbst wenn die Fläche in absoluten Zahlen die gleiche bleibt, auf 0,08 zurückgehen. Dies ist deswegen beunruhigend, weil der Zuwachs an Produktivität pro Hektar Getreideland seit 1990 rückläufig ist – nur 1% statt der 2% von 1950 bis 1990. Besonders beängstigend ist der fallende Grundwasserspiegel in vielen Ländern der Welt, bedingt durch die modernen elektrischen und Dieselpumpen, die mehr Wasser heraufzubefördern vermögen, als durch Schnee und Regen wieder einsickert – was natürlich sehr bald die Getreideernten einschränken wird. Die weitere Verdünnung der Ozonschicht ist trotz des Montrealprotokolls wahrscheinlich, nicht nur weil die früher emittierten FCKWs noch weiter in der Atmosphäre wirken und die FCKW-Produktion zwar weitgehend, aber nicht vollständig eingestellt worden ist, sondern auch weil die Klimaveränderung vermutlich das Problem verschärfen wird. Die Umweltflüchtlinge machen jetzt schon die größte Gruppe unter allen Flüchtlingen aus, und ihre Zahl wird im nächsten Jahrhundert sicher dramatisch zunehmen.

Die Tatsache, daß die Umweltthematik, die Ende der 1980er Jahre die Schlagzeilen zu beherrschen vermochte, nun hinter anderen Fragestellungen zurückgetreten ist, bedeutet keineswegs, daß das Problem gelöst ist. Jene Akzentverschiebung in den Medien hat sicher zum Teil damit zu tun, daß das Problem inzwischen allgemein bekannt ist und die Menschen daher nicht mehr in gleichem Maße informiert, ja wachgerüttelt werden müssen wie vor fünfzehn Jahren. Allerdings spielt auch die weniger erfreuliche Tendenz eine Rolle, von einem Problem wegzublicken, das uns alle zu überfordern scheint. Es ist auf die Dauer der eigenen Selbstachtung abträglich, sich sagen zu müssen, daß man durch das eigene Verhalten zu einem Zustand der Welt beiträgt, der elementare Grundrechte und Grundgüter gefährdet, und wenn es sich als schwierig erweist, das eigene Verhalten zu korrigieren, dann mag es naheliegen, das Problem zu verdrängen. Als weiterer Grund ist ferner die Angst zu nennen, daß die massiven Anpassungen der Wirtschafts- und der Rechtsordnung, die erforderlich sind, um die Umweltprobleme in den Griff zu bekommen, eine schwere Erschütterung unserer Gesellschaften auslösen könnten. Umbruchszeiten bringen zwangsläufig politische Konflikte mit sich, weil der bisherige Konsens schwerlich gleichzeitig bei allen Staatsbürgern durch einen neuen ersetzt werden kann; und es liegt in der Natur der Sache, daß derartige Epochen für Ideologen und Demagogen besonders anfällig sind. Man kann kaum bestreiten, daß es im Dunstkreis derjenigen, die völlig zu Recht auf die drohenden Umweltkatastrophen hingewiesen haben, Menschen gegeben hat und gibt, die primär von Haß auf die tradierte Sittlichkeit getrieben sind und das ökologische Problem nur als Hebel benutzen wollen, um die vernünftigen und moralisch zu bejahenden Aspekte der modernen demokratischen Rechtsstaaten mit Marktwirtschaft in Frage zu stellen. Jene Angst ist also nicht völlig ungerechtfertigt; nur übersieht sie vollständig, daß der Kontinuitätsverlust in den modernen Gesellschaften wesentlich größer sein wird, wenn die ganze Wucht der ungelösten ökologischen Probleme auf sie prallen wird, als wenn rechtzeitig die erforderlichen Anpassungen vorgenommen werden.

Damit ist schon angedeutet, was Ziel des vorliegendes Sammelbandes ist, dessen Titel „Nachhaltigkeit in der Ökologie“ durch das Thema der EXPO 2000 „Mensch – Natur – Technik“ angeregt worden ist. Es geht darum, einen sachlichen Gesamtüberblick über die mannigfaltigen Facetten des Problems zu geben. Natürlich handelt es sich dabei nicht im mindesten um eine hinreichende Bedingung seiner Lösung, die durch Kongresse und Sammelbände eben nicht zu erreichen ist. Eine notwendige Bedingung für eine verantwortbare Lösung ist ein derartiger Überblick aber wohl doch. Denn nur eine Zusammenarbeit der einschlägigen Wissenschaften, die von der Biologie (einschließlich der Biophysik und Biochemie) über die Wissenschaften vom Menschen zu denen seiner Gesellschaft reichen, verspricht ein angemessenes Verständnis dessen, was die Menschen in einer bestimmten Phase ihrer Geschichte aus bestimmten Motiven und im Rahmen bestimmter wirtschaftlicher, rechtlicher und politischer Institutionen ihrer Umwelt antun; und da der Praxisbezug bei einem solchen Thema entscheidend ist, werden neben Wissenschaftlern auch ein Unternehmer und eine Politikerin zu Wort kommen. Aber warum ist auch die Philosophie präsent, warum fühlt sich gerade ein Forschungsinstitut für Philosophie berufen, ein derartiges Gespräch der Fachdisziplinen zu organisieren?

Drei Gründe können in diesem Zusammenhang genannt werden. Erstens ist ja, wie gesagt, mit einer bloßen Bestandsaufnahme und einer Kausalanalyse unser Problem noch keineswegs gelöst. Wir müssen unser Handeln umstellen, und zwar natürlich nach moralischen Prinzipien. Die Wissenschaft unserer moralischen Pflichten, die Ethik, ist aber traditionell das Herzstück der Philosophie, und gerade aufgrund der zunehmenden Umwandlung der modernen Wissenschaften in wertfreie Theorie ist die Philosophie besonders gefordert, wo es um Wert- oder um normative Fragen geht. Ferner hat die Philosophie auch bezüglich des rein deskriptiven Wissens eine bedeutende Aufgabe – sie muß zweitens den inneren Zusammenhang der einzelnen Wissenschaften reflektieren, und sie kann drittens deren Grundbegriffe und -annahmen, die die Wissenschaften häufig einfach voraussetzen, zu hinterfragen bzw. auf grundlegende philosophische Prinzipien zurückzuführen suchen. Auch wenn letztere Aufgabe nicht von allen Philosophien anerkannt wird, ist doch die erstere relativ unstrittig, und sie garantiert der Philosophie eine Moderatorenrolle, die sie um so eher wahrnehmen sollte, als sie im Laufe ihrer Geschichte stets aus dem Gespräch mit den Einzelwissenschaften gelernt hat. Wo sie sich diesem entzieht, wird sie meist steril; und auch wenn die Philosophie sicher mehr ist als, in Hegels bekannten Worten, „ihre Zeit in Gedanken erfaßt", ist sie doch auch dies, und die Philosophie denkt an unserer Zeit vorbei, wenn sie sich nicht mit dem ökologischen Problem einer Frage stellt, von deren Lösung das Überleben zahlreicher Pflanzen- und Tierarten und, wenn auch vielleicht nicht das Überleben der Menschheit, so doch das Überleben vieler Menschen, die Bewahrung unserer Selbstachtung und die Sicherung freiheitlicher Institutionen abhängen. Was den letzten Punkt betrifft, so ist die Philosophie gewiß besonders dort gefragt, wo es um Weichenstellungen im Gefüge unserer Kategorien geht; und selten ist die Forderung nach einem radikalen Umbruch in unserem Denken lauter geäußert worden als von Teilen der Umweltbewegung. Es liegt in der Natur der Sache, daß hinsichtlich dieses dritten Punktes der Dissens unter Philosophen besonders ausgeprägt ist; und um diese unvermeidliche Pluralität von Ansichten deutlich zu machen, enthält dieser Band auch zwei philosophische Beiträge, einen am Anfang und einen anderen am Ende.

Mein Beitrag orientiert sich an den genannten drei Aufgaben, allerdings in umgekehrter Reihenfolge. Ich will zunächst die Frage diskutieren, wie grundsätzlich der Bruch mit unserem Denken sein soll, damit er der ökologischen Herausforderung gerecht wird. Ich beginne mit dieser Frage, weil ich damit den Ansatz besser profilieren kann, der mir am plausibelsten erscheint, und meine Art der Behandlung der anderen Fragen leichter antizipierbar sein wird – also meine Überlegungen dazu, warum unterschiedliche Wissenschaften bei der Diagnose des ökologischen Problems unabdingbar sind und welche Konsequenzen für eine moralische Rechtsordnung aufgrund dieser Diagnose und aufgrund bestimmter moralischer Prinzipien gezogen werden müssen. In manchem greife ich auf meine 1990 verfaßten Moskauer Vorträge zur „Philosophie der ökologischen Krise"[3] zurück, benutze aber diese Gelegenheit, um manche Korrekturen an ihnen vorzunehmen.

I.

Neben der philosophisch wie politisch uninteressantesten des Abwiegelns und Ignorierens provoziert das Umweltproblem – idealtypisch vereinfacht – zwei verschiedene Reaktionsweisen. Auf der einen Seite ist jene zu nennen, die aufgrund der schwerwiegenden Probleme, von denen wir bedroht sind und die sicher ein weitgehendes Versagen unserer Kultur belegen, einen grundsätzlichen Bruch mit einer Tradition fordert, von der behauptet wird, daß sie zwangsläufig zur Umweltkrise geführt habe. Martin Heideggers Philosophie der Technik[4] ist das philosophisch anspruchsvollste Beispiel für einen derartigen Ansatz: Nur ein „Verwinden" der Metaphysik, eine Rückkehr zu einem „Denken", das sich den Rationalitätskriterien der modernen Wissenschaft entziehe, könne uns vielleicht aus der Sackgasse befreien, in die wir uns seit Jahrhunderten, ja Jahrtausenden verrannt hätten. Für die andere Sichtweise besitzt dagegen die moderne Welt durchaus das erforderliche Reservoir an ethischen und wissenschaftlichen Einsichten, um mit den Herausforderungen fertig zu werden – sie muß es nur aktualisieren. Nicht neue Prinzipien seien gefordert, sondern bloß die Anwendung längst schon bekannter Normen auf neue Anwendungsfälle.[5] Natürlich ist der Gegensatz zwischen den beiden Ansätzen nicht so scharf, wie er auf den ersten Blick erscheint; es bestehen eine Menge Zwischenpositionen – wie etwa diejenige, die ich im folgenden verteidigen werde. Ich will dabei so vorgehen, daß ich zunächst einiges Formal-Allgemeine zu dem Problem anmerke, alsdann die deskriptive und schließlich die normative Dimension diskutiere.

Gegen die – sei es sie beschreibende, sei es sie postulierende – These grundsätzlicher Diskontinuitäten in der Geschichte der Wissenschaften und der Ethik gibt es einen bekannten Einwand: Wäre es wirklich so, daß es keine dem alten und dem neuen Ansatz gemeinsamen Rationalitätskriterien gäbe, dann wäre der Übergang von dem einen zu dem anderen Ansatz nur ein unvermitteltes Ereignis, das zumindest nicht auf Argumente zurückgeführt werden könnte. Man könnte sich nicht für oder gegen den neuen Ansatz mit einsichtigen Gründen entscheiden, sondern man hätte den Vorgang des Wechsels zu ihm hin (oder das Unterbleiben eines solchen Wechsels) gleichsam hinzunehmen. Zwar könnte man innerhalb des jeweiligen Ansatzes seine Rationalität verteidigen – aber dies eben innerhalb aller Ansätze und stets nur auf zirkuläre Weise. Gerne werden solche unvermittelbaren Ansätze seit Th. S. Kuhn Paradigmata genannt, auch wenn es natürlich denkbar ist, den Terminus „Paradigma" in einer wesentlich harmloseren Weise zu verwenden: Wer die spezielle Relativitätstheorie ein neues Paradigma gegenüber der klassischen Mechanik nennt, kann sehr wohl der Ansicht sein, daß sich die Rationalitätskriterien beim Übergang von der einen zu der anderen Theorie keineswegs gewandelt hätten, sondern nur die gewiß noch recht fundamentalen Begriffe von Raum und Zeit. Aus dem Gesagten scheint mir zu folgen, daß, wenn von einem Paradigmenwechsel im Zusammenhang mit unseren Umweltproblemen die Rede ist, diese Redeweise sich nur auf relativ grundlegende Prinzipien beziehen könnte, aber keineswegs auf die höchsten Kriterien der Argumentation.

Angesichts der Größe der Umweltprobleme ist freilich die Auffassung verführerisch, daß es sich dabei um etwas so Einzigartiges handle, daß jede Verwendung tradierter Kategorien in die Irre führe – nur ein Neologismus wie Heideggers „Gestell" werde der Realität annäherungsweise gerecht. In der Tat ist es Heideggers bleibendes Verdienst, den qualitativen Unterschied zwischen der vormodernen und der modernen Technik erkannt zu haben, die nicht einfach als quantitative Steigerung der ersteren gedeutet werden kann. Ich werde auf die für die Moderne entscheidende Kombination von Wissenschaft, Technik, Kapitalismus, Staat und universalistischer Ethik später kurz eingehen, die etwas weltgeschichtlich Neues darstellt und die eine notwendige Voraussetzung für das Ausmaß der ökologischen Krise ist, die uns beschäftigt. Und doch darf diese wichtige Erkenntnis unsere Aufmerksamkeit nicht von der Tatsache ablenken, daß anthropogene Umweltbelastungen keineswegs ein Privileg der Moderne sind. Nicht nur hat es nicht durch den Menschen verursachte und daher von ihm auch nicht zu verantwortende massive Veränderungen der natürlichen Umwelt schon sehr häufig in der Erdgeschichte gegeben – man denke nur an die diversen großen und kleinen Eiszeiten. Die junge historische Disziplin der Umweltgeschichte[6] hat nachgewiesen, wie stark der Druck auch des vormodernen Menschen auf seine Umwelt gewesen ist. Nicht nur die frühen Hochkulturen – man denke an die weitgehenden Abholzungen mit der Folge von Erosionsschäden in der römischen Zeit –, selbst die sogenannten archaischen Kulturen haben sich viele Umweltsünden zuschulden kommen lassen. Schon der Urmensch hat zum Aussterben mancher Art, vielleicht sogar zur Klimaveränderung[7] beigetragen; weder die amerikanischen noch die australischen Ureinwohner haben stets nachhaltig gewirtschaftet. Zwar ändert dies überhaupt nichts an dem großen quantitativen Unterschied im Ausmaß der Schäden, die, aufgrund der ganz andersartigen technischen Möglichkeiten, der viel größeren Bevölkerungszahl und eines anderen Wertesystems, in der Spätmoderne erfolgt sind, in der sie erstmals den ganzen Planeten umspannen und sich mit atemberaubender Geschwindigkeit ausbreiten; zwar wird man weiterhin die These verteidigen können, daß archaische Kulturen ebenso wie die frühen Hochkulturen von einer viel engeren Beziehung des Menschen zu der ihn umgebenden Natur, die als Ordnung gedeutet wird, ausgehen als der nachcartesische Mensch, der sich selbst als res cogitans der res extensa entgegensetzt; aber all das ändert nichts daran, daß der vormoderne Mensch eben nur vage Ideen vom Ordnungsgefüge der Natur hatte, in das er aufgrund mangelnden wissenschaftlichen Wissens und abwegiger mythischer Vorstellungen immer wieder schädigend eingriff. Die Wissenschaft hat die Reichweite unserer Eingriffe in die Natur vergrößert, aber sie hat auch wenigstens teilweise die einesteils auf Beobachtungen gegründeten, andernteils in rationalen Mythen angelegten ökologischen Ahnungen vormoderner Kulturen durch wissenschaftliche Erklärungen und Prognosen größerer Präzision ersetzt. Es ist eine traurige Wahrheit, aber es ist trotzdem eine Wahrheit, daß außereuropäische Kulturen, die erstmals an der modernen Technik teilzuhaben beginnen, keinesfalls in der Lage sind, die von dieser ausgehenden Umweltschäden selbständig zu kontrollieren – mangels teurer Umwelttechnologien verursachen sie vielmehr besonders schwerwiegende Umweltschäden.

Ja, man muß noch weiter gehen. Nicht nur sind ökologische Krisen in der Menschheitsgeschichte nichts Neues – sie sind auch nichts Neues in der biologischen Evolution. Ganz im Gegenteil läßt sich ohne jede Übertreibung sagen, daß die erste ökologische Krise mit den ersten Organismen begonnen hat – ich komme darauf zurück. Die Zahl der Arten, die in der Geschichte des Lebens ausgestorben sind, beträgt wohl mindestens Hunderte von Millionen,[8] und zu den Ursachen dieses Aussterbens zählt nicht nur, doch zu einem guten Teil auch das Verhalten anderer Organismen. Aus diesem Sachverhalt ergibt sich zweierlei: Erstens ist die anthropogene Umweltkrise, mit der wir derzeit konfrontiert sind, nichts, was eine besondere Abscheulichkeit des Menschen im Gegensatz zu einer guten Natur belegte; eine solche naturromantische Deutung schreibt vielmehr in extrem anthropozentrischer Weise dem Menschen eine Sonderrolle zu, die ihm wenigstens nicht aufgrund seines Umweltverhaltens zukommt. Zweitens heißt dies auch, daß – jedenfalls wenn wir zu einem sinnvolleren Verhältnis zu unserer Umwelt finden wollen – die Natur nicht schlechthin unsere Lehrmeisterin sein kann. Es ist nicht die Natur, die uns sagt, daß wir etwas gegen das Aussterben von Arten unternehmen sollten – auch wenn wir aus der wissenschaftlichen Erforschung der Natur lernen können, was Ursachen und was Folgen des Artensterbens sind.

Damit kommen wir zur ethischen Dimension. Diesbezüglich ist zunächst daran zu erinnern, daß wir nach dem moralischen Realismus – meines Erachtens der bei weitem plausibelsten metaethischen Position, für die zu argumentieren ich an dieser Stelle auch deswegen unterlassen kann, weil die meisten Vertreter der Umweltbewegung sie mehr oder weniger unbewußt voraussetzen – moralische Normen und Werte nicht erfinden, sondern entdecken; wir schaffen diese nicht, sondern stoßen auf sie. Allerdings kann man auch auf dieser Grundlage die These vertreten, daß eben angesichts der gegenwärtigen ökologischen Probleme die Ethik ganz neue Prinzipien entdecken würde, die einen dramatischen Bruch mit den bisherigen darstellten. Dagegen freilich ist zunächst darauf zu verweisen, daß die entscheidenden ethischen Argumente im umweltethischen Zusammenhang die moderne universalistische Ethik voraussetzen: Gerade wenn wir jedem Menschen bestimmte Grundrechte zusprechen, ist es inakzeptabel, die Rechte zukünftiger Generationen so brutal zu verletzen, wie wir es etwa dadurch tun, daß wir z.B. Klimaveränderungen auslösen. Erkennen wir die Rechte nicht nur unserer eigenen Nachfahren, sondern auch der Nachkommen von Menschen an, die weit weg von uns leben (etwa auf Inseln, die vom aufgrund der globalen Erwärmung steigenden Meeresspiegel überflutet werden können), so handeln wir aufgrund moralischer Prinzipien, die den archaischen Kulturen völlig fremd waren und die sich den Universalreligionen und ihrer modernen Interpretation verdanken.

Freilich muß dieses grundsätzliche Zugeständnis um vier wichtige Einschränkungen ergänzt werden. Erstens ist einzuräumen, daß die ethischen und ontologischen Probleme, vor die der zentrale, später genauer zu erörternde Begriff der Rechte zukünftiger Generationen stellt, beträchtlich sind und daß, wenn auch seit sehr langem die Menschheit auf intuitivem Niveau Pflichten gegenüber den eigenen Nachkommen anerkannt und auch die traditionelle Ethik derartige Pflichten nie explizit geleugnet, sondern im Gegenteil immer wieder vorausgesetzt hat, sich ausgearbeitete Theorien derartiger Pflichten erst im 20. Jahrhundert finden – und zwar im Utilitarismus, bei John Rawls, bei Hans Jonas und in der Diskursethik.[9] Kant quälte viel eher noch die Frage, ob die Opfer, die frühere Generationen beim Aufbau vernünftiger Institutionen auf sich nehmen, zu Recht den kommenden zugute kämen, als die umgekehrte, ob sie auf Kosten der kommenden lebten, und es ist natürlich richtig, daß unter der Voraussetzung kontinuierlichen Fortschritts dies die Fragestellung ist, die sich aufdrängt.[10] Zweitens ist festzustellen, daß ein bestimmtes Modell der Rechtfertigung moralischer Normen, nämlich dasjenige über die wechselseitige Berücksichtigung der jeweiligen Interessen aus egoistischen Motiven, durch die Idee der Rechte kommender Generationen in Frage gestellt worden ist: Die Menschen in hundert Jahren können schwerlich Sanktionen verhängen für Schäden, die wir ihnen heute zufügen. Nun ist die Auffassung, unsere moralischen Pflichten seien eine Funktion unserer eigennützigen Interessen, keineswegs der einzige Ansatz der Moralbegründung, der sich in der Moderne findet; aber er ist seit Hobbes ein besonders populärer, von großem Einfluß auf die führenden Sozialwissenschaften Nationalökonomie und Politikwissenschaft. Insofern läßt sich sagen, daß ein, und zwar entscheidender, Strang der Ethik der Moderne durch die Idee der Generationengerechtigkeit herausgefordert, vermutlich sogar in Frage gestellt worden ist. Dies gilt freilich nicht von Kant und den von ihm abhängigen Strömungen. Doch muß drittens auch über Kant bemerkt werden, daß seine Ethik nur in Personen (und zwar in deren Willen) Entitäten von intrinsischem Werte sieht. Der Gedanke, daß Naturgüter, also

Landschaften, pflanzliche und tierische Arten, einzelne Pflanzen und Tiere, an sich wertvoll sind, unabhängig von den faktischen Bedürfnissen und Interessen von Personen an ihnen, ist Kant völlig fremd. Nun hat auch die antike Ethik keineswegs eine ausgearbeitete Theorie unserer Pflichten gegenüber Tieren gehabt – in der „Nikomachischen Ethik“ wird man derartiges vergeblich suchen –, aber Aristoteles sieht trotzdem etwas Wertvolles in vielen Gebilden der Natur;[11] und viele vormoderne Kulturen, insbesondere des hinduistischen und buddhistischen Kulturkreises, haben bestimmte moralische Schranken im Verhalten gegenüber Tieren anerkannt.[12] Zur Verteidigung der Kantischen Ethik kann man sicher vorbringen, daß eine große Zahl der gegenwärtigen Umweltethiken alleine Menschen, oder besser: Personen, intrinsischen Wert zuspricht, also stark anthropozentrisch ist. Aber es gibt auch andere Ansätze, von denen die meisten, aber nicht alle, wenigstens schwach anthropozentrisch sind, also Personen einen höheren intrinsischen Wert zuordnen als Tieren und Pflanzen. Immerhin stellen auch diese Ansätze keinen grundsätzlichen Bruch mit dem Ethikreservoir der Moderne dar: Der Utilitarismus hat die Schmerzen leidensfähiger Tiere in sein Ethikkalkül einbezogen. Ja, auch und gerade auf schöpfungstheologischer Basis läßt sich die These vom intrinsischen Wert der außermenschlichen Natur durchaus verteidigen, so daß auch die Vertreter dieser Theorie sich keineswegs so sehr außerhalb der bisherigen ethischen Konzeptionen bewegen, wie sie manchmal glauben.

Der vierte Einwand hebt darauf ab, daß eine der Ursachen unserer Umweltprobleme gerade die universalistische Ethik sei. Inwiefern? Nun, ohne Zweifel wurde der Druck auf die Umwelt verstärkt, je mehr Menschen mit der Entwicklung der modernen Demokratie und des modernen Wohlfahrtsstaates auf die Segnungen des modernen Konsums Anspruch erhoben. Hinter den masseneudämonistischen Vorstellungen, die die Politik der modernen Industriestaaten mitbestimmen, stehen sicher egalitäre und universalistische Ideale: Ein annähernd so hoher Konsum wie den Reichen soll möglichst der ganzen Bevölkerung ermöglicht werden. Dieselbe Idee wird auf planetarischem Maßstabe dazu führen, daß auch in den erfolgreichen Schwellenländern ein dem unsrigen vergleichbarer Konsum durchgesetzt wird, mit der unvermeidlichen Folge einer Steigerung unserer Umweltprobleme bis zur Unlösbarkeit, zumindest solange nicht bedeutende technische Innovationen stattfinden. Darauf freilich läßt sich erwidern, daß unsere Umweltprobleme gerade aus der mangelnden Berücksichtigung einer entscheidenden Dimension des universalistischen Gerechtigkeitsbegriffes folgen – nämlich der intergenerationellen Gerechtigkeit. Eine notwendige, wenn auch nicht hinreichende Bedingung für die Rationalität einer ethischen Theorie ist ihr Universalismus, der nicht zur Disposition stehen darf, zumal es keineswegs der Universalismus an sich ist, der unsere gegenwärtige Konsumhöhe festlegt: Er schreibt nur eine annähernde Gleichheit (nach einer bestimmten Interpretation: bei gleicher Leistung) vor. Wenn der Konsum der gegenwärtigen Generation Lebenschancen der späteren Generationen verletzt, dann ist er eben nicht universalisierbar und insofern unmoralisch. Seine Einschränkung muß auf universalistische Weise geschehen; Forderungen der intergenerationellen Gerechtigkeit müssen mit denen der Gerechtigkeit zwischen den Klassen innerhalb eines Staates und mit denen der internationalen Gerechtigkeit vermittelt werden. Das ist sicher eine Aufgabe, die schon theoretisch nicht leicht ist; die Verwirklichung eines entsprechenden Gerechtigkeitsideals wird eine der Hauptaufgaben des 21. Jahrhunderts sein: Sie wird schwierig sein, aber es wird sich lohnen, für sie zu kämpfen.

II.

Das Umweltproblem ist also nicht ausschließlich, aber doch auch und gerade ein Gerechtigkeitsproblem. Bevor die Konsequenzen eines intergenerationellen Gerechtigkeitsbegriffes für die diversen Institutionen ausgeführt werden, sollen allerdings einige Überlegungen zu den anderen Dimensionen der Problematik entwickelt werden. Denn die Ethik kann nur dann konkret werden, wenn sie den Gegenstandsbereich kennt, den sie zu normieren sucht, wenn sie die Ursachen des Verhaltens versteht, das sie korrigieren will. Sonst wird sie keinen Einfluß auf die Wirklichkeit haben.

In dem oben Implizierten ist schon skizziert, daß unser Umweltverhalten die Folge der Aufsummierung diverser Entwicklungstendenzen ist – gemeinorganischer, spezifisch anthropologischer und schließlich speziell neuzeitlicher. So habe ich oben gesagt, die erste ökologische Krise habe mit den ersten Organismen begonnen. Warum? Nun, das Besondere der organischen Seinsform ist, daß die komplexe Form des Organischen nur durch einen ständigen Energie- und Stoffwechsel aufrechterhalten werden kann; der Metabolismus gehört ebenso wie die Teleonomie der Form zu den Wesensmerkmalen des Organischen. Die organische Seinsweise ist prekär; und daraus folgt, daß sie nur durch die Fähigkeit zur Reproduktion auf Dauer gestellt werden kann. Metabolismus und Vermehrung des Organismus bedeuten aber per definitionem einen zunehmenden Druck auf die Ressourcen. Die ersten Organismen waren nun heterotroph, und daher waren sie sich wechselseitig die wichtigste Nahrungsquelle. Offensichtlich hätte diese Situation bald zur Auslöschung des gerade begonnenen Abenteuers des Lebens geführt, wenn nicht bald eine der großartigsten Erfindungen des Lebens erfolgt wäre – die Photosynthese. Allein dadurch haben sich stabile Stoff- und Nahrungskreisläufe durchsetzen können, die die Expansion des Lebens ermöglicht haben. Allerdings ist diese Expansion des Lebens als ganzem verbunden mit der Vernichtung unzähliger Organismen sowie mit Artenschwund und Artentod; ohne Veränderung von Ökosystemen könnte es keine Evolution geben.[13] Während im Fall des Artenschwunds aus der Stammart eine oder mehrere Folgearten hervorgehen, trotz des Aussterbens jener also ihr genetisches Material in veränderter Form weiterbesteht, produzieren beim Artentod die Individuen einer Art keine Nachkommen mehr. Ursache der Evolution ist die zu Selektionsprozessen führende Konkurrenz zwischen verschiedenen Arten und zwischen Individuen derselben Art, wobei die Konkurrenz eine notwendige Folge der Superfekundität ist, also der Tatsache, daß mehr Individuen geboren werden, als ernährt zu werden vermögen – ohne einschränkende Faktoren würde die Individuenzahl einer Population exponentiell zunehmen. Es ist also das Bevölkerungswachstum, nicht das Wachstum der Bedürfnisse, das in der organischen Welt ökologische Ungleichgewichte schafft und damit allerdings auch die Evolution vorantreibt. Dabei haben nicht nur abiotische Faktoren eine limitierende Funktion, sondern auch und gerade biotische wie Artgenossen, Feinde, Beutetiere – je erfolgreicher das Leben ist, desto mehr nimmt die Bedeutung einschränkender biotischer Faktoren zu. Von Interesse für unsere Fragestellung ist dabei die Tatsache, daß gerade die sehr erfolgreiche Bejagung eines

Beutetiers durch einen Jäger (der allein auf dieses Tier angewiesen sei) zu einer Verminderung der Population des Jägers führen muß – nur diese erlaubt die Erholung der Beutepopulation und gewährleistet dadurch das Überleben der Art, zu der der Jäger gehört. Die genaue Systemanalyse der wechselseitigen funktionellen Abhängigkeiten der verschiedenen abiotischen und biotischen Parameter ist ein Hauptziel der Ökologie, über deren Ergebnisse die beiden folgenden Beiträge informieren werden – und zwar wird es dabei sowohl um die Prinzipien der theoretischen Ökologie gehen als auch um den Zustand wichtiger Ökosysteme in der Gegenwart aufgrund menschlicher Eingriffe.

Die menschliche Bedürfnisstruktur – die neben der Bevölkerungszahl, die Thema eines eigenen Beitrags sein wird, und dem Stand der Technologie die entscheidende Determinante des Ausmaßes der menschlichen Eingriffe in die natürliche Umwelt ist – unterscheidet sich von der tierischen durch zwei Faktoren: Einerseits macht die Sorge um die Zukunft den Menschen, in Hobbes' treffenden Worten, „fame futura famelicus", also hungrig mit zukünftigem Hunger.[14] Andererseits erklärt die Selbstbewußtseinsproblematik, warum Menschen ihr Verhalten, auch und gerade ihr Konsumverhalten, stets durch den Vergleich mit dem Verhalten ihrer Mitmenschen mitbestimmen lassen. Das Bedürfnis, um das es dabei geht, ist, in den Worten Rousseaus, nicht so sehr ein „wirkliches" Bedürfnis als vielmehr der Wille, sich über die anderen zu erheben.[15] Immerhin enthalten diese beiden Ursachen in sich auch die Möglichkeit, den drohenden Umweltkatastrophen zu wehren – die Fähigkeit zur Vorsorge kann, wenn sie nicht auf die Verfolgung des Eigennutzens beschränkt wird, durchaus zum Schutze der Rechte kommender Generationen verwandt werden; und ein Wettbewerb ist im Prinzip auch bei der Verwirklichung moralischer Normen denkbar – es ist nicht ausgeschlossen, Rahmenbedingungen zu schaffen, unter denen die Menschen einander in der moralischen Qualität ihres Verhaltens übertreffen wollen. Zwar ist es richtig, daß einem derartigen Motiv nicht die höchste moralische Reinheit zukommt; aber wir können es uns nicht leisten, auf moralisches Handeln aus den reinsten Quellen zu harren. Dies um so mehr, als die psychologischen Anforderungen bei der Änderung unseres Verhaltens beträchtlich sind. Die Schwierigkeiten, die Folgen unseres Verhaltens vorherzusehen und sie sich sinnlich vorzustellen, wenn man abstrakt über sie informiert worden ist, sind sehr groß, und selbst wenn das gelingt, ist eine Umstellung des Verhaltens nicht nur deswegen schwierig, weil seine Folgen vermutlich weit weg in Raum und Zeit eintreten werden – selbst bei guten Absichten ist jene nicht leicht, weil der einzelne sich naheliegenderweise sagen wird, daß er als einzelner ohnehin nur wenig ändern könne: Das Gefühl für kollektive Verantwortlichkeiten ist notorisch schwächer als für individuelle. Ein Psychologe und ein Pädagoge werden uns über die psychologischen Hintergründe unseres Umweltverhaltens ebenso wie über die Chancen einer neuen Umweltbildung belehren; ein Theologe wird die Frage diskutieren, wieweit religiöse Motivationen (die oft machtvoller wirken als abstrakt moralische) zu einem Wandel in unserer Beziehung zur Umwelt beitragen können.

Menschliches Handeln kann nicht rein individualistisch erklärt werden; individuelle Interessen, Bemühungen um Anerkennung, schließlich Werte bilden sich vor dem Hintergrund gesellschaftlicher Institutionen heraus. Daß im 20. Jahrhundert die Wirtschaft zu dem dominierenden gesellschaftlichen Subsystem geworden ist, kann schwerlich bestritten werden, und ebensowenig kann geleugnet werden, daß unsere Weise des Wirtschaftens die gegenwärtige Belastung der Umwelt miterklärt. Diese Weise des Wirtschaftens ist ein Resultat einer bestimmten geschichtlichen Entwicklung, die aus der in der Antike unbekannten Verbindung von Wissenschaft, Technik und Kapitalismus, modernem Staat und universalistischer Ethik resultiert. Die moderne Technik wäre intellektuell nicht möglich gewesen ohne eine Verbindung mit einer Wissenschaft, die anders als in der klassischen Antike das Unendliche positiv bewertet, qualitativen Bestimmungen Quantitäten überordnet und daher nach einer umfassenden Mathematisierung der Welt strebt, Finalursachen aufgibt, umfassend experimentiert und daher auf die Zusammenarbeit mit der Technik angewiesen ist, und sie wäre nicht zu finanzieren gewesen, wenn sie nicht neuen wirtschaftlichen Zwecken wie der Massenproduktion dienstbar gemacht worden wäre, hinter der zunehmend Gewinnmaximierung als Selbstzweck steht. Das Rechts- und Gewaltmonopol des modernen Staates hat die planmäßige Entfaltung der Wirtschaft erleichtert, und egalitäre Vorstellungen haben, wie schon erläutert, den Aufbau einer Gesellschaftsordnung geradezu zur Pflicht gemacht, die möglichst vielen Menschen ein möglichst hohes Konsumniveau gestattet. Allerdings versteht es sich von selbst, daß es keine Alternative zu einer – wie auch immer beschaffenen – Wirtschafts- und Rechtsordnung geben kann. Ja, der für die Konstitution des Ökonomischen zentrale Begriff der Knappheit deutet darauf hin, daß zwischen Ökologie und Ökonomie der Sache nach weniger Spannungen bestehen müssen, als man oft denkt, und wenn das Umweltproblem auch und gerade ein Gerechtigkeitsproblem ist und das Recht anders denn als Bemühen um Gerechtigkeit nicht angemessen zu verstehen ist, dann ist klar, daß eine rechtsförmige Lösung der Umweltprobleme unabdingbar ist. Ein Historiker wird über die menschliche Umweltgeschichte und ihre gegenwärtige Phase reden; zwei Beiträge gelten dem Umweltproblem von seiten der Volks- und von seiten der Betriebswirtschaftslehre; ein Jurist wird schließlich über mögliche Entwicklungen des Umweltrechts sprechen.

III.

Wenn wir alle Tatsachen der Welt kennten, also wüßten, was der Fall war, ist und sein wird, hätten wir immer noch keine Antwort auf die Frage, was wir tun sollten. Normative Sätze sind aus deskriptiven alleine nicht abzuleiten – seit Hume wissen wir, daß der sogenannte naturalistische Fehlschluß unzulässig ist; und dies spricht meines Erachtens entschieden dagegen, gleichsam aus Solidarität mit der Natur eine naturalistische Metaphysik zu akzeptieren, die die Differenz zwischen Sein und Sollen einebnet. Allerdings sind die meisten konkreten Normen als Konklusionen aus einem gemischten Syllogismus zu begründen: Aus einem normativen Satz, der die Erreichung eines Zieles Z vorschreibt, und aus deskriptiven Sätzen, die erklären, daß M ein notwendiges Mittel für Z ist, können wir ableiten, daß wir – sofern keine weiteren moralischen Prinzipien dagegen sprechen – M einsetzen sollen.[16] Was die rein normativen Prinzipien betrifft, so habe ich schon erwähnt, daß in der Moderne ein Konsens darüber erzielt worden ist, daß jede rationale Ethik universalistisch sein muß, also vom Generalisierbarkeitspostulat ausgehen muß: Ein Vernunftwesen kann ein Recht oder eine Pflicht nur dann haben, wenn – ceteris paribus – alle anderen Vernunftwesen dasselbe Recht oder dieselbe Pflicht haben. Natürlich ist dieses Prinzip nur eine notwendige, nicht eine hinreichende Bedingung, um eine konkrete Ethik aufzubauen; wir brauchen zusätzliche Annahmen über Grundgüter wie Leben, Gesundheit, Eigentum, Freiheit, die dann jedem Vernunftwesen zugebilligt werden müssen. Wie wir solche Annahmen begründen können, muß hier vernachlässigt werden; am aussichtsreichsten sind meines Erachtens transzendentale Argumente, die auf dasjenige reflektieren, was Bedingung der Möglichkeit des eigenen Handelns oder Argumentierens ist. Ob solche Argumente zu einer Vision der Welt erweitert werden können, nach der auch Organismen, insofern sie an bestimmten Vorformen der Geistigkeit teilhaben, einen intrinsischen Wert haben, kann hier ebenfalls nicht diskutiert werden; obwohl ich die These für richtig halte, will ich mich vielmehr darauf beschränken, in den folgenden Überlegungen von den Rechten kommender Generationen auszugehen, weil diesbezüglich leichter ein Konsens erzielt werden kann. Ich gehe ferner davon aus, daß die Rechte kommender Generationen nicht nur einen der individuellen Moralität überlassenen moralischen Anspruch bedeuten (wie etwa das Recht, von seinen Freunden nicht belogen zu werden), sondern ein Recht im klassischen naturrechtlichen Sinne, also einen Anspruch, der aus moralischen Gründen mit Zwangsmitteln durchgesetzt werden darf oder soll. Die Pflicht zur rechtlichen Durchsetzung bestimmter moralischer Güter ergibt sich daraus, daß allein dadurch deren Verwirklichung garantiert werden kann – die meisten Menschen würden unmoralisch handeln, wenn sie nicht darauf vertrauen könnten, daß sie selbst vor analogen Ungerechtigkeiten geschützt würden, u.a durch die überzeugende Androhung negativer Sanktionen. Zwar ist es völlig richtig, daß derjenige besonders moralisch ist, der sich nach bestimmten moralischen Prinzipien auch dann richtet, wenn sie nicht durch das positive Recht geschützt sind; jeder rechtspolitische Fortschritt setzt voraus, daß es Menschen gibt, deren moralischer Horizont über das faktische Recht hinausgeht. Aber das Ziel dieser Menschen muß eben sein, ihre moralischen Ideen in eine Rechtsform zu gießen, wenn das eine notwendige Voraussetzung dafür ist, daß sie Wirklichkeit gewinnen. Menschen, die über die faktische Sittlichkeit und Rechtsordnung ihrer Zeit hinausdenken, sind unabdingbar, aber eine Moralität, die ihre Institutionalisierung verweigert, kann nicht geschichtsmächtig werden.

Was wäre eine nachhaltige Gesellschaft? Der ursprünglich aus der Forstwissenschaft stammende Begriff der Nachhaltigkeit ist seit dem Brundtland-Report mit Bezug auf die kommenden Generationen definiert worden: Als nachhaltig gilt eine Entwicklung, die eine Nutzung der Umwelt auch für kommende Generationen ermöglicht. Die Definition ist natürlich vage, weil der Begriff „Nutzung" nicht präzise definiert ist; bei den anspruchsvollsten Vorstellungen von Nachhaltigkeit könnte es sogar um eine mindestens ebenso hohe Lebensqualität, wie „wir" – die Reicheren, die Ärmeren, durchschnittlich? – sie gegenwärtig haben, für jedes einzelne Mitglied der kommenden Generationen gehen (was bei Bevölkerungswachstum voraussetzt, daß die Gesamtmenge der Güter nicht nur gleichbleibt, sondern zunimmt). Nachhaltige bzw. nicht-nachhaltige Entwicklung ist nicht nur in bezug auf die Umwelt möglich, sondern etwa auch in der Finanz-, der Altersversorgungs-, der Arbeitsmarktpolitik, doch sind diese Fragen in diesem Buch kein Thema, auch wenn sie an Bedeutung für eine gerechte Politik der ökologischen Dimension der Nachhaltigkeit nur wenig nachstehen.[17]

Der Begriff der Rechte kommender Generationen ist natürlich klärungsbedürftig: Erstens versteht es sich von selbst, daß es sich dabei fast immer um einen Kurzausdruck für die Rechte zukünftiger Individuen handelt; zweitens wird man am ehesten die These vertreten, daß die Rechte kommender Generationen etwa auf eine einigermaßen saubere Umwelt bedingte Rechte sind, die nur unter der Bedingung der Existenz zukünftiger Menschen eintreten werden, von denen allerdings eine normative Vorwirkung ausgeht: Selbst wenn die entsprechenden Rechte erst in einigen hundert Jahren zur Existenz kommen werden, ist es jetzt nicht statthaft, Handlungen oder Unterlassungen zu begehen, die sie dann zwangsläufig oder mit großer Wahrscheinlichkeit verletzen werden. Wer etwa eine Bombe auf einem jetzt und aller Wahrscheinlichkeit nach auch in Zukunft vielbesuchten Platz versteckt, die erst in zweihundert Jahren losgehen wird, macht sich jetzt zumindest moralisch des versuchten Mordes schuldig, selbst wenn seine Handlung die Rechte keines jetzt lebenden Menschen verletzt. Im Fall zukünftiger Generationen läßt sich zudem sagen, daß ihre Existenz nicht nur hochwahrscheinlich ist, sondern daß es zwar nicht immer für jeden einzelnen, aber doch prima facie eine moralische Pflicht gibt, sich um die Erzeugung und die Aufzucht von Nachwuchs zu bemühen. Unsere Pflichten gegenüber zukünftigen Menschen hängen u. a. von ihrer Zahl und ihren Bedürfnissen ab. Was erstere betrifft, so lassen sich jetzt schon bestimmte Entwicklungen für die nächsten Jahrzehnte antizipieren; zudem ist unbestreitbar, daß es für den Menschen wie für jede andere Art einen bestimmten Grenzwert gibt, die Tragekapazität des Ökosystems Erde. Natürlich ist dieser Wert beim Menschen nicht eindeutig auszumachen; bei geringerer Bedürfnishöhe kann die Bevölkerungszahl erhöht werden; technische Fortschritte können bei gleichbleibenden Bedürfnissen die Tragekapazität nach oben treiben; die weitere Verdrängung von Pflanzen- und Tierarten kann den Grenzwert für den Menschen erhöhen. Letzteres ist moralisch allerdings schwerlich zulässig, auch (aber nicht nur) weil wir die Relevanz einer bestimmten Art für die Selbstregulationsfähigkeit eines Ökosystems und für die wirtschaftlichen, aber auch ästhetischen Interessen zukünftiger Generationen nicht ausreichend kennen; und auch wenn man der These zustimmen sollte, daß eine große Bevölkerungszahl bei niedrigen Bedürfnissen besser ist als eine kleinere bei entsprechend höheren Bedürfnissen, sollte man realistischerweise davon ausgehen, daß bei der Bedürfnisstruktur des modernen Menschen eine Senkung der eigenen Bedürfnishöhe viel unwahrscheinlicher ist als die zeitweilige Überschreitung jenes Grenzwertes mit der unvermeidlichen Folge eines brutalen Daseinskampfes. Bemühungen um eine Abschwächung des Bevölkerungswachstums sind daher moralisch geboten, auch wenn das nichts an der Pflicht ändert, die Rechte der zukünftigen Menschen möglichst umfassend zu berücksichtigen.

Diese Rechte kann man in Abwehr- und Leistungsrechte einteilen. Leistungsrechte zukünftiger Generationen haben mit den positiven Handlungen zu tun, die wir ihnen schulden, also im wesentlichen mit Investitionen, Abwehrrechte mit Unterlassungen. Rechtssystematisch sind Abwehrrechte grundlegender als Leistungsrechte; und es ist offenkundig, daß die meisten Verletzungen der Rechte kommender Generationen Verletzungen ihrer Abwehrrechte sind – etwa auf Leben, Gesundheit, Eigentum. Um ihre Abwehrrechte zu schützen, sind – mit Ulrich Hampicke[18] – drei allgemeinste ökologische Zielvorstellungen zu nennen: erstens der Erhalt gewisser Elemente, deren Verlust irreversibel ist, wie etwa bestimmter Arten, zweitens die Beibehaltung der Selbstregulierungsfähigkeit der Biosphäre, drittens in einigen Fällen die Bewahrung eines bestimmten konstanten Zustandes (auch wenn die lebende Natur sich an ein anderes Klima anpassen könnte, wie sie es schon mehrmals getan hat, ist davon auszugehen, daß der entsprechende Anpassungsprozeß die Grundgüter vieler Menschen vernichten würde). Aber nicht nur Verschmutzungen der Umwelt über einem bestimmten, zugegebenermaßen nicht genau zu definierenden Niveau sind zu vermeiden; auch der Ressourcenverbrauch ist drastisch einzuschränken. Die Faustregeln, die dabei zu befolgen sind und die nach verschiedenen Aspekten (etwa den verschiedenen Funktionen der Ressourcen) weiter differenziert werden müssen,[19] wird man nach erneuerbaren und nicht erneuerbaren Ressourcen unterscheiden, auch wenn die Unterscheidung zwischen beiden Typen vom Verhältnis zwischen Neubildung und Nutzung abhängt – man kann sich eine Wirtschaftsordnung vorstellen, in der fossile Energiequellen zu den regenerierbaren Ressourcen zählen. Bei den erneuerbaren Ressourcen wird man den Naturkapitalstock schonen und sich auf die „Zinsen" beschränken müssen, während bei den nichtregenerierbaren Ressourcen eine analoge Regelung sinnlos ist: Vielmehr wird es um eine staatlich gelenkte Preissteigerung knapper werdender Ressourcen, verbunden mit dem Bemühen um Substitution, gehen, wobei verschiedene Formen von Substitutionen denkbar sind – durch bisher noch nicht abbaubare Vorräte, durch technische Innovationen, durch die Erschließung bisheriger Nicht-Ressourcen. Gleichzeitig sind Grenzen der Substituierbarkeit zwischen natürlichem und künstlichem Kapitalstock anzuerkennen. Sie sogenannten „essentiellen Ressourcen sind nicht gegen Güter des künstlichen Kapitalstocks austauschbar".[20]

Die Auffassung, daß für jede Generation Grenzen bei der Aneignung von Ressourcen bestehen, setzt eine Eigentumstheorie voraus, nach der „die Natur" als ganze nicht Eigentum eines einzelnen oder einer Generation werden kann. Diese Theorie steht nicht im Widerspruch zur erstmals von Locke ausgearbeiteten Auffassung, nach der Arbeit ein Recht auf Privateigentum begründet, eben weil die Ressourcen nicht Produkt menschlicher Tätigkeit sind. Auch bei Locke steht ja die Aneignung von Ressourcen unter dem Vorbehalt, daß für die anderen genügend übrigbleibe; und man kann ihn sehr wohl dahingehend interpretieren, daß dies auch spätere Generationen einschließen müsse, so daß die Auffassung, die ursprüngliche Appropriation sei erfolgt, als alle genug hatten, und das Eigentum sei dann nach naturrechtlichen Prinzipien übertragen worden, deswegen zur Rechtfertigung der gegenwärtigen Eigentumsverteilung nicht ausreicht, weil entweder die Aneignung oder die Eigentumsübertragung nicht als moralisch legitim angesehen werden darf, wenn sie zu einer Situation führt, in der die Ärmsten, sei es dieser, sei es der kommenden Generationen, keinen ausreichenden Zugriff auf Ressourcen haben. Aber natürlich muß eine sinnvolle Rechtsordnung – wie auch immer eingeschränkte – individuelle Eigentumsrechte kennen, auch und gerade weil keine andere Form des Eigentums so sehr zur Verantwortlichkeit anhält wie das Privateigentum. Unter naturrechtlichen Gesichtspunkten wird man davon ausgehen, daß die von einer Generation verwendbaren unbearbeiteten natürlichen Ressourcen durch die Zahl der gerade lebenden Menschen geteilt werden sollten; jeder hätte auf diese Weise den gleichen „Umweltraum", einen Begriff, den man auch auf den Teil der Natur beziehen kann, den der einzelne auf universalisierbare Weise mit Emissionen belasten darf. Es versteht sich, daß, um eine sinnvolle Allokation der Ressourcen zu haben, Teile des eigenen Umweltraums mit anderen Teilen tauschbar sein müssen. Was Naturgüter angeht, die nicht teilbar sind, ohne daß ihr Wesen zerstört wird, ist eine Auktionslösung die sinnvollste: Sofern in einem fiktiven Naturzustand jeder die gleiche Anzahl von Zahlungsmitteln erhält, ist es gerecht, daß derjenige ein unteilbares Gut erhält, der seinetwegen am meisten Verzicht zu leisten willens ist. Wichtig ist ferner, den Eigentumsbegriff wesentlich vom Gebrauch her zu denken. Das bedeutet, daß der Käufer eines Gegenstandes einen Anspruch darauf haben sollte, diesen nach Gebrauch an den Hersteller zurückzugeben, der für die sachgemäße Entsorgung – und das heißt im Idealfall: im Sinne einer Kreislaufwirtschaft – die Verantwortung trägt.

Legitimes Privateigentum ist natürlich zu schützen, u.a. mit den Mitteln des Haftungsrechts, das international angeglichen und bei bestimmten Fällen wie Schäden aufgrund von Klimakatastrophen vor internationalen Gerichten durchgesetzt werden sollte. Umweltopfer müssen nach dem Verursacherprinzip entschädigt werden; die Externalisierung von Umweltkosten darf nicht zugelassen werden. Sicher ist es bei vielen Umweltschäden nicht möglich, einen individuellen Verursacher zu ermitteln; doch ist die Antwort auf dieses Problem naheliegend – „die Schaffung eines Entschädigungsfonds ..., der durch Beiträge der Umweltverschmutzer (entsprechend den von ihnen jeweils gesetzten Schadensrisiken) zu finanzieren ist".[21] Es spricht manches dafür, daß mehr mit zivilrechtlichen als mit strafrechtlichen Mitteln zu erreichen ist, auch wenn der weitere Ausbau des Umweltstrafrechts unabdingbar ist; die Staaten mit weitergehenden Auflagen sollten Töchterunternehmen eigener Unternehmen im Ausland zwingen, sich an die Standards des Heimatlandes zu halten. Um die Waffenungleichheit zwischen den gegenwärtigen und den zukünftigen Menschen, die ja noch nicht da sind und ihre Rechte verteidigen können, wenigstens etwas zu mindern, ist ein Klagerecht der Umweltverbände unbedingt sinnvoll.

Wie eben angedeutet, verfügt unser Recht durchaus über Mittel, die Umwelt zu schützen; es geht mehr darum, etwa das Haftungsrecht weiterzuentwickeln und bestimmte Rechtsgedanken zu internationalisieren, als radikal mit dem individualistischen Rechtssystem der Moderne zu brechen. Analoges gilt für die Wirtschaft. Zwar ist es verbreitet, von einem Gegensatz zwischen Ökonomie und Ökologie zu sprechen, und es ist natürlich nicht zu bestreiten, daß das Streben nach Profit einem großen Teil der Umweltzerstörung zugrunde liegt. Allerdings muß stets ergänzt werden: nach kurzfristigem Profit, wobei „kurzfristig" durchaus die Lebenserwartung des entsprechenden Akteurs umspannen kann. Wenn dieser rational-egoistisch handelt, kann er sehr wohl elementare Rechte kommender Generationen verletzen. Aber da der Egoismus eine unüberwindbare menschliche Konstante ist, kann die Aufgabe sinnvoller Wirtschaftspolitik nur diejenige sein, Rahmenbedingungen zu schaffen, innerhalb deren egoistische Interessen nur befriedigt werden können, wenn man zugleich die Rechte anderer respektiert und deren Interessen fördert. In der Tat ist eine generische Polemik gegen wirtschaftliche Rationalität deswegen völlig irreführend, weil Effizienz, das Kernelement wirtschaftlicher Rationalität, rein formal verstanden wird und daher sowohl mit guten als auch mit schlechten Zwecken verbunden werden kann. Eine Maßnahme ist effizienter als eine andere, wenn sie mit geringerem Aufwand dasselbe Ziel oder mit gleichem Aufwand mehr von dem gewünschten Ziel erreicht; und sofern das Ziel positiv und der getätigte Aufwand, der unsere zukünftigen Möglichkeiten beschränkt, dem Ziel zu dienen, negativ bewertet werden, ist es moralisch geboten, bei der Durchsetzung moralischer Ziele effizient zu verfahren. Effizienz ist nicht immer gut – wir können nicht wünschen, daß Kriminelle besonders effizient arbeiten; aber wenn die Ziele moralisch ausgezeichnet sind, besteht eine moralische Pflicht, die Effizienz zu steigern. Ein gutes Beispiel sind karitative Tätigkeiten: Da unsere finanziellen ebenso wie unsere emotionalen Ressourcen beschränkt sind, sollten wir unser Mitleid nicht an jedes kleine Problem verlieren und eher an jene Organisationen spenden, die effizient arbeiten, als an diejenigen, die hohe Verwaltungskosten haben – zumindest wenn unser eigentliches Ziel nicht die Förderung jener Verwaltung ist. Analoges gilt für das Umweltproblem: Maßnahmen zum Schutze der Umwelt müssen effizient sein; wir können es uns angesichts der enormen Probleme gar nicht leisten, auf Effizienz und d.h. eben auch wirtschaftliche Rationalität zu verzichten. Sicher gibt es in der gegenwärtigen Nationalökonomie folgenschwere Fehlentscheidungen wie die Bemessung des Wohlstandes einer Gesellschaft durch das Bruttosozialprodukt, an dem u.a. problematisch ist, daß es alle defensiven Kosten einschließt – Umweltschäden, die Reparaturen erforderlich machen, erhöhen das BSP, während es in einer intelligenten Umweltpolitik doch offenbar auf die Ersetzung von Reparaturen durch Prävention ankommt. Aber die Alternative kann nicht die grundsätzliche Ablehnung quantitativer Analysen sein, auch wenn sich wesentliche Aspekte des menschlichen Wohlbefindens quantitativ nicht erfassen lassen; viel nützlicher ist, den Nettowohlstand einer Gesellschaft zu messen, also das Nettosozialprodukt abzüglich der Wohlstandskosten.[22]

Es ist ferner anzuerkennen, daß eine Universalisierung des Gedankens des Marktes sehr wohl der richtige Ansatz ist, um den Schutz kommender Generationen zu verstärken. In Marktwirtschaften ist der Preis eine Funktion von Angebot und Nachfrage, und es ist nicht leicht zu sehen, wie anders der Preis bestimmt werden sollte, wenn man an der Zielvorstellung eines Gleichgewichtes von Angebot und Nachfrage festhält (von den größeren

Freiheitschancen in einer Marktwirtschaft ganz zu schweigen). Nur das Steigen des Preises eines knapper werdenden Gutes schafft Anreize, mit dem Gut sparsamer umzugehen bzw. das Angebot zu erhöhen. Unsere Umweltprobleme haben nicht damit zu tun, daß wir zu wenig Markt haben, sondern daß die Nachfrage kommender Generationen auf dem Markt nicht präsent ist – diese würde sofort dafür sorgen, daß mit den knapper werdenden Ressourcen sparsamer umgegangen würde. In der Tat führt ja der Markt nicht zu einer Befriedigung der Bedürfnisse aller, sondern nur zur Befriedigung der Bedürfnisse der Menschen mit Kaufkraft. Die Ärmsten einer Generation ebenso wie die Angehörigen der kommenden Generationen haben aber kaum bzw. keine Kaufkraft – und daher ist es Pflicht eines gerechten Staates, ihnen zu Kaufkraft zu verhelfen. Für die schon lebenden Menschen kann das der Staat im Rahmen der Arbeitsmarkt- und der Sozialpolitik erreichen; für die zukünftigen Generationen gibt es einen einfachen Weg, ihre Nachfrage gleichsam symbolisch vorwegzunehmen – durch Eingriffe in den Preisbildungsprozeß. Um die Entnahme von Ressourcen bzw. die Verschmutzung der Umwelt zu begrenzen, kann der Staat Mengen festsetzen; er kann aber auch die Preise festlegen, was indirekt ebenfalls zu einer Begrenzung der Mengen führt. Beide Lösungen haben Vorteile – die Mengenlösung erreicht ihr Ziel unmittelbar, das die Preislösung verfehlen kann, während letztere gleichzeitig einen Anreiz schafft, unter der festgesetzten Menge zu bleiben. Klar ist jedenfalls, daß das Ziel der sogenannten Umweltsteuern – deren langsame Einführung eine der bedeutendsten Leistungen der gegenwärtigen Bundesregierung ist – nicht die Erhöhung des Steueraufkommens des Staats, sondern die Senkung des Umweltverbrauchs sein muß; auf ihre Lenkungswirkung kommt es an, die am höchsten wäre, wenn sie gar nicht mehr eingezogen werden müßten. Natürlich müssen in einem Lande wie Deutschland zeitgleich mit der Einführung der Umweltsteuern andere Steuerarten gesenkt werden; denn die Steuerlast ist hier viel zu hoch und eine der Ursachen der Massenarbeitslosigkeit.

Es ist wahrscheinlich, daß Umweltsteuern, wenn man sie schließlich in der sachlich richtigen, d.h. den Ressourcenverbrauch auf das erforderliche Maß einschränkenden Höhe erheben wird, einen großen Druck in Richtung auf die Steigerung des

Wirkungsgrades bei Produktion, Verteilung und Konsum erzeugen werden. Von einer Effizienzrevolution ist in der Tat eine bedeutende Entlastung der Umwelt zu erwarten.[23] Träger einschneidender Veränderungen in einer Volkswirtschaft bzw. in der Weltwirtschaft sind in der Regel dynamische Unternehmer in Schumpeters Sinne; und die Behinderung der Wirkungsmöglichkeiten derartiger Unternehmer erhöht nicht die Innovativität einer Volkswirtschaft. Zwar ist es richtig, daß die schöpferische Zerstörung, die jede Innovationsphase in der Wirtschaft charakterisiert, für eine gewisse Zeit Arbeitslosigkeit schafft und den Abstand zwischen Arm und Reich vergrößert; wenn aber dafür gesorgt ist, daß niemand unter das Niveau absoluter Armut fällt, und wenn die Alternative zu temporärer Arbeitslosigkeit während des Anpassungsprozesses eine Stagnation der Wirtschaft mit verbreiteter und langandauernder Arbeitslosigkeit als Folge ist, dann ist das Zulassen der schöpferischen Zerstörung im allgemeinen das kleinere Übel, und ganz besonders in jenem Falle, der elementare Rechte kommender Generationen schützt. Die kommenden Generationen sind in einem bestimmten Sinne des Wortes die sozial Schwächsten, und es hat nichts mit sozialer Gerechtigkeit zu tun, wenn der Status quo mit dem Argument verteidigt wird, eine Verteuerung etwa der Benzinpreise würde die Ärmeren zu einer Beschränkung ihrer Autofahrten zwingen. Dies ist genau der Zweck der Maßnahme, die im übrigen auch die Reicheren zu Einschränkungen, wenn auch auf höherem Niveau, zwingt, wenigstens solange nicht intelligente Ingenieure Autos mit höherer Effizienz entwickeln. Klar ist freilich, daß derartige Maßnahmen nur dann nicht als schmerzlich, sondern vielleicht sogar als befreiend erfahren werden, wenn die Bedürfnisstruktur des Menschen sich modifiziert. Dies ist auch deswegen notwendig, weil alle Fortschritte der Effizienzrevolution schnell wieder aufgefressen würden, wenn die Bedürfnisse ähnlich schnell wüchsen wie die Effizienz. Ohne eine Suffizienzrevolution, ohne eine Kultur der Genügsamkeit, die sich u.a. aus der Empfindung des intrinsischen Wertes bedrohter Naturgüter speist, werden alle rechtlich-technisch-ökonomischen Fortschritte schwerlich ausreichen.

Es ist denkbar, eine nachhaltige Ökonomie zu schaffen, in der die Verfolgung des Eigeninteresses ohne Verletzung der Rechte der kommenden Generationen stattfindet. Dazu muß der Staat nicht in die einzelnen Entscheidungen ökonomischer Akteure eingreifen; er muß nur die Rahmenbedingungen vernünftig regeln. Aber werden die Staaten das tun? Bedarf es nicht auf der politischen Metaebene eben doch eines Abschieds vom natürlichen Egoismus, um eine vollkommenere Harmonie zwischen Eigennutz und Gemeinwohl herzustellen, als wir sie augenblicklich haben? Diese Frage drängt sich um so mehr auf, als in den modernen Demokratien die Rechte der kommenden Generationen ebensowenig geschützt sind wie in den modernen Marktgesellschaften. Kommende Generationen haben nicht nur keine Kaufkraft, sie haben auch kein Stimmrecht und keine Vertreter. Immerhin ist zu berücksichtigen, daß die modernen Demokratien eine komplexe Verbindung zweier Prinzipien darstellen, die logisch voneinander unabhängig sind, auch wenn sie miteinander verbunden werden können – des Gedankens der Herrschaft der Mehrheit (des Mehrheitsprinzips) und des liberalen Prinzips des Schutzes der Grundrechte jedes einzelnen auch vor der Mehrheit.[24] Verfassungsgerichte können mehrheitlich vom Parlament erlassene Gesetze zurückweisen, wenn sie gegen die Verfassung, etwa gegen die Grundrechte, verstoßen. Wird der Schutz kommender Generationen als Staatsziel oder werden gar Individualrechte der Mitglieder nachrückender Generationen von der Verfassung anerkannt, dann könnte und müßte das Verfassungsgericht sich für deren Rechte oder Interessen einsetzen. Sinnvoll wäre auch ein eigenes Staatsorgan, das aus ausgewiesenen, für eine einzige recht ausgedehnte Amtsperiode gewählten oder ernannten Experten bestünde und die Rechte kommender Generationen in Analogie zur zivilrechtlichen Figur des Vormunds verträte, sei es als Konsultativorgan, sei es unter Umständen sogar mit Vetorecht gegenüber bestimmten, die Rechte kommender Generationen verletzenden Gesetzen des Parlaments.

Eine der größten Schwierigkeiten der Verwirklichung intergenerationeller Gerechtigkeit liegt sicher in der internationalen Dimension des Problems. Zumal angesichts der Globalisierung, die in vielen Ländern zu einer gesteigerten Ausbeutung der Ressourcen geführt hat, ist es verführerisch, eine Begrenzung des internationalen Handels und vielleicht allgemein der internationalen Kooperation zu fordern. In der Tat kann man plausibel dahingehend argumentieren, daß die Weltpreise für Transportkosten weit entfernt sind von dem Niveau, das sie bei Berücksichtigung der

Rechte kommender Generationen haben müßten, und daß daher der Transport über weite Strecken ökologisch nicht sinnvoll ist. Staaten mit angemesseneren Preisen für knappe Ressourcen brauchen sich auch nicht die Konkurrenz von Staaten gefallen zu lassen, die aufgrund niedrigerer Umweltstandards auf Kosten kommender Generationen produzieren; Ökozölle sind ebenso vertretbar wie Ökosteuern. Aber in dem Augenblick, in dem die Preise stimmen und soziale Mindeststandards gesichert sind, ist gegen den Welthandel nichts mehr zu sagen, und protektionistische Reaktionen sind nichts anderes als eine Flucht vor dem Druck, die eigene Effizienz zu erhöhen, die, wie wir gesehen haben, auch und gerade aus ökologischen Gründen zu begrüßen ist. Entscheidend wird es sein, sich in internationalen Verträgen und langfristig eventuell sogar zentral über einen dem Sicherheitsrat analogen Umweltrat der Vereinten Nationen auf Umweltstandards beim Ressourcenverbrauch und den Emissionen in die Umwelt zu einigen. Es versteht sich von selbst, daß die Beibehaltung des Status quo etwa bei den CO_2-Emissionen nichts mit Gerechtigkeit zu tun hat; sie würde den Vorsprung der Industriestaaten nur zementieren. Gerecht ist nur die Zuweisung des gleichen Umweltraumes an jeden Menschen, und d.h. konkret je nach der Einwohnerzahl an die einzelnen Staaten. Eine solche Zuweisung an die einzelnen Staaten sollte dann freilich für eine Reihe von Jahren gelten, nicht nur aus Gründen der Praktikabilität, sondern auch um Anreize bei der Beschränkung des Bevölkerungwachstums zu schaffen.

Die Aufgaben, die das neue Jahrhundert zu lösen hat, um eine nachhaltige Gesellschaft zu schaffen, sind enorm. Es wird ein ökologisches Jahrhundert werden, oder es wird zu Katastrophen führen, die wohl all das in den Schatten stellen werden, was wir bisher aus der menschlichen Geschichte kennen. Es ist verständlich, wenn man angesichts dieser Herausforderungen manchmal von Mutlosigkeit erfaßt wird. Aber wenigstens braucht man nicht zu befürchten, daß das neue Jahrhundert langweilig werden wird; und es läßt sich auch nicht behaupten, daß unsere Vernunft uns angesichts der neuen Gefahren im Stich läßt. Es ist zwar eine sektorielle Vernunft, die die schon im Organischen angelegte ökologische Krise am Ende des 20. Jahrhunderts so zugespitzt hat, wie wir es erleben; aber eine umfassende Vernunft, die grundlegende Werte wie insbesondere die Gerechtigkeit anerkennt und die in einer Kette menschlicher Generationen, die den Eigenwert der Natur zu respektieren lernt, etwas Erhabeneres sieht als in der stumpfen Befriedigung egoistischer Interessen, hat durchaus die Möglichkeit, die Umweltprobleme zu lösen. Laßt uns diese Vernunft nutzen.

Hubert Wiggering/Michael Hahn

Ist unsere Umwelt dauerhaft geschädigt? Bilanz und Perspektiven

1. Der Mensch als Umweltfaktor

Durch fast alle seine Aktivitäten nutzt der Mensch in weiter zunehmendem Maße natürliche Ressourcen und läuft Gefahr, deren Kapazitäten auszuschöpfen. Durch Landwirtschaft, industrielle Produktion, Entsorgung von Abfällen und Verkehr – um nur einige Nutzungen und Verursacherbereiche zu nennen – entnimmt der Mensch der Erdkruste Rohstoffe, bringt nicht verwertbare Stoffe in die Umweltmedien Wasser, Boden und Luft ein und greift in natürlich ablaufende Prozesse, wie beispielsweise die Bodenversauerung, ungewollt oder auch von kurzfristigen und individuellen Bedürfnissen geleitet, steuernd ein. Diese Eingriffe führen nicht nur zur äußerlichen Umgestaltung der Landschaft, sondern können unvorhersehbar und irreversibel auch Lebensgrundlagen der belebten Umwelt und auch die des Menschen selbst bedrohen.

Die mittelbaren und unmittelbaren Folgewirkungen der Eingriffe unterliegen letztlich immer strengen Naturgesetzen und können nur genau identifiziert, quantifiziert, bewertet und – im günstigsten Fall – behoben werden, wenn der Mensch die durch sein Handeln ausgelösten Prozesse versteht und versucht, sie entsprechend dem Leitbild einer dauerhaft umweltgerechten Entwicklung[1] zu beeinflussen. Diese Verantwortung kann er für seine Umwelt nur übernehmen, wenn er sich selbst als Umweltfaktor begreift und die Folgewirkungen seines Tuns u.a. durch einen maßvollen Umgang mit den Ressourcen und ein auf die Vermeidung zusätzlicher Umweltprobleme ausgerichtetes Vorgehen bei ihrer Nutzung zu minimieren sucht.

Im folgenden werden zunächst die Bedeutung des Faktors Zeit für die Bewertung von Umweltproblemen sowie die gravierende Beeinträchtigungen der Umweltmedien aufgezeigt. Unerwünschte Folgewirkungen sind insbesondere dort zu erwarten, wo Stoffe selektiv aus der Erdkruste entnommen werden und ihre Begleitstoffe, Rückstände oder Umwandlungsprodukte in andere Umweltmedien eingebracht werden. Dieses wird im Detail am Beispiel der Nutzung der Steinkohle skizziert, indem die Auswirkung der einzelnen anthropogenen Nutzung auf die Umweltmedien und -bereiche angesprochen wird.

Als Lösungsansatz wird die Diskussion um die nachhaltige Entwicklung sowie die Notwendigkeit der Festlegung von Umweltqualitäts- und Umwelthandlungszielen geführt. Als Möglichkeit der Darstellung komplexer Zusammenhänge und Systeme sowie deren Bewertung wird die Herausbildung von Indikatoren diskutiert.

2. Der Faktor Zeit

Veränderungen der natürlichen Umwelt entwickeln sich häufig über Zeiträume von Jahrzehnten bis Jahrtausenden. Die menschliche Wahrnehmung beschränkt sich dagegen in der Regel auf wenige Jahrzehnte – wenn überhaupt. Das menschliche Handeln ist überwiegend auf die Befriedigung der unmittelbaren und meist kurzfristigen Bedürfnisse, wie etwa die ausreichende Versorgung mit Nahrungsmitteln, ausgerichtet (Abbildung 1).

Dieser Gegensatz zwischen der menschlichen Wahrnehmung und anfangs meist schleppend einsetzenden Umweltveränderungen hat zur Folge, daß Umweltprobleme häufig gar nicht erkannt oder erst wahrgenommen werden, wenn Veränderungen bereits angelaufen oder gar im vollen Gang sind (vgl. dazu Abbildung 1 u. 2). Die eher zufällige Entdeckung des Ozonlochs illustriert dieses Problem.

Das Erkennen und Bewerten von Trends in zeitlich und räumlich hochvariablen Zuständen vieler natürlicher Systeme erweist sich bei der Wahrnehmung von Umweltproblemen als besonders schwierig. Dies kann selbst dann gelten, wenn eine intensive Umweltbeobachtung bereits etabliert wurde. So entwickelte sich in der Klimaforschung trotz eines weltumspannenden Netzes an Meßstationen eine anhaltende Diskussion darüber, ob denn tatsächlich eine Erwärmung stattfindet und ob diese über das hinausgeht, was als natürliche Klimavariabilität bezeichnet wird. Damit ist allerdings noch nicht die Diskussion geführt, ob die Erwärmung durch den Menschen verursacht ist.

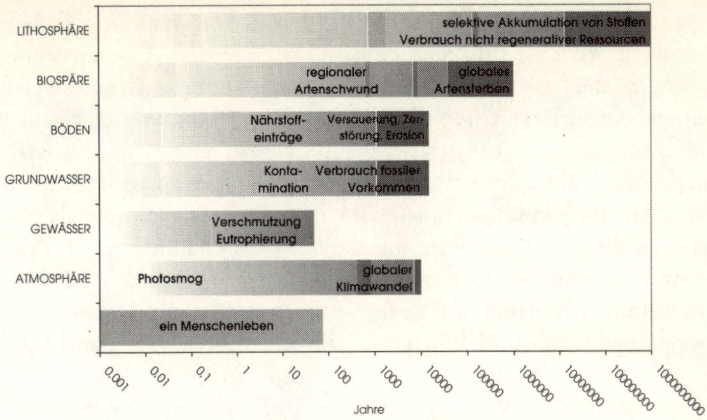

Abb. 1: relevante Zeitskalen für Umweltprobleme

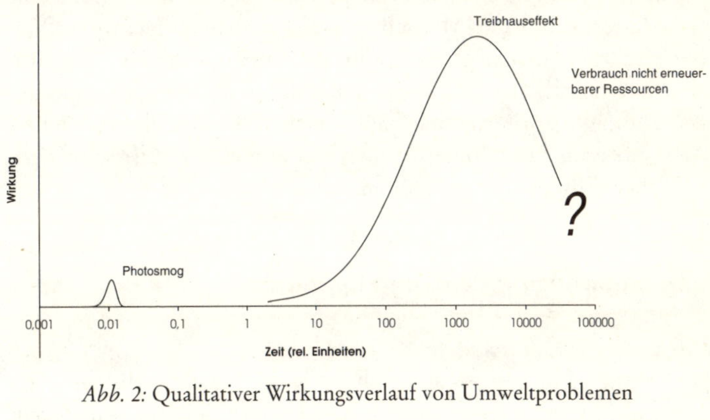

Abb. 2: Qualitativer Wirkungsverlauf von Umweltproblemen

Die späte Wahrnehmung von Umweltproblemen und die eher statische Betrachtungsweise, bei der die Umweltkompartimente innerhalb eines Menschenlebens keinen oder nur geringen Veränderungen unterliegen, müssen um so mehr zu Fehleinschätzungen führen, als mittlerweile viele Vorgänge aufgrund der Aktivitäten des Menschen viel rascher ablaufen, als es ihnen natürlicherweise eigen ist.

Die Störung geodynamischer Gleichgewichte kann zu katastrophalen Entwicklungen führen. Vorgänge, die herkömmlich in geologischen Zeiträumen eingeleitet werden, können dann möglicherweise in wenigen Jahrzehnten ausgelöst werden (Überschwemmungen, Bergstürze etc.). Sind solche oder ähnliche Vorgänge erst einmal eingeleitet (steiler Teil der Kurven in Abbildung 2), können sie eine unter Umständen sich verstärkende Eigendynamik entwikkeln. Maßnahmen, die die Entwicklung dann noch verlangsamen oder gar stoppen sollen, müssen ungleich tiefgreifender sein als solche, die im Anfangsstadium einer solchen Entwicklung mit verhältnismäßig geringen Anstrengungen noch erfolgversprechend sind. Es kommt also darauf an, nicht nur bereits bekannte Umweltprobleme zu erfassen und diesen gegenzusteuern, sondern vielmehr die Probleme möglichst früh zu erkennen und zu verstehen. Letztlich sind aber nicht die Veränderungen der Umweltbedingungen an sich alarmierend. Die Erdgeschichte liefert unzählige Beweise für gewaltige Veränderungen, wie etwa die Kontinentaldriften, Gebirgsbildungen, dramatische Klimaveränderungen etc. Alarmierend sind vielmehr die durch den Menschen so plötzlich herbeigeführten Veränderungen. Dabei zeigt die Erfahrung, daß insbesondere Eingriffe, die ohne Berücksichtigung der natürlichen Rahmenbedingungen und Prozesse erfolgen, sich häufig erst nach Jahrzehnten rächen. Grund für solches Handeln sind gleichermaßen kurzfristige wirtschaftliche Interessen und Unkenntnis.

3. Beeinträchtigung der Umweltmedien

Das Umweltmedium Boden

Die meisten Nutzungen sind mit Veränderungen des Bodens verbunden. Nimmt man heutige umweltpolitische Betrachtungszeiträume, kann der Boden als nicht vermehrbare Ressource angesehen werden. Bodenbildungen erfolgen in der Regel über lange Zeiträume. Bodenbelastungen wirken sich häufig erst zeitverzögert aus und sind dann meist langanhaltend. Der Zustand der Böden hat sich durch steigende Intensitäten verschiedener Arten der Bodennutzung vielerorts zunehmend verschlechtert. Die natürlichen Bodenfunktionen werden in erheblichem Maße insbesondere durch steigende Inanspruchnahme von Flächen, hohe Einträge von Nähr- oder Schadstoffen, durch Erosion sowie durch Altlasten beeinträchtigt.

Bodenschutz ist mit der Schwierigkeit behaftet, daß der Begriff *Boden* in der Umgangssprache unterschiedlichste Inhalte besitzt. Mit den verschiedenen Inhaltbeschreibungen werden in der Regel Nutzungsgesichtspunkte und viel weniger die Funktionen des Bodens als Umweltmedium verbunden. Der Nutzungsblickwinkel reicht von der land- und forstwirtschaftlichen Produktion bis hin zur Nutzung als Baugrund. Zudem gilt Boden als volkswirtschaftlicher Produktionsfaktor sowie in statistisch erfaßter Form als Nutz- und Wirtschaftsfläche. Vor diesem Hintergrund werden die Gefährdung und die besondere Empfindlichkeit von Böden äußerst unterschiedlich bewertet. Wenn zudem die große physikalische, chemische und auch biologische Heterogenität der Böden bedacht wird, können eine solche Bewertung und ein entsprechender Bodenschutz nur dadurch erfolgen, daß eine auf Schutzziele gerichtete Aufgliederung des Bodens vorgenommen wird. Auch sollte bedacht werden, daß aufgrund der großen Vielfalt von Böden[2] sehr stark regionale, teilweise gar lokale Aspekte berücksichtigt werden müssen. Grundsätzlich wird es aber nie gelingen, Böden als Einzelkompartiment abzugrenzen. Aufgrund der fehlenden Individualisierung müssen sich die Bewertung von Beeinträchtigungen wie auch der Schutz des Mediums Boden immer auf Funktionen und Vorgänge ausrichten.

Bei den Bodenfunktionen sind insbesondere hervorzuheben:

- *Regelungsfunktion:* Regelung der Stoff- und Energieflüsse im Naturhaushalt
- *Produktionsfunktion:* Produktion von Biomasse
- *Lebensraumfunktion:* Gewährung von Lebensraum für die Bodenorganismen.[3]

Betrachtet man die Belastung der Böden, so erscheint es sinnvoll, eine Differenzierung von Waldböden, landwirtschaftlich genutzten Böden, von Böden in überbauten Gebieten sowie nicht genutzten Böden vorzunehmen. Besondere Belastungen beispielsweise durch Abgrabung oder Ablagerungen gilt es entsprechend gesondert zu betrachten.[4]

Bei den Waldböden ist nach wie vor der erhebliche Stoffeintrag durch Filterung der Luft durch die Baumkronen hervorzuheben. Damit ist die Depositionsfläche für luftgetragene Stoffe 3–5 Mal größer als bei krautigen Pflanzenbeständen beispielsweise in

Äckern oder Wiesen. Des weiteren sind neben der Versauerung vor allem auch die Nährstoffungleichgewichte problematisch.[5]

Bei den landwirtschaftlich genutzten Böden sind ebenso stoffliche Belastungen relevant. Spezifische stoffliche Eingriffe ergeben sich aus dem Einsatz von mineralischen und organischen Düngemitteln, dem Aufbringen von Klärschlämmen, Müllkomposten oder auch Flußsedimenten sowie dem Einsatz von Pflanzenschutzmitteln (Abbildung 3). Ebenso relevant sind die Belastungen durch mechanische Eingriffe in das Bodengefüge (v.a. Verdichtung)[6] sowie die Bodenerosion, insbesondere bei großen Feldschlägen, übertrieben ausgeräumten Ackerbaugebieten oder durch den ausgedehnten Anbau spät aufwachsender Feldfrüchte.

Belastungen nicht genutzter Böden resultieren beispielsweise aus wilden Ablagerungen von Abfällen oder durch zunehmende Erholungs- und Freizeitaktivitäten. Vor allem aber sind diese Böden durch diffuse Stoffeinträge, insbesondere durch den Eintrag von Luftschadstoffen gefährdet. Dabei sind insbesondere nährstoffarme (oligotrophe) Böden gefährdet.

Das Umweltmedium Wasser

Bei der Bewertung des Umweltmediums Wasser gilt es den gesamten Wasserkreislauf, Verdunstung, Niederschlag und Abfluß, im Blick zu haben. Der Gewässerschutz umfaßt alle Gewässer, das heißt alles in der Umwelt oberirdisch fließende oder stehende Wasser sowie das Grundwasser, wobei Wassermengenwirtschaft und Wassergütewirtschaft gleichberechtigt nebeneinander stehen.

Im Ökosystem Gewässer machen sich auch nur vermeintlich geringe menschliche Eingriffe unter Umständen erst nach Jahren oder Jahrzehnten bemerkbar. Allerdings sind limnische und semiterrestrische Ökosysteme häufig hochempfindlich und nur gering oder gar nicht belastbar.

Sowohl Grundwässer als auch Oberflächengewässer stellen natürliche Lebensräume dar und erfüllen wesentliche Funktionen innerhalb des Landschaftshaushaltes. Vor diesem Hintergrund ist die Gewässerschutzpolitik bestrebt, die Gewässer im engeren Sinn, ihre Randzonen sowie die in funktionalem Zusammenhang mit den Gewässern stehenden Teilräume ebenso wie die Wechselwirkungen zwischen Grund- und Oberflächenwasser ganzheitlich zu erfassen. Erklärte Ziele sind: Schutz der oberirdischen Gewäs-

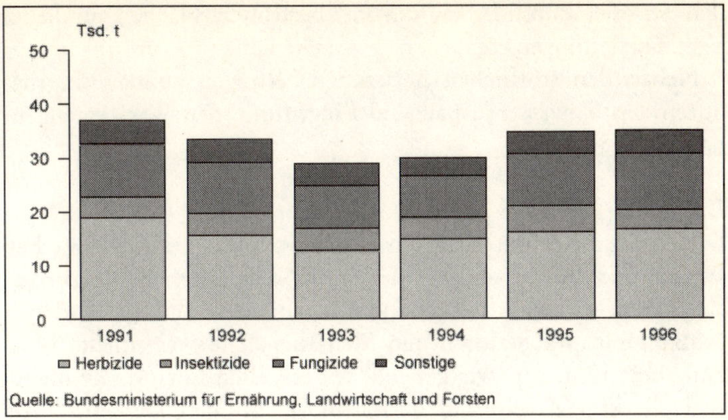

Abb. 3: Pflanzenschutzmittelabsatz

ser und Küstengewässer als Lebensgrundlage und als natürlicher Lebensraum, Schutz des Grundwassers als natürliche Ressource sowie die nachhaltige Nutzung des Wassers für die Versorgung der Bevölkerung, der Landwirtschaft, der Industrie und des Gewerbes, für Naherholung und Fischerei.[7]

Bei der Bewertung der Eingriffe in das Medium Wasser stehen allerdings zumeist die Nutzungsansprüche im Vordergrund. Hauptprobleme der Wassergewinnung für die Bereitstellung von Trink- und Brauchwasser sind die Grenzen der Wasseraufbereitungstechnik,[8] so daß bei der Wassergewinnung aus Grundwasser beispielsweise Kontaminationen aus Altablagerungen und Altlasten, Einträge von Nitrat oder von Wirkstoffen aus Pflanzenbehandlungsmitteln vor allem als Folge der landwirtschaftlichen Nutzung oder Einträge sekundärer Luftschadstoffe äußerst problematisch sein können.[9] Für die Wassergewinnung sind häufig leicht sowie schwer abbaubare Stoffe, Salze (ausgenommen Nährsalze), Schwermetallverbindungen, Abwärme und Nährelemente problematisch.

Besondere zivilisatorische Einflüsse auf die Gewässergüte sind vor allem diffuse und flächenhafte Stoffeinträge. Insbesondere in Stadtgebieten kommt es zu Gewässerkontaminationen durch wassergefährdende Stoffe beispielsweise durch Un- und Störfälle, die unsachgemäße Handhabung beim Umgang mit wassergefährdenden Stoffen, durch Abläufe von überbauten Flächen, undichte Transportleitungen etc.

Neben den stofflichen Belastungen erfolgen zudem Eingriffe durch den Gewässerausbau und Eingriffe in den Wassermengenhaushalt.

Das Umweltmedium Luft

Die Atmosphäre unterliegt im Gegensatz zu den Umweltmedien Wasser und Boden – von etwaigen heilklimatischen Nutzungen abgesehen – keinem mit ökonomischen Interessen verbundenen Nutzungsanspruch durch den Menschen. Die wesentliche Nutzung besteht in der (weitgehend) ungeregelten Entsorgung unterschiedlichster Abgase auf der „atmosphärischen Deponie". Als Folge nimmt derzeit der Kohlendioxidgehalt der Atmosphäre jährlich um ca. 12 Mrd. Tonnen oder 0,4 % zu. Die anthropogen induzierten Methanemissionen belaufen sich auf das 1,1- bis 1,6fache der natürlichen Quellen. Die anthropogenen Distickstoffoxidquellen betragen derzeit etwa ein Drittel der gesamten globalen Emissionen. Dadurch sind seit vorindustrieller Zeit die mittleren Konzentrationen von Kohlendioxid auf das 1,3fache, von Methan auf das 2,5fache und die Konzentration von Distickstoffoxid knapp auf das 1,2fache gestiegen. Die ebenfalls klimawirksamen teilhalogenierten Kohlenwasserstoffe, Schwefelhexafluorid und die ozonabbauenden Fluorchlorkohlenwasserstoffe sind ausschließlich anthropogenen Ursprungs und waren ursprünglich nicht in der Atmosphäre zu finden. Dasselbe gilt für die inzwischen ubiquitär nachzuweisenden persistenten organischen Verbindungen. Bei den Schwefelemissionen übertraf in den achtziger Jahren der anthropogene Anteil den natürlichen Anteil um das Fünf- bis Zehnfache.

Bemühungen zum Schutz der Atmosphäre setzten in der Vergangenheit erst dann ein, wenn erste unerwünschte Auswirkungen offenbar wurden. Die Konvention zum weiträumigen Transport von Luftschadstoffen, als Reaktion auf die zuerst in Skandinavien auftretende Versauerungsproblematik, kam als erster Meilenstein internationaler Luftreinhaltepolitik erst 1979 zustande.[10]

Dies zeigt bereits, daß der Schutz der Atmosphäre in der Regel nicht um der Atmosphäre selbst willen erfolgt, sondern vielmehr andere Schutzgüter wie ganze Ökosysteme, Böden, Grundwasser, menschliche Infrastruktur oder die menschliche Gesundheit im Vordergrund stehen und der Atmosphäre nur vermittelnde Bedeutung zukommt. Auch beim Klimaschutz geht es letztlich um die Auswirkungen einer veränderten chemischen Zusammensetzung der Atmosphäre auf die menschlichen Lebensgrundlagen.

Die stoffliche Belastbarkeit der Atmosphäre und mögliche Folgen der Überschreitung von Belastbarkeitsgrenzen wurden erst Gegenstand der Forschung, als der Schwund der stratosphärischen Ozonschicht und der Treibhauseffekt als Zeichen eines globalen Wandels verstanden wurden. Nach wie vor bestehen große Unsicherheiten bezüglich der Belastbarkeitsgrenzen, die wesentlich durch die Komplexität global vernetzter Stoffkreisläufe bedingt sind. Zudem beschränkt sich das vorhandene Wissen wesentlich auf die bereits vorhandenen Umweltprobleme. Welche nicht in Verbindung mit Sauerem Regen, Ozonloch und Treibhauseffekt stehenden Eigenschaften der Atmosphäre der Mensch ebenfalls beeinflußt, wodurch er sie beeinflußt und ob diese Eigenschaften dadurch kritisch verändert werden, ist weiterhin wenig erforscht.

Die Anstrengungen zur Bekämpfung der Versauerungs- und der Ozonlochproblematik sind von wichtigen Erfolgen gekennzeichnet, auch wenn beide Problemkreise keineswegs als überwunden gelten können. Erste Folgen der globalen Erwärmung gelten inzwischen als wissenschaftlich nachgewiesen.[11] Als schwerwiegende Folgen des Treibhauseffektes, dessen Bekämpfung im Grunde soeben erst begonnen hat, sind insbesondere zu erwarten:

- erhöhte Verdunstung vor allem über den tropischen Ozeanen (ziemlich sicher),
- höhere Windpotentiale (ziemlich sicher),
- Häufung von extremen Wetterereignissen (Stürme, Sturmfluten, Starkniederschlägen und Dürren) (ziemlich sicher),
- Abschmelzen der polaren, schwimmenden Eisdecke (nicht sicher),
- damit verbunden paradoxerweise eine starke regionale Abkühlung in Europa durch eine Abschwächung des Golfstroms und der thermohalinen Zirkulation (nicht sicher),
- Abschmelzen des westantarktischen Schelfeises und Anstieg des Meeresspiegels um 5–6 m innerhalb von wenigen Jahrhunderten (nicht sicher),

– Umkippen des derzeitigen, außergewöhnlichen stabilen Klimas in ein fluktuierendes; weltweite Gefährdung der Landwirtschaft (nicht sicher).[12]

Die Umweltpolitik wird deshalb nach wie vor aufgefordert, Strategien im Umgang mit wissenschaftlichen Unsicherheiten zu entwickeln, die einen tatsächlich vorsorgenden Umweltschutz gewährleisten.

4. Umweltbeeinträchtigungen durch die Gewinnung und Umwandlung des Energieträgers Steinkohle

Am Beispiel der Gewinnung und Umwandlung der Steinkohle läßt sich zeigen, wie die Nutzung dieses Energierohstoffs gleichermaßen alle Umweltmedien dauerhaft beeinträchtigt.

Der Abbau der Energieträger und – abbautechnisch bedingt – auch des Nebengesteins bedeutet geochemisch gesehen zunächst eine über das natürliche Maß hinausgehende selektive Konzentration dieser Stoffe. Bereits durch die Aufbereitung und den Transport gelangt ein Teil davon innerhalb kürzester Zeit in alle Teilbereiche der Geo- und Biosphäre. Dieser anthropogen gesteuerte Differenzierungsprozeß ist im Vergleich mit der Stoffdifferentiation im sedimentären, magmatischen oder methamorphen Geschehen eine neue Form geologischer Tätigkeit.[13] Zahlreiche chemische Elemente gelangen auf diese Weise verstärkt in den Stoffkreislauf, nachdem sie ihm teilweise für Jahrmillionen entzogen waren. Es kommt zur Geo- und Bioakkumulation der mobilisierten Elemente und ihrer Verbindungen. Damit wird der ursprüngliche Stoffbestand sowohl in qualitativer als auch in quantitativer Hinsicht verändert.

Umweltbeeinträchtigungen durch den Rohstoffabbau nehmen unter anderem in dem Maße zu, wie sich mit der Technisierung der Umfang der verlagerten Gesteinsmassen im Verhältnis zum Abbauprodukt vergrößert. Die Beeinträchtigungen wachsen ferner mit der Anzahl der betroffenen Ökosystemfunktionen und konkurrierenden Nutzungen sowie dem Grad ihrer wechselseitigen Abhängigkeit. Maßgebend ist der geologische Aufbau des gesamten Abbaubereichs. Darüber hinaus spielen die Grundwasserhydraulik, die Häufigkeit der naturbedingten Störungen, aber auch die geochemische Qualität der geförderten Stoffe eine entscheidende Rolle. Das geförderte Material wird an der Erdoberfläche meist einem gegenüber den Lagerstätten grundlegend veränderten geochemischen Milieu ausgesetzt. Durch das Einwirken etwa von Luftsauerstoff oder (säurehaltigen) Niederschlägen können Stoffe mobilisiert und in die Umgebung eingetragen werden. Deren Einfluß auf die angrenzenden Ökosysteme ist um so größer, je stärker die stofflichen Zusammensetzungen des geförderten Materials und des oberflächennah anstehenden Gesteins voneinander abweichen. Zur Abschätzung der Ressourcenbelastung und der Nutzungsbeeinträchtigungen ist einerseits die Schutzbedürftigkeit (verfügbares Naturraumpotential, Empfindlichkeit, Nutzungsbedarf), andererseits das Beeinträchtigungspotential (Immissionen, Stoffentzug und Flächeninanspruchnahme) zu bedenken. Für die ökologischen Zusammenhänge müssen die Ökosystemfunktionen berücksichtigt werden. Dies erfordert eine ökologische Wirkungsanalyse. Insbesondere sind Langzeitwirkungen zu berücksichtigen, wenn über die rein nutzungsbezogenen Planungsziele hinaus die Folgewirkungen auf die unter anderem im Bundesnaturschutzgesetz festgelegten oder im Bundesbodenschutzgesetz angeführten, ökosystemar ausgerichteten Umweltqualitätsziele betrachtet werden sollen.

Üblicherweise finden nur die Umweltauswirkungen der Gewinnung von Energierohstoffen auf ein einzelnes Umweltmedium in der öffentlichen wie in der politischen Diskussion Berücksichtigung. Meistens besteht ein aktueller Bezug zu Erschließungsvorhaben. Im folgenden soll hingegen unter Berücksichtigung aller Umweltmedien auf die wichtigsten Umweltauswirkungen der Energierohstoffgewinnung eingegangen werden. Dies sind im einzelnen (vgl. Tabelle 1):

- Flächeninanspruchnahme und Verlust von Lebensräumen
- Stoffinanspruchnahme und Massenverlagerung
- Reliefveränderungen (Bergsenkung, Aufhaldungen etc.)
- hydrologisch-hydrogeologische Beeinträchtigungen
- hydrochemische Beeinträchtigungen des Grundwassers
- atmosphärische Emissionen von Methan
- Industriebrachen und Altlasten aus der Aufbereitung
- atmosphärische Emissionen bei der Umwandlung
- Entsorgung von Rückständen.

Tabelle 1

Flächeninanspruchnahme	direkte und indirekte Inanspruchnahme durch Bergwerke, Halden und Bergsenkungen, ca. 5000 km^2 eingeschränkte Nutzung der indirekt beanspruchten Flächen, keine Nutzungsmöglichkeit der direkt beanspruchten Flächen
Massenverlagerung	80×10^6 m^3 Steinkohle und Bergematerial jährlich, Förderverhältnis ca. 1:1
Reliefveränderung	großräumige Bergsenkungen, Halden
Beeinträchtigungen der Oberflächengewässer und des Grundwassers (zusammengefaßt)	Einleitung von über 100 Mio. m^3 Wasser mit hohen Salzgehalten in die Vorfluter Rhein, Ruhr, Lippe und Emscher Veränderungen des Grundwasserspiegels (absolute Absenkung, relativer Anstieg in den Senkungsbereichen) in den Halden und Ablagerungsbereichen für Abraum: Freisetzung von Schwefelsäure durch Sulfidoxidation, Mobilisierung von Aluminium und Schwermetallionen, große Mengen leichtlöslicher Salze sowie Einträge in Oberflächengewässer und Grundwasser
Atmosphärische Emissionen	klimarelevante Methanemissionen
Industriebrachen und Altlasten	Bodenkontaminationen an Gewinnungs- und Verarbeitungsstandorten durch nichtsachgemäßen Umgang mit Betriebsmitteln, Leckagen etc. und mit spezifischem Schadstoffinventar

Quelle: Rat von Sachverständigen für Umweltfragen (SRU): Umweltgutachten 2000 – Schritte ins nächste Jahrtausend, Stuttgart 2000, Tab. 3.2.2-1 (verändert)

a) Umweltbeeinträchtigungen bei der Gewinnung von Steinkohle

Flächeninanspruchnahme und Verlust von Lebensräumen

In den deutschen Steinkohlerevieren, dem Saargebiet, dem Aachener Raum sowie dem Ruhr-Emscher-Lippe-Gebiet findet bzw. fand ausschließlich untertage in der Erstreckung der jeweiligen flözführenden Gesteinsserien ein nahezu flächendeckender Abbau statt. Die Erdoberfläche wird dort indirekt durch Bodensenkungen und durch Veränderungen des Grundwasserspiegels beeinträchtigt. Ergänzt durch die Zechenbetriebsflächen, Haldenflächen etc. sind damit zwangsläufig im Laufe der letzten zweihundert Jahre fast sämtliche Naturraum- und Nutzungspotentiale durch den Bergbau beeinträchtigt worden. Im Ruhr-Emscher-Lippe-Gebiet, das überwiegend zur deutschen Steinkohleförderung beiträgt, sind bisher annähernd 4000 km² Fläche vom Steinkohlebergbau betroffen. Unterstellt man für die übrigen Gebiete dieselbe Flächenintensität, so dürfte sich die in Deutschland vom Steinkohlebergbau veränderte Fläche auf knapp 5000 km² (oder 1,4% der Fläche des Bundesgebietes) belaufen.[14]

Stoffinanspruchnahme und Massenverlagerung

Derzeit werden in Deutschland jährlich rund 35 Mio. t Steinkohle gefördert. Wegen der zunehmenden Mechanisierung im Bergbau sind in der Vergangenheit die mit der Kohle geförderten Mengen an taubem Gestein stetig angestiegen und stehen mit der geförderten Steinkohle etwa im Verhältnis 1:1. Dieses sogenannte Bergematerial wird zu einem geringen Anteil wieder untertage verbracht oder im Deich- und Straßenbau verwandt. Der weitaus größte Teil wird oberirdisch auf Halden mit bis zu 1 km² Grundfläche und bis zu 100 m Höhe abgelagert. Dem Massenüberschuß an der Erdoberfläche steht ein etwa doppelt so großes Massendefizit im Untergrund gegenüber. Im Abbaugebiet an Ruhr, Emscher und Lippe entstand so in den letzten zwei Jahrhunderten ein ausgekohlter Hohlraum untertage mit einem Gesamtvolumen von etwas mehr als 7 km³.[15] Dieser wächst beim derzeitigen Fördervolumen jährlich um 70 Mio. m³ (entsprechend 7%) an. Durch den untertägigen Bergbau bricht das Deckgebirge in den ausgekohlten Hohlraum, was sich übertage als Bergsenkung der Landoberfläche und damit als Reliefveränderung äußert. Im Zusammenhang mit der Förderung von Steinkohle und Nebengestein (Berge) sowie den untertage entstehenden Massendefiziten muß also von erheblichen Massenverlagerungen gesprochen werden.

Reliefveränderungen

Im aufgelassenen untertägigen Steinkohlebergbau führt der Gebirgsdruck zu einem Einbrechen der überlagernden Gesteinsschichten im Abbaubereich. An der Oberfläche entstehen dadurch großflächige, ungleichförmige Senkungsmulden, die in ihrer Ausbildung von der Abbautiefe, der flächenhaften Ausdehnung der entstandenen Hohlräume und der Art des Deckgebirges abhängig sind.[16] Der Absenkungsbetrag erreicht im Bereich von Ruhr und Emscher mancherorts mehr als 20 m. Die Folgen sind neben Reliefveränderungen ein relatives Ansteigen des Grundwasserspiegels und Richtungsänderungen der natürlichen Vorflut sowie der Grundwasserfließrichtung. Die Beeinträchtigungen des Oberflächen- und Grundwasserhaushalts führen zum Trockenfallen oder Versumpfen von Geländeteilen und erfordern eine künstliche Entwässerung (Polderwirtschaft) nach dem Steinkohlebergbau. Dies wirkt sich direkt oder mittelbar auf die Böden und die Bodennutzung, auf die Biotope in grundwasserabhängigen Gebieten und auf weitere nutzbare Geopotentiale (z. B. Grundwasser) aus. Bergsenkungen im allgemeinen und unterschiedliche Senkungsbeträge im besonderen führen zudem zu Schädigungen der Gebäudeinfrastruktur durch Schiefstellungen.

Zur hydrologisch-hydrogeologischen Beeinträchtigung
Durch die Wasserhaltung im Steinkohlebergbau müssen im Abbaubereich zwischen Emscher und Lippe im langjährigen Durchschnitt etwa 2 t Wasser pro t Kohle gehoben werden. In den Rhein wurden 1998 insgesamt 99,5 Mio. m³ Grubenwasser eingeleitet, davon 14% im Bereich des Niederrheins. Je 35%, 31% und 19% davon gelangten über die Vorfluter Ruhr, Emscher und Lippe in den Rhein. Die höchste mittlere Chloridfracht führte dabei die Emscher mit 18 kg/s. Dagegen ist die Ruhr mit einer Chloridfracht von 0,8 kg/s vergleichsweise gering mit Salzen belastet. Folgen der Bergsenkungen sind unter anderem Veränderungen des Flurabstandes und das Zutagetreten des Grundwassers. Häufig sinken die Gewässerbetten der Vorflut in das Grundwasser ein. Damit wird eine Grundwasserentnahme zur Flurabstandsregulierung notwendig. Weitere Regulierungsmaßnahmen sind Verwallungen oder Eindeichungen (Polderungen), Einbau von Vorflutpumpanlagen im Senkungsschwerpunkt und Druckleitungen in den ungestörten Gewässerabschnitten etc. In den Einzugsgebieten der Emscher und der Lippe, dem derzeitigen Schwerpunkt des Steinkohleabbaus, müssen heute etwa 600 km² Fläche gepoldert werden.

Zu den chemischen Beeinträchtigungen des Grundwassers

Im untertägigen Steinkohlebergbau werden riesige Gesteinsmengen aus ihrer ursprünglichen Lagerung herausgeholt. Durch Abbau, Aufbereitung und Aufhaldung werden diese zerkleinert und der Atmosphäre ausgesetzt, das heißt, in ein anderes geochemisches Milieu gebracht. Durch den intensiven Kontakt mit Luftsauerstoff werden die reduzierten Schwefelverbindungen, vor allem Pyrit, oxidiert. Dieses führt zur Bildung von Schwefelsäure und Eisenhydroxioxid und zur Erniedrigung des pH-Wertes auf teilweise unter 3. Eine deutliche Anhebung der Löslichkeit von Aluminium und Schwermetallen und deren Eintrag durch Sickerwasser in Oberflächen- und Grundwasser sind die Folge.[17] Darüber hinaus enthalten Abraum und Bergematerial häufig große Mengen leichtlöslicher Salze, vor allem Chloride, die zu weiteren Belastungen der Vorflut und des Grundwassers führen. Die Chloridgehalte im Sickerwasser von Haldenkörpern des Steinkohlebergbaus belaufen sich unmittelbar nach der Bergeschüttung auf mehr als 10000 g/m^3, nehmen dann aber stetig ab, während durch die Sulfidoxidation die Sulfatgehalte stetig ansteigen und über längere Zeit 5000 g/m^3 übersteigen können.[18] Stofffrachten und Zusammensetzung des Sickerwassers verändern sich mit der Zeit. Maßgeblich sind die petrographisch-chemische Gesteinszusammensetzung der Berge, die unterschiedliche Löslichkeit und die oxidative Mobilisation der Bergeinhaltsstoffe. Insbesondere in den weniger verdichteten Außenbereichen von Bergehalden kommt es infolge des intensiven Kontaktes mit Niederschlagswasser und Luftsauerstoff zu langanhaltenden Oxidationsprozessen, Stoffausträgen und Lösungsfrachten ins Grundwasser. Während aus älteren Bergehalden die Sickerwässer weitgehend ungehindert in den Untergrund gelangen können, wird unter neu aufzuschüttenden Halden mittlerweile eine Basisabdichtung zur Reduzierung des Sickerwassereintrages in den Untergrund gefordert und auch eingebaut.

Weiterhin können Stoffauswaschungen durch eine effiziente Begrünung der Haldenkörper eingeschränkt werden. Die oberen 60 bis 100 cm werden melioriert und der pH-Wert durch Kalkung oder durch Zumischung anderer säureneutralisierender Materialien deutlich angehoben. Dadurch werden Bodenbildung und eine erste Ansiedlung von Pflanzen begünstigt. Allerdings verwittern auf Dauer auch die tieferen Haldenbereiche, so daß die Versauerung des Substrats nicht gänzlich gestoppt wird. Wie sich die bislang erzielten Erfolge der Rekultivierung mittelfristig weiterentwickeln, kann derzeit nicht einschlägig beurteilt werden. Untersuchungen auf bis zu zwanzig Jahren alten Steinkohlebergehalden zeigen, daß die Entwicklung in Abhängigkeit vom Ausgangssubstrat und den jeweiligen Schüttbedingungen sehr unterschiedlich sein kann.[19]

Atmosphärische Emissionen von Methan

Die Bewetterung von Bergbaustollen ist notwendig, um die Anreicherung von gesteinsbürtigen Gasen, d.h. vor allem Methan aus den Steinkohleflözen, und damit die Bildung von explosiven Grubengasgemischen zu verhindern. Volumenströme von einigen hundert bis zu mehreren tausend Kubikmetern Luft pro Sekunde werden dazu benötigt. Das methanreiche Grubengas wurde in der Vergangenheit ungenutzt abgeblasen und trug wesentlich zu den Nicht-CO_2-Treibhausgasemissionen der kohlefördernden Länder bei. Für weite Teile Europas ist die Förderung von 1t Steinkohle durchschnittlich mit der Emission von etwa 14kg Methan verbunden.[20] Weltweit liegen diese spezifischen Emissionen um etwa 30% niedriger.[21] Im globalen Vergleich belaufen sich diese Mengen aber nur auf etwa die Hälfte der Emissionen aus der Viehzucht. In Deutschland wurde in den letzten Jahren ansatzweise dazu übergegangen, das Grubengas thermisch zu nutzen. Dies bedeutet aber einen finanziellen Aufwand, der sich zwar aus Umweltsicht, nicht aber ökonomisch überall rechtfertigen läßt.

Industriebrachen und Altlasten aus der Energierohstoffgewinnung

Steinkohlebergwerke werden in der Regel aufgegeben, wenn die Lagerstätten bis an die wirtschaftlichen Grenzen ausgebeutet sind. Durch die Stillegung der Förderanlagen werden Industriebrachen hinterlassen. Vor allem auf älteren, heute stillgelegten Zechengeländen erfolgte häufig eine unkontrollierte Verkippung unter anderem von Bergematerialien und Schlämmen aus der Kohlewäsche. Nach detaillierten Standortuntersuchungen sind diese Flächen oft als Altlasten auszuweisen. Das typische Schadstoffinventar solcher ehemaliger Zechengelände sind Schmierstoffe,

Reinigungsmittel, Lösungsmittel sowie Mittel zur Haltbarmachung von Grubenhölzern und Bahnschwellen (Steinkohleteer, Schwermetallsalze, Halogenverbindungen).

Noch problematischer aber sind Kontaminationen auf Flächen mit Nebengewinnungsbetrieben des Kohlebergbaus, vor allem ehemalige Kokereistandorte. Bei der Verkokung der Kohle wird aus dem Schwelgas bei Abkühlung Steinkohleteer mit hohem Gehalt an polyzyklischen aromatischen Kohlenwasserstoffen abgeschieden. Aus dem nach Abscheiden der Teerfraktionen verbleibenden Gas werden dann in mehreren Reinigungsprozessen Ammoniak, Phenole, Cyan- und Schwefelverbindungen sowie leichtflüchtige Monoaromate wie Benzol, Toluol und Xylol sowie Metallverbindungen abgeschieden. Durch Leckagen aus Rohrleitungen und Lagertanks, beispielsweise infolge von Unfällen, aber auch aufgrund früher Beseitigungspraktiken auf dem eigenen Betriebsgelände kam es regelmäßig zur Kontamination des Untergrunds.[22] Den Eigenschaften der oben angeführten möglichen Schadstoffe und den jeweiligen Untergrundverhältnissen mit verschiedenen Ausbreitungspfaden entsprechend, ergeben sich dann unterschiedliche Belastungen von Boden, Wasser und Luft, die als typische Altlasten des Kohlebergbaus zu kennzeichnen sind.[23]

b) Umweltauswirkungen durch die Umwandlung fossiler Energieträger

Die luftgängigen Emissionen bei der Energieumwandlung fossiler Energieträger umfassen vor allem Kohlendioxid, Schwefeldioxid, Stickstoffoxide, Ammoniak, Kohlenmonoxid sowie Lachgas und Methan. Ferner werden Schwermetalle, Staub und einfache (z.B. Formaldehyd) sowie komplexe organische (polyzyklische Aromate) Verbindungen emittiert. Zu den Umweltauswirkungen dieser Emissionen gehört allen voran der anthropogene Treibhauseffekt. Versauerung von Böden und Oberflächengewässern, Eutrophierung, Schädigung der Ozonschicht und human- sowie ökotoxische Eigenschaften einzelner Verbindungen sind weitere wichtige Folgen. Die Emissionen bei der Umwandlung hängen wesentlich von der Elementarausstattung der Energieträger, von der Umwandlungstechnik, von den Umgebungsbedingungen während der Verbrennung sowie von der nachgeschalteten Minderungstechnik ab.

5. Das Leitbild einer nachhaltigen Entwicklung als Ansatz zur Problemlösung

a) Die Bedeutung und Festlegung von Umweltzielen

Der umweltpolitische Leitgedanke einer nachhaltigen Entwicklung erfordert vorsorgende, qualitätsorientierte Denkweisen und Entscheidungen. Dazu muß die natürliche Systemkomplexität und -dynamik möglichst konkret erfaßt werden, um die Grenzen der Belastbarkeit der Umweltmedien aufzuzeigen, jenseits derer die ökologischen Funktionen gestört werden. Langfristig muß eine Wirtschaftsweise etabliert werden, die den Erhalt ökologischer Potentiale in den Vordergrund stellt.

Die Forderung nach dem Erhalt der natürlichen Lebensgrundlagen für künftige Generationen und einer schonenden Inanspruchnahme natürlicher Ressourcen erweist sich aber als schwierig, da eindeutige wissenschaftliche Aussagen zur Bedeutung einzelner Eingriffe, Inanspruchnahmen und Beeinträchtigungen für die gesamte Umwelt vielfach nicht möglich sind und deshalb nur bedingt als Grundlage für die politische Entscheidungsfindung dienen können.

In ihrem Bemühen, Wissen für einen sachgerechten Umgang mit den Existenzgrundlagen des Menschen bereitzustellen, werden sowohl Umweltwissenschaftler als auch Umweltpolitiker gleichermaßen stets aufs neue mit dem Problem der unüberschaubaren Komplexität ihres Betrachtungsgegenstandes konfrontiert. Dies erfordert eine integrative Sichtweise. Lebensräume zeichnen sich in der Regel durch eine unermeßliche Vielfalt an Arten und Ökosystemen aus. In der mosaikartigen Verteilung unterschiedlicher Lebensräume liegt die räumliche, in der Entwicklungsdynamik der ökologischen Systeme die zeitliche Vielfalt.

In dieser Komplexität müssen die Umweltwissenschaftler ökologische Belastungsgrenzen und Risiken aufzeigen. Die komplexe Dynamik der ökologischen Systeme ist aber immer nur unzulänglich zu erfassen und zudem ist intergenerative Gerechtigkeit keine ökologische Größe. Notwendig sind gründliche Beobachtungen und Messungen, und zwar möglichst über lange Zeiträume hinweg, um die normale Dynamik von Veränderungen berücksichtigen zu können. Aus dem Vergleich mit anderen Beobachtungen werden schließlich Modelle für die komplexe Wirklichkeit entwickelt. Die mit der Verwendung zentraler ökologischer Theorien als Zielvorstellungen des Umweltschutzes einhergehenden Wertentscheidungen stützen sich damit eher auf Wahrscheinlichkeiten als auf Fakten.[24] Letztlich ist es aber notwendig, trotz wissenschaftlicher Unsicherheiten umweltpolitische Ziele vorzugeben und Maßnahmen einzuleiten, aus denen deutlich wird, welche Reduktionen von umweltbelastenden Aktivitäten eine Gesellschaft anstrebt und welche Auswirkungen dies auf die ökologischen, ökonomischen und sozialen Subsysteme hat.

Zudem hängt die Wahrnehmung, ob ein Lebensraum ökologisch intakt ist, stets von den spezifischen Bedürfnissen und Interessen desjenigen ab, der diesen Lebensraum als seine Umwelt betrachtet und nutzen will. Eine Auskunft darüber, was ökologisch falsch oder richtig ist, kann nicht aus umweltwissenschaftlichen Bewertungen allein gewonnen werden, da sie nur Zustände, Prozesse und Bedingungszusammenhänge beschreiben, aber aus sich heraus keinen Maßstab dafür bieten, wessen Perspektive bei deren Bewertung der Vorrang zuzuerkennen ist. Die Frage, welche Natur wir schützen sollen, erweist sich also bei näherer Betrachtung als keineswegs eindeutig.[25] Immer gehen auch die jeweiligen Präferenzen des Menschen mit in eine solche Bewertung ein.

Bei einer kritischen Betrachtung der bisherigen Bemühungen um die Festlegung von Umweltzielen wird zunächst grundsätzlich der starke Anteil gesellschaftlicher Wertvorstellungen auffällig. Das heißt, die Festlegung ist immer sowohl ein wissenschaftlicher als auch ein politischer Prozeß. Dabei tritt das enorme Konfliktpotential zutage, das sich in den Zielfestlegungsprozessen verbirgt. Zudem existieren unterschiedlichste Ansätze zur Zielfestlegung nebeneinander, ohne daß Aktivitäten zur Zielformulierung und -festlegung miteinander vernetzt werden. Des weiteren fehlt der Bezug von Zielvorgaben zu Verursachern, Indikatoren, Instrumenten und Maßnahmen. Auch sind zeitliche Vorgaben und konkrete Reduktionsziele eher selten.

Der Rat von Sachverständigen für Umweltfragen hat aufgrund dieser erkennbaren Defzite einen Verfahrensvorschlag zur Festlegung von Umweltzielen unterbreitet (s.a. Abbildung 4). Dem Vorschlag liegen als Prämissen zugrunde, daß der Staat auf das Wissen und die Kooperationsbereitschaft gesellschaftlicher Ak-

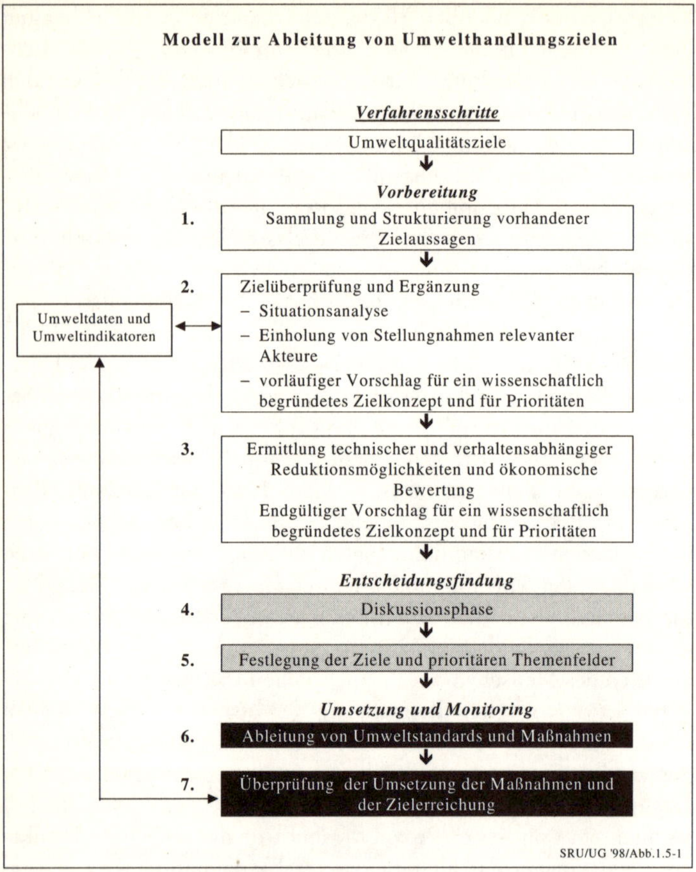

Abb. 4: Verfahrensschema zur Ableitung, Formulierung und Festlegung von Umwelthandlungszielen

teure angewiesen ist und daß effektive Planung auch bedeutet, aus Erfahrung zu lernen. Dies legt unweigerlich eine Stärkung des partizipativen Elements in der umweltpolitischen Planung nahe. Dadurch würde die Legitimation der Planung erhöht und gleichzeitig die Übernahme politischer Verantwortung erleichtert. Voraussetzung sind dabei ein effektives Monitoring und die Fähigkeit der an der Planung Beteiligten, auf neue Entwicklungen zu reagieren. Diese Ziele müssen auch während der Implementationsphase ständig kontrolliert und nachgebessert werden. Auch sollte man sich Lernmöglichkeiten offenhalten. Entsprechend erfordert dies eine ständige Fortschreibung partizipativer Planung.

Ziele zum Schutz der Umwelt sind von den weitgefaßten Handlungsansätzen einer nachhaltigen Entwicklung abzuleiten und über Zieldefinitionen in einzelnen Umweltbereichen als konkrete Umweltqualitätsziele und Umweltstandards (Grenzwerte) zu operationalisieren, die dann auf der Instrumentenebene in Abgleich mit einem System von Umweltindikatoren die Vorgaben für eine ökologisch-soziale Marktwirtschaft bilden können. Bislang ist eine Verknüpfung der Zielfindung und der Instrumentendiskussion jedoch nur sehr unzureichend erfolgt.

Die Festlegung von Umweltzielen als Ergebnis gesellschaftlicher Willensbildung unter Berücksichtigung von Expertenwissen ist entsprechend aller Lösungsvorschläge auf ihre wissenschaftliche Begründbarkeit und Plausibilität und technische wie ökonomische und soziale Machbarkeit zu überprüfen. Dies wird ein langer Prozeß sein, in dem schnelle Ergebnisse kaum zu erwarten sind.

In diesem fortdauernden Prozeß der Zielfestlegung müssen themenbezogen möglichst umfassend die vorhandenen und absehbaren Belastungen aufgegriffen werden. Vor diesem Hintergrund müssen Ziele möglicherweise korrigiert oder gänzlich neu abgeleitet und politisch festgelegt werden. Um politische Maßnahmen einleiten zu können, ist es daher notwendig, einerseits umweltpolitische Ziele klar zu definieren und sie andererseits hinreichend flexibel im Hinblick auf künftige Entwicklungen zu halten.

b) Umweltindikatoren als Instrument zur Umsetzung von Zielvorgaben

Wesentliche Grundlage für die Zielfestlegung einerseits sowie für die Zielüberpüfung andererseits sind Umweltindikatoren. Umweltindikatoren sind also Kenngrößen zur Abbildung und Kennzeichnung von komplexen Sachverhalten (Ist-Indikatoren) bzw. Kenngrößen für den Vergleich von verdichteten Umweltbelastungs-, Zustands- und Reaktionsdaten mit Umweltqualitäts- und Umwelthandlungszielen (Soll-Indikatoren). An Indikatoren werden in diesem Zusammenhang konkrete Forderungen nach einem adäquaten Raum-, Zeit- und Sachbezug gestellt.[26]

Eine adäquate Berücksichtigung der räumlichen Bezugsebene ist erforderlich, weil bereits kleine Unterschiede der räumlichen Zusammensetzung von Belastungsfaktoren erhebliche Wirkungsunterschiede hervorrufen können, regional unterschiedliche Präferenzen für Umweltqualität sowie regional unterschiedliche Schutzwürdigkeiten und Gefährdungen von Schutzgütern vorliegen. Darüber hinaus müssen Mehrfachbelastungen von Räumen erfaßt und Belastungsgebiete identifiziert werden.

Da Umweltprobleme meist nicht schlagartig entstehen, sondern sich allmählich entwickeln, muß für eine richtige Erfassung von Umweltbelastungen ein adäquater zeitlicher Bezug hergestellt werden. Wegen langer Zeitverzögerungen bis zum Eintritt von Umweltschäden ist es darüber hinaus erforderlich, Frühwarnindikatoren zu installieren, d.h. Indikatoren für Gefährdungen, Risiken oder Konfliktpotentiale zu integrieren.

Indikatoren in diesem Zusammenhang sind unabhängig von der Art und Qualität der Daten allgemein als Kenngrößen zu definieren, die zur Abbildung eines bestimmten Sachverhalts (Indikandum) festgelegt werden und ihre Funktion nur in einem bestimmten Verwendungszusammenhang erlangen.

Probleme bei der Implementierung

Umweltindikatoren sind in den bisherigen Definitionen von Umweltqualitätszielkonzepten zwar meist vorgesehen, aber noch viel zu wenig konkret angeführt. Allerdings ist unbestritten, daß Indikatoren eine wichtige Informationsbasis über das Ausmaß der Erreichung der Ziele darstellt. Nur mittels solcher Kenngrößen kann abgeschätzt werden, welche Maßnahmen notwendig wären, um jegliche Beeinträchtigungen zu vermeiden. Der gesellschaftliche Bewertungsprozeß, inwieweit diese Maßnahmen angemessen sind oder ob ein gewisses Maß an Umweltbeeinträchtigung im Interesse der Erreichung anderer, gegenläufiger Ziele angemessen ist, kann ohne entsprechende Kenngrößen nicht fundiert erfolgen. Erst die an abgewogenen Zielen geeichten Indikatoren zeigen an, inwieweit eine nachhaltige Entwicklung gesellschaftlich gewollt ist.

Derzeit werden Indikatoren im wesentlichen zur Erfüllung verschiedener Berichtspflichten eingesetzt. Dazu werden teilweise recht unterschiedliche Vorgehensweisen und konzeptionelle Ansätze gewählt, wobei sich mittlerweile Eigendynamiken entwickelt haben, die etwaig notwendige konzeptionelle und prozedurale Änderungen erschweren, insbesondere dort, wo weitgehend Konsens erzielt wurde (z.B. über den Pressure- bzw. Driving-Forces-State-Response-Modellrahmen oder über die inhaltliche Strukturierung der OECD- und CSD-Indikatoren). Miteinander konkurrierende Bestrebungen, Indikatoren zu entwickeln und zu implementieren, waren zu Beginn der Diskussions- und Entwicklungsphase im Hinblick auf eine gegenseitige Befruchtung durchaus sinnvoll und erstrebenswert. Angesichts verbindlicher internationaler Berichtspflichten (OECD, CSD, EU), begrenzter finanzieller Mittel, vor allem aber angesichts dringend zu lösender Umweltprobleme muß jedoch dringlichst entschieden werden, welche Vorschläge weiterverfolgt und wie diese in einem konsistenten Gesamtkonzept aufeinander abgestimmt werden können.[27]

Erhebliche Schwierigkeiten der Indikatorenbildung und -implementierung ergeben sich insbesondere bei übergreifenden Fragestellungen, da sich weder in den für Umweltdaten jeweils zuständigen Einrichtungen organisatorisch eine Entsprechung für sie findet noch übergreifende Problemstellungen durch das Umweltstatistikgesetz erhoben werden und somit kurzfristig keine bundesweit repräsentativen Daten zur Verfügung stehen.

Ein aus umweltpolitischer Sicht besonderes Defizit für die Implementierung der bisher entwickelten Indikatorensets ist der weitgehend fehlende Bezug zu umweltpolitischen Zielsetzungen. Dadurch mangelt es auch am praktischen Nutzen der Indikatoren für die Kontrolle der Politik und deren künftige Gestaltung.

In Ergänzung zur bisherigen Umweltberichterstattung sollte sich eine endgültige Festlegung von Indikatoren zumindest auf nationaler Ebene an einem umweltpolitischen Zielsystem orientieren, um über die Problemwahrnehmung hinaus der künftigen Politikplanung als Hilfsmittel der Politikformulierung und der Kontrolle der Umweltpolitik dienen zu können. Bisherige Erfahrungen mit mehr pragmatisch ausgerichteten Verfahren zeigen bereits, daß die Aufstellung der Indikatoren spätestens dann ins Stocken gerät, wenn eine Verdichtung bzw. Aggregation der Einzelindikatoren vorgenommen werden soll und hierfür Bewertungshilfen, zum Beispiel in Form von Umweltqualitätszielen und -standards, nicht zur Verfügung stehen und/oder nicht konsensfähig sind. Letztlich benötigt jedes Aggregationsverfahren Referenzgrößen, weil mit jeder Form von Informationsverdichtung eine direkte oder indirekte Bewertung vorgenommen wird. Wenn also überwiegend datengeleiteten Auswahlverfahren der Vorzug gegeben wird, bedeutet das, daß das Problem der Normierung zeitlich nur verlagert wird und somit die politische Kontrollfunktion von Indikatoren nicht gegeben ist. Eine andere Möglichkeit der Indikatorenauswahl besteht in der Orientierung an ökologischen Modellvorstellungen. Aber auch diese benötigen zu ihrer weiteren Verwendung als politisches Hilfsmittel ein Werturteil darüber, welche Ökosysteme in welchem Zustand an welchem Ort als wünschenswert gelten, um daraus Maßnahmen zum Schutz und zur Entwicklung der Ökosysteme ableiten zu können.

Mit der bloßen Einführung von ausgewählten Umweltindikatoren ohne Hinzuziehung, Ergänzung und Systematisierung von umweltpolitischen Zielsetzungen und Umweltstandards ist keine wesentliche Steigerung der Nutzbarkeit der Umweltberichterstattung für die Gestaltung und Kontrolle der Umweltpolitik gewährleistet.[28] Notwendig ist, nationale Umweltindikatoren und umweltpolitische Ziele zeitlich, inhaltlich und prozedural zu koordinieren. Die Auswahl und Entwicklung eines Gerüsts von deskriptiven Umweltindikatoren sollte wissenschaftlich entschieden werden. Davon getrennt sind unter der Beteiligung von gesellschaftlichen Gruppen Ziele festzulegen, die für die Aggregation und Normbildung für Einzelindikatoren heranzuziehen sind.

Wenn der Zielbezug gegeben ist, muß zudem der Mangel an Kohärenz der Umweltdaten bzw. der verschiedenen Routinemeß- und Dauerbeobachtungsprogramme des Bundes und der Länder behoben sowie Konsens über eine ökologisch ausgerichtete Raumgliederung erreicht werden. Dies gilt sowohl für den Mangel an aktuellen und flächendeckenden beziehungsweise für die Gesamtfläche Deutschlands repräsentativen Daten, insbesondere bei der Umweltzustandserfassung (state), und hier vor allem zur Funktionalität von Ökosystemen und zur Biodiversität, als auch für die Erfassung von Maßnahmen (response). Auch ist den ungenügenden Identifizierungsmöglichkeiten von künftigen Gefährdungen (Früherkennung von Umweltproblemen) durch gezielte Forschung zu begegnen.

Zukünftige Ausrichtung von Umweltindikatoren

Ein ökologischer Ansatz zur Festlegung von Umweltindikatoren sollte auf einer funktionsbezogenen Betrachtungsweise beruhen, nach der die Produktions-, Träger-, Informations- und Regelungsfunktionen der Umwelt unterschieden werden. Es sollten daher Indikatoren für alle Umweltfunktionen gebildet werden, wobei die Regelungsfunktionen eine herausragende Rolle spielen.[29] Handhabbare Indikatoren für diesen Bereich fehlen allerdings bislang weitgehend.

Einen theoretischen Ansatz für solche Aggregationsvorgänge kann die Grundmethodik der Ökosystemanalyse bieten. Dabei wird mittels Ökosystembilanzen die Funktionsfähigkeit der Ökosysteme anhand von Grundbeschreibungen der stofflich-energetischen Fließgleichgewichte wiedergegeben. Mit der Quantifizierung der sogenannten ökologischen Integrität wird die Selbstorganisations- und Entwicklungsfähigkeit von Ökosystemen erfaßt. Modelle können dabei verschiedene Prozesse und deren Wirkungsgefüge aufzeigen. Aufbauend auf den Ist-Zustand sind dann sich weiter abzeichnende Entwicklungen zu beschreiben und in Form von Funktionalitätsindikatoren darzustellen.

Bei den bisherigen politischen Ansätzen stehen allerdings immer noch Einzelindikatoren (sogenannte Schlüsselindikatoren) im Vordergrund. Zudem ist bei dem Ansatz, die deutsche Umweltpolitik von einer nach wie vor eher emissions- und technikbezogenen Politik zu einer stärker umweltqualitätsorientiert ansetzenden Umweltpolitik umzugestalten, der Blick immer noch auf die Verfügbarkeit von Daten aus etablierten Monitoringsystemen gerichtet. Das Problem der mangelnden Datenverfügbarkeit und -belastbarkeit wird aber nicht durch ein Indikatorensystem und durch die Festlegung von Umweltzielen gelöst, sondern vielmehr potenziert.

Ein Ansatz zur zukünftigen Datenerhebung

Ein systematischer Erfassungs- und Bewertungsansatz kann den Ist-Zustand von Umweltsystemen wiedergeben. Damit können Gefährdungen der Umweltsysteme durch anthropogene Beeinträchtigungen abgeschätzt werden. Die Grundeigenschaften von Meßstandorten sind durch die Aufnahme statistischer Raumdaten gegeben. Durch Nutzung konzeptioneller Modelle können verschiedene Prozesse und deren Wirkungsgefüge aufbauend auf den

Ist-Zustand sich weiter abzeichnende Entwicklungen aufzeigen und in Form von Funktionalitätsindikatoren charakterisieren. Die Ergebnisse der Modellansätze sollen aus Bilanzgrößen bestehen und stellen den ökosystemaren Grundansatz für den Funktionalitätsindikatorensatz dar. Dieser setzt insgesamt am sogenannten „Orientorkonzept" an, d.h. an der Ableitung und Auswertung von Funktionalitätsindikatoren aus der Ökosystemtheorie und der Synergetik.[30] Dabei werden Ansätze der Theorie der Selbstorganisation mit Hilfe thermodynamischer Gesetzmäßigkeiten auf ökologische Systeme übertragen. Ökosysteme – als offene Systeme – optimieren im Laufe einer ungestörten Entwicklung im Rahmen der standörtlich vorgegebenen Grundausstattung bestimmte Eigenschaften. Dabei wird die eingetragene, hochwertige Energie (Exergie) der Sonneneinstrahlung in eine zunehmende strukturelle Vielfalt bzw. in immer komplexer ausgestattete Wirkungsgefüge transferiert. Die Exergie wird hierbei schrittweise degradiert und in nicht mehr nutzbare Energieformen (Entropie) umgewandelt. Anhand von Respiration, Wärmeausstrahlung, Nährstoffverlusten oder Transpiration von Ökosystemen können diese gemessen werden und damit z.B. die Funktionalität von Grundwasserüberdeckungen abschätzen helfen. Nach Holling (sogenannte Hollingsche Zyklizitäten)[31] tritt dabei unter der Voraussetzung gleichbleibender Randbedingungen eine langanhaltende Phase der Strukturförderung auf, während der das System bestimmte Eigenschaftskomplexe selbstorganisiert optimiert, wie etwa Komplexität, Heterogenität, Strukturvielfalt, Hierarchisierung, Exergiespeicherung, Entropieproduktion etc. Diese Eigenschaften werden als Systemorientoren bezeichnet und können mittels verschiedener emergenter und kollektiver Ökosystemeigenschaften identifiziert werden. Damit kann anhand der Entwicklungen dieser Eigenschaften abgeschätzt werden, inwieweit ein Ökosystem den Entwicklungstendenzen einer natürlichen, selbstorganisierten Dynamik folgt und wie groß seine Resistenz, sein Puffervermögen und seine Entwicklungskapazitäten ausfallen. Diese Größen dienen als Parameter zur Kennzeichnung der Integrität und Funktionalität von Ökosystemen.

Sie kennzeichnen den aktuellen Ökosystemzustand. Darüber hinaus sind damit gleichzeitig spezifische Problemstellungen zu charakterisieren. Dies soll am Beispiel des Schutzes gegen die

Belastung des Grundwassers aufgezeigt werden. Um sowohl die Funktionen des Grundwassers im Landschaftswasserhaushalt zu erhalten als auch die Bereitstellung möglichst unbelasteten Grundwassers für eine Trinkwasserversorgung zu gewährleisten, sind integere Ökosysteme notwendig. Mit Hilfe von Informationen zum jeweiligen Ökosystemzustand sowie seiner zu erwartenden Entwicklung sind gezielt Schutzziele aufzustellen und Schutzmaßnahmen zu ergreifen, um beispielsweise den Aufwand zur Trinkwasseraufbereitung möglichst gering zu halten. Um diese Informationen bereitzustellen, sind u.a. indirekt vernetzte Orientoren bzw. Indikatoren heranzuziehen.[32]

Die Exergie-Aufnahmekapazität wird erhöht, wenn die Struktur des pflanzlichen Bestandes komplexer gestaltet und der Blattflächenindex des Ökosystems erhöht wird. Hiermit geht ein verstärktes Transpirationspotential einher, womit der Zustrom von Sickerwasser in Richtung Grundwasser reduziert wird. Auf ökochemisch belasteten Standorten ergibt sich daraus eine Grundwasserentlastung. Im darüberliegenden Ökosystem werden darüber hinaus mit steigender Exergieaufnahme die ökologische Gesamtaktivität, die intrabiotischen Flüsse, die Recyclingraten und die biotischen Speicherkapazitäten erhöht.

Diese Speicherkapazitäten beruhen sowohl auf der mineralischen Zusammensetzung des stockenden Bodens als auch auf den biotischen Gegebenheiten des Standorts. Sowohl die Biomasse des Ökosystems als auch die tote organische Substanz stellen sehr effiziente Filter- und Puffersysteme dar, die erhebliche stoffliche Grundwasser-Belastungen bereits vor dem Verlassen der durchwurzelten Zone zurückhalten und metabolisieren bzw. mineralisieren können.

Integre Ökosysteme optimieren im Verlauf einer ungestörten Entwicklung auch ihre Stoffretention. Sowohl Verluste durch Auswaschungsvorgänge als auch gasförmige Abgaben knapper Substanzen werden durch langfristige Anpassungsvorgänge der Biozönose standortgemäß minimiert. Die Grundwasserleiter unter integren Ökosystemen erhalten daher geringere Einträge toxischer oder eutrophierender Substanzen.

Ein wesentliches Element dieser Verlustreduzierung ergibt sich aus den vernetzten Stoff- und Energiekreisläufen innerhalb der Ökosysteme. Je stärker die Stoffe in Zyklen – und damit verknüpft in organischen Speichern – gebunden sind, um so geringer fällt auch die Grundwasserbelastung aus. Zusätzlich wirken die mit den Zyklen verbundenen Aktivitäten der saprophagen Fauna und der Mikroflora mineralisierend bzw. abbauend auf potentielle Kontaminanten.

Ein weiteres Maß, das genau diese Zusammenhänge charakterisiert, ergibt sich aus der energetischen bzw. stofflichen Effizienz der Ökosysteme. Je angepaßter dieses Input-Output-Verhältnis zugunsten eines langfristigen Fließgleichgewichts ausfällt, um so besser ist auch die „Reinigungsleistung" der Ökosysteme in bezug auf das versickernde Bodenwasser.

Derart stofflich aktive Ökosysteme benötigen wegen ihrer Strukturvielfalt und aufgrund der vergleichsweise hohen biotischen Masse und Aktivität hohe Energiemengen für die Aufrechterhaltung der Prozesse und das Bestehenbleiben der komplexen Struktur. Sie zeigen folglich eine vergleichsweise hohe Respiration.

Daneben verbrauchen integre Ökosysteme mit hohem Grundwasserschutzpotential sehr viel Energie für die Transpiration. Dieser Vorgang gewährleistet nicht nur einen ausgeglichenen Wasserhaushalt, er ist auch wesentlich verantwortlich für das Kreislaufgeschehen im Ökosystem und trägt somit zur Vermeidung von Grundwasserbelastungen bei.

Diese Prozesse können nur dann effektiv operieren, wenn innerhalb der Ökosysteme eine ausreichende Heterogenität vorliegt. Diese bezieht sich nicht nur auf die Biodiversität sondern auch auf die Strukturkomplexität im abiotischen Bereich.

Mit Hilfe dieser Indikatoren ist die Möglichkeit einer Beurteilung von Entwicklungstendenzen auf der Grundlage eines ganzheitlichen, integrierten Ökosystemverständnisses gegeben. Zudem erlaubt dieser Ansatz einen Vergleich verschiedener Ökosysteme, um etwaige Nutzungskonflikte zu lösen und umweltpolitische Prioritäten zu setzen.

Aufgabe der Umweltwissenschaften ist die Bereitstellung eines Gerüstes von deskriptiven Umweltindikatoren. Anhand einer Ausrichtung an gesellschaftlich festgelegten Zielvorgaben muß dann aber ebenso in einem gesellschaftlichen Prozeß die Aggregation und die Normbildung von Indikatoren entschieden werden.

Um zukünftig die mangelnde Abgleichbarkeit von Umweltdaten bzw. der verschiedenen Meß- und Dauerbeobachtungsprogramme des Bundes und der Länder ebenso wie den fehlenden Konsens über eine ökologisch ausgerichtete Raumgliederung zu beheben, kann letztlich nur ein ökosystemar ansetzendes Konzept zielführend sein.

Wolfgang Haber

Ökologie und Nachhaltigkeit
Einführung in die Grundprinzipien der theoretischen Ökologie

1. Einleitung

Ökologie, die Lehre von der Umwelt, ist seit etwa 1970 allgemein bekannt geworden. „Umwelt“ wird meist auch mit „Natur“ in Verbindung gebracht, und beide Begriffe kombiniert man oft mit dem Wort „Schutz“, dessen sie offenbar bedürftig sind. Seit der Konferenz der Vereinten Nationen über Umwelt und Entwicklung in Rio de Janeiro 1992 ist „Nachhaltigkeit“ in die Diskussion gekommen, die nach verbreiteten Vorstellungen ebenfalls mit Ökologie, Natur- und Umwelt(schutz) zu tun hat – ohne daß klare Auffassungen über die Zusammenhänge vorliegen. Ich will versuchen, diese aus ökologischer Sicht zu verdeutlichen.

Das Attribut „theoretisch“ im Untertitel soll nicht abschrecken, sondern ausdrücken, daß ich Ökologie als wissenschaftliche (biologische) Disziplin auffasse und nicht, wie heute populär ist, als eine Art gesellschaftlichen Lebensprinzips von manchmal fast religiösem Zuschnitt. Die Disziplin ist relativ jung. Ihren Namen prägte Ernst Haeckel 1866, doch ökologische Forschung wird erst seit Beginn des 20. Jahrhunderts betrieben. Andererseits ist vieles, was wir heute zu ökologischer Erkenntnis zählen, eine uralte menschliche Erfahrung. Schon die frühen Menschen, die sich ja einer bereits hochentwickelten und vielfältigen Natur gegenübersahen, mußten sich mit dieser als „Umwelt“ auseinandersetzen und darin behaupten, sie also erfahrungsgeleitet verstehen lernen. Erste und durchaus richtige Erkenntnisse, die wir als „ökologisch“ bezeichnen können, sind von den griechischen Naturphilosophen überliefert. Es verwundert uns im Rückblick, daß sie nicht auch auf den aus den griechischen Wörtern oikos (Haus, Haushalt) und logos (Lehre) zusammengesetzten Begriff gekommen sind.

2. Umwelt als biologischer Begriff

Umwelt ist prinzipiell ein biologischer Begriff, denn sie ist gemäß ökologischer Definition „das ein Lebewesen umgebende Stück Welt", von dem es lebt, in dem es gedeiht und sich sicher fühlen möchte. Dies läßt sich durch ein einfaches Kreisbild ausdrücken[1] (Abb. 1), das auch persönliches Empfinden anspricht: Jeder Mensch kann sich selbst in den Mittelpunkt des Kreises versetzen und „seine" Umwelt in voller Ich-Bezogenheit erkennen – eine in unserer liberalen, individualistischen Gesellschaft wichtige Grundlage von Umweltbewußtsein. Wo immer wir uns hinbewegen, nehmen wir unseren Umweltkreis mit uns und beurteilen jeweils das, was wir darin für uns empfinden, als schön oder häßlich, aufregend oder langweilig, belebend oder belastend.

Die Kreisform dieses einfachen Bildes der Umwelt ist zugleich Symbol für den Planeten Erde, an dessen äußeren Grenzen sie in der von der Natur gesetzten Form endet. Wenn Menschen sie überschreiten wollen, gelingt dies nur in einem Raumschiff, in dem ein Stück irdischer Umwelt für sie mitgeführt werden muß.

Das einfache Kreisbild verbirgt eine komplizierte und verwirrende Umwelt-Wirklichkeit. Der abstrakte Kreis in Abbildung 1 läßt sich schnell mit Eindrücken und Erfahrungen füllen: die Wände des Raumes, in dem wir uns befinden, benachbarte Häuser, Gärten, Bäume, Straßen, Verkehr, Luft zum Atmen, Wind, Lärm, Vögel und ihr Gesang, Getreidefelder, Wälder, Flüsse, Seen, Gebirge, das Meer. … eine Fülle von Erscheinungen und Strukturen in vielen Formen und Farben. Umwelt umgibt uns gleichsam in Hüllen, die wie die Schalen einer Zwiebel ineinandergefügt sind. Die innerste Hülle ist unsere Kleidung, auf die die Wände unseres Aufenthaltsraumes folgen, der wieder Bestandteil einer Wohnung und eines Hauses ist. Das Haus liegt eingebettet in eine Stadt oder ein Dorf, diese wieder in eine Landschaft – und letztlich endet Umwelt im Weltraum in der Sonne, ohne deren Licht- und Wärmestrahlung kein Leben möglich ist, und in der Tiefe der Erdkruste, deren Verwitterung lebenswichtige Bau- und Nährstoffe liefert.

Um sich in der Vielfalt der Umweltbestandteile und -phänomene nicht zu verlieren, trifft jeder Mensch jeweils eine Auswahl davon – er registriert und beachtet, bewußt oder unbewußt,

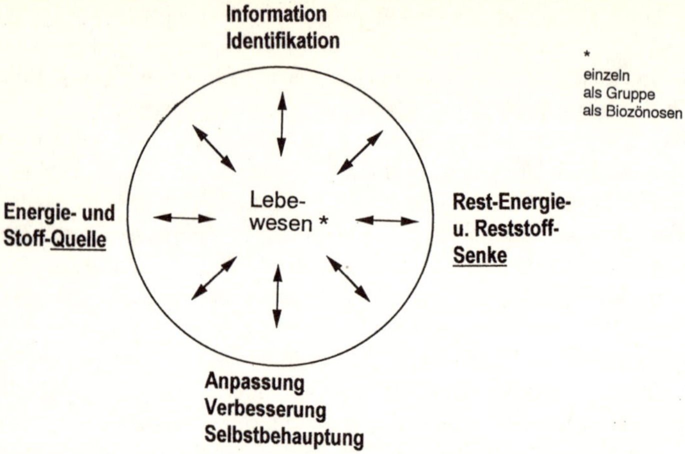

Abb. 1: Ein Lebewesen ist von seiner Umwelt umgeben, die durch einen Kreis symbolisiert wird, und mit ihr in Wechselwirkungen (Doppelpfeile) verbunden. Diese sind der eigentliche Inhalt bzw. die Gegenstände der Ökologie.

solche, die für sein Verhalten wichtig sind. Das wechselt situationsbedingt. Nur wer eine Straße befährt oder überqueren will, beachtet die Lichtfarben von Verkehrsampeln; heraufziehende Gewitterwolken schrecken einen Wanderer auf freiem Feld weit mehr als einen aus dem Fenster blickenden Großstädter. Wer Hunger verspürt, nimmt bevorzugt Speisen wahr, die der Satte übersieht. „Um"welt in vielfältigster Form „um"gibt uns ständig und überall, fordert uns heraus – oder läßt uns gleichgültig.

Zu dieser unserer menschlichen Umwelt gehören aber auch andere Lebewesen: solche, auf die wir angewiesen sind, wie Nahrungs-, Faser-, Holz- und Heilpflanzen, Nutztiere von Rindern bis zu Bienen oder Hefepilze fürs Backen und Bierbrauen – und solche, die wir gern um uns haben wie Gartenblumen, Haustiere, ebenso wie viele wildlebende Pflanzen- und Tierarten in der „Natur". Jede dieser Lebewesen-Arten ist außerdem etwas Einmaliges, und jede hat ihre spezifische Umwelt, die uns daher nicht gleichgültig sein kann. Es gibt also gar nicht „die" Umwelt! Ökologen stellen fest, daß es so viele „Umwelten" gibt, wie Lebewesen-Arten existieren – und das sind viele Millionen.

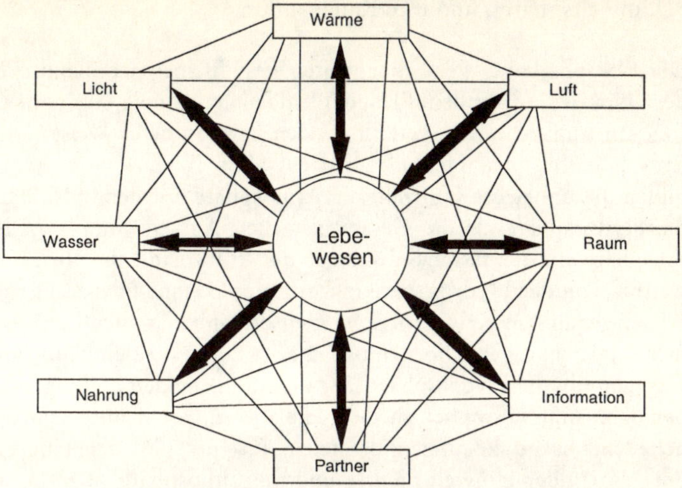

Abb. 2: Auffächerung des Umweltkreises aus Abb. 1 in die Elementarbedürfnisse der Lebewesen, die zugleich deren Mindestansprüche an die Umwelt darstellen – und sich gegenseitig beeinflussen, ja miteinander „vernetzt" sind. Aus dem Umweltkreis ist ein „Umweltsystem" geworden, das aber stets auf ein Lebewesen bezogen ist.

In dieser Vielfalt suchen Ökologen, die Umwelt(en) erforschen, aufgliedern und verständlich machen sollen, aber auch nach Verallgemeinerbarem. Sie finden es in den lebenstragenden und -erhaltenden Umweltbestandteilen, den sogenannten Elementarbestandteilen, die immer und überall vorhanden und zugänglich sein müssen: Licht, Wärme, Wasser, Luft, Nahrung, Raum, Partner, Strukturen. Abbildung 2 zeigt die entsprechende Verfeinerung des einfachen Umweltkreises der Abbildung 1, der zugleich zu einer Art Netzwerk ausgeweitet ist: Denn die sieben Elementarbestandteile, die auch die Mindestanforderungen jedes Lebewesens an seine Umwelt ausdrücken, beeinflussen sich auch gegenseitig. Aus dem einfachen Umweltkreis ist ein „Umweltsystem" geworden. Es ist selbstverständlich eine Abstraktion und hat als solche nur Berechtigung, wenn es auf Lebewesen bezogen ist. Es gibt also keine „Umwelt an sich"! Ein Ökologe, nach „Umwelt" befragt, muß zurückfragen: „Wessen Umwelt ist gemeint?"

Die Komplizierung geht aber weiter. Jene Elementarbestandteile der Umwelt sind auf dem Planeten Erde nicht beliebig zugänglich, sondern ungleichmäßig verteilt – doch in geordneter Weise. Die Erde läßt sich in „Sphären" gliedern[2] (Abb. 3). Drei von ihnen bilden die unbelebte Umwelt: die Atmosphäre mit der Lufthülle; die Hydrosphäre als die Gesamtheit allen Wassers; und die Lithosphäre mit den festen Substanzen der Erdkruste – die übrigens weithin von der Hydrosphäre in Form der Ozeane überdeckt ist. In der genannten Reihenfolge werden die Sphären chemisch immer ungleichartiger. Die Atmosphäre ist ein relativ einheitliches Gasgemisch, die Hydrosphäre läßt sich in die beiden Hauptgruppen Salz- und Süßwasser gliedern, die aber z. T. sehr unterschiedliche chemische Lösungen darstellen („reines" Wasser gibt es übrigens in der Umwelt nicht!), und die Lithosphäre ist in ihrer Zusammensetzung oft schon alle hundert Meter immer wieder anders ausgeprägt. Der Planet Erde hat ebenfalls eine Umwelt in Form des Weltraums oder der Kosmosphäre, aus der die lebenstragende Sonnenstrahlung mit Licht und Wärme stammt. Diese ist infolge der Kugelgestalt der Erde sowie wegen deren Bahn um die Sonne und der Lage der Erdachse ebenfalls ungleichmäßig über die Erdoberfläche verteilt und bewirkt Klimazonen, Tages- und Jahreszeiten.

Es gibt also keine zwei Quadratkilometer auf der Erde, die physikalisch und chemisch wirklich gleiche Umweltbedingungen bieten. Jeder Platz ist irgendwie anders: Er ist zunächst entweder Land oder (häufiger) Wasser, wärmer oder kälter, auf dem Land feuchter oder trockener, flacher oder steiler, und vor allem ist er reicher oder ärmer an lebenswichtigen Stoffen wie Phosphat, Calcium (Kalk), Kalium oder Magnesium.

Als sich lebende Organismen, zunächst in einfachen Formen, über die noch tote Erde ausbreiteten, mußten sie mit immer wieder unterschiedlichen Bedingungen zurechtkommen. Dank der Anpassungsfähigkeit und Zähigkeit des Phänomens Leben konnten die Lebewesen außer an Extremstandorten (Polargebiete, Trocken- und Kältewüsten, Hochgebirge) überall Fuß fassen, sich ansiedeln, fortpflanzen, sich vermehren, in neue Formen weiterentwickeln – und jeweils ihre eigene Umwelt mitgestalten. Da-

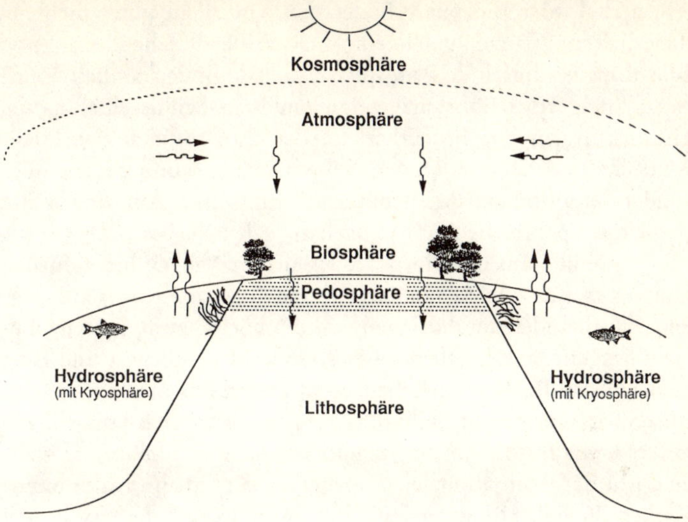

Abb. 3: Ausschnitt der Erdkugel mit den „Umweltsphären“.
Nähere Erläuterung im Text.

durch entstand auch die von uns Menschen heute bewunderte und geschätzte „biologische Vielfalt“.[3] Und es bildete sich, weitgehend durch Selbstorganisation, die Biosphäre als fünfte Umweltsphäre und als belebte, biologische Umwelt, deren Existenz aber von den unbelebten Umweltsphären abhängt. Hierin zeigt sich eine deutliche Rangordnung der Sphären, die mit der Kosmosphäre beginnt und sich über die Atmo-, Hydro- und Lithosphäre bis zur Biosphäre abstuft. Das Geschehen in jeder Sphäre und die Wirkungen, die von ihr ausgehen, beherrschen jeweils die rangniederen Sphären und ordnen sich den ranghöheren unter. Sonnenstrahlung und Wind bringen Wasser zum Verdampfen und veranlassen es, als Gas zeitweiliger Bestandteil der Atmosphäre zu werden. Fällt es kondensiert als Regen wieder herunter auf die Lithosphäre, wirkt es lösend und erodierend auf die feste Substanz und trägt zur Entstehung von Bergen und Tälern bei – und ist entscheidend für die Ausprägung der Biosphäre als Wald, Moor, Steppe oder Halbwüste. Die Rangordnung schließt aber nicht aus, daß rangniedere Sphären auf die ranghöheren einwirken und deren Effekte beeinflussen.

Innerhalb der Biosphäre bildet sich, vor allem unter dichtem, dauerhaftem Pflanzenwuchs, eine sechste, die zwischen Litho- und Biosphäre vermittelnde Pedosphäre, die alle Böden umfaßt – eine ganz einzigartige Substanzgruppe mit dem Schlüsselbestandteil Humus, Träger der Fruchtbarkeit, der Produktivität der Pflanzendecke und damit auch der Welternährung – und zugleich besonders empfindlich gegen nutzende Eingriffe.[4] Auf eine siebte und letzte Sphäre, die Anthroposphäre, gehe ich später ein.

Wir können uns die Biosphäre als aus unzähligen individuellen Umweltkreisen nach Abbildung 1 und 2 zusammengesetzt denken, die einander durchdringen und ein höchst kompliziertes Beziehungsgeflecht darstellen. Dieses Geflecht verkörpert und trägt zugleich das Phänomen Leben, wird aber wohl niemals in allen Einzelheiten erforscht und völlig verstanden werden können, zumal es keine feste Struktur hat und sich ständig evolutionär wandelt. Mit der internationalen Konvention zur Erhaltung der biologischen Vielfalt (Biodiversität), die ebenfalls auf der erwähnten UNO-Konferenz in Rio de Janeiro 1992 beschlossen wurde, ist politisch anerkannt worden, daß die Biosphäre als Ganzes und in ihrer Vielfalt Schutz verdient[5] und nicht etwa einer „rationellen Vereinfachung“ unterliegen darf, wie sie ein modernes Nutzendenken nahelegen würde. Wie allerdings Schutz und Nutzen, die beide notwendig sind, unter der Leitidee der Nachhaltigkeit sinnvoll kombiniert werden können, beschäftigt seitdem die Forscherhirne intensiv, und gerade die der Ökologen.

4. Organisationsstufen des Lebens

Betrachten wir erneut die „Umweltkreise“ in Abbildung 1 und 2 und vor allem ihr Zentrum, wo jeweils „Lebewesen“ steht. Als Ernst Haeckel 1866 den Ökologie-Begriff prägte, hatte er die Außenbeziehungen des einzelnen Lebewesens, also eines Individuums im Sinn. Er stand damals unter dem Eindruck der wenige Jahre vorher veröffentlichten Erkenntnisse von Charles Darwin über den Ursprung der Arten durch natürliche Auslese.[6] Diese wird ja von der Umwelt ausgeübt und wirkt auf jedes einzelne Lebewesen, das darauf auch individuell reagiert und in dieser Reaktion zu untersuchen ist. Im Grunde ist also Darwin derjenige,

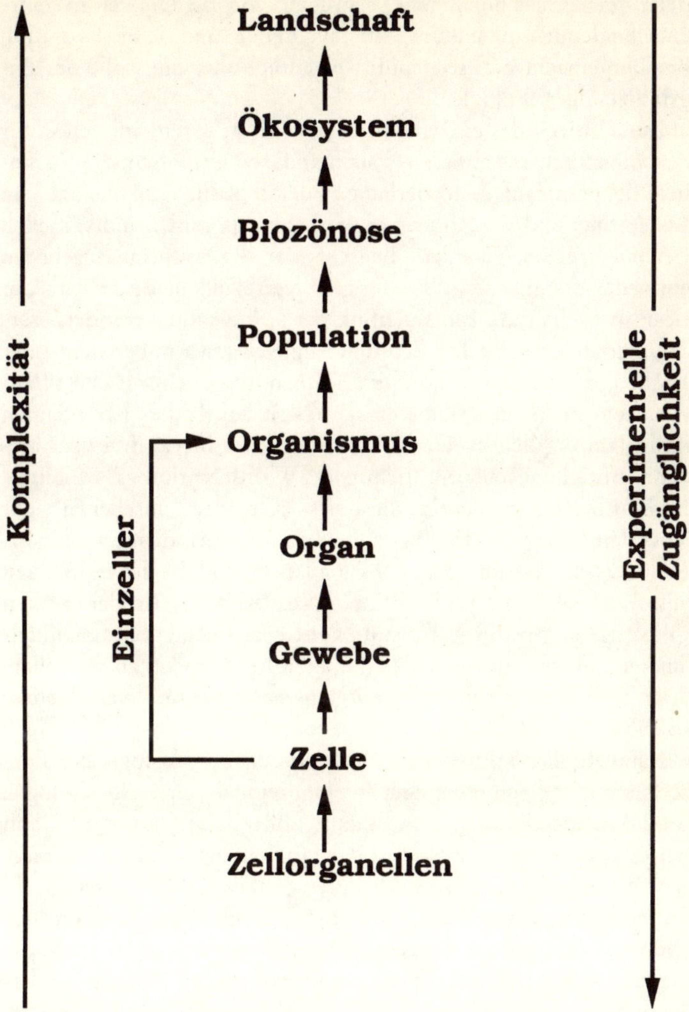

Abb. 4: Organisationsebenen der lebenden Natur als Gegenstände biologischer und ökologischer Forschung

der – den damals noch nicht geläufigen – Begriff Umwelt in seiner entscheidenden Bedeutung für das Leben und seine Evolution bewußtgemacht hat; so gebührt eigentlich ihm die Rolle des Begründers der Ökologie.

Zur Umwelt des einzelnen Lebewesens gehören, wie schon für den Menschen erwähnt, stets auch andere Lebewesen, die für seinen Lebensablauf in förderlicher oder schädlicher Hinsicht von Bedeutung sind und über sein Verhalten, ja seinen individuellen Lebenserfolg entscheiden. Diese anderen Organismen gehören entweder der gleichen Art oder ganz verschiedenen Arten aus der riesigen Vielfalt an. Ein Buchfink hat sich also auseinanderzusetzen mit anderen Buchfinken und zugleich etwa mit Elstern oder Krähen, die sein Nest plündern können, wie auch mit den Pflanzenarten, in deren Zweige er sein Nest baut oder deren Samen ihm Nahrung liefern. Der Ökologe erkennt hierin drei verschiedene Beziehungsebenen, richtiger „Wechselwirkungs"-(Interaktions-)Ebenen, und sieht diese als „Organisationsebenen" der lebenden Natur an: die Ebene des Individuums, diejenige der Individuen gleicher Art, d.h. der Population, und die der Individuen verschiedener Arten, die Biozönose (Abb. 4). In der älteren Ökologie wurde die Auffassung vertreten, solche überindividuellen Organisationsformen als „(Super-)Organismen" zu verstehen; doch sind sie von Individual-Organismen kategorial verschieden, so daß diese Auffassung in die Irre führt.

Für jede dieser Ebenen hat sich ein eigener ökologischer Forschungsansatz herausgebildet: die Individual- oder Autökologie, die Populationsökologie und die biozönotische Ökologie.[7] Dann hat es sich für das Verständnis der Umwelt als nützlich erwiesen, die Organisationsebenen nach unten jeweils durch Aufteilung in Untereinheiten und nach oben durch Eingliederung in größere Einheiten stufenweise auszudehnen. Dabei wurden auch die nichtlebenden Bereiche der Umwelt mit den in Abschnitt 3 beschriebenen Sphären einbezogen. So gelangte man zur Theorie der hierarchischen Organisation[8] der Materie der realen Welt, die von den Atomteilchen bis zum Universum reicht und schon von Tansley, dem Schöpfer des Ökosystem-Begriffs anvisiert wurde (siehe sein im nächsten Abschnitt angeführtes Zitat). Sie entspricht etwa Poppers „Welt I"[9] und wird gewöhnlich in Form eines Stufenleiter-Schemas dargestellt (Abb. 5), das die Rangfolge

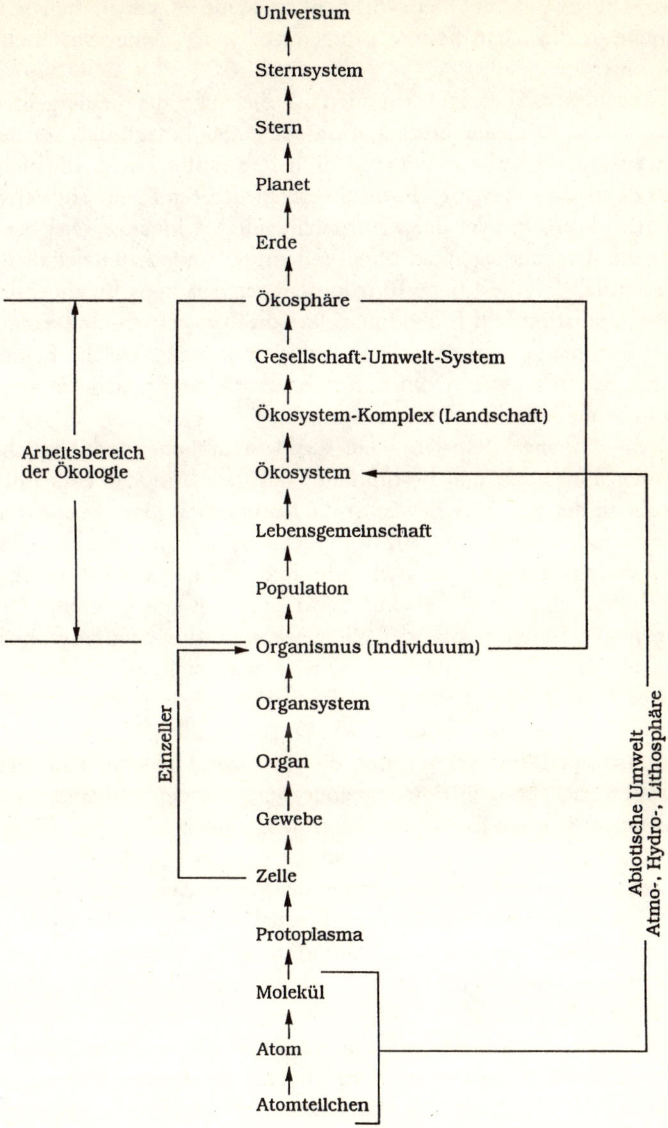

Abb. 5: Schema der hierarchischen Organisation der Materie der realen Welt – als Erweiterung des Schemas von Abb. 4. Nach MILLER 1992, ergänzt und verändert.

der Ebenen betont. Der Wirklichkeit käme es näher, sich jede Ebene in die nächsthöhere „eingenistet“ oder „eingeschachtelt“ vorzustellen.

Mit dieser Theorie verbunden ist diejenige der „emergenten Eigenschaften“ jeder Organisationsebene. Sie besagt, daß auf der jeweils höheren Ebene neue Eigenschaften „auftauchen“, die nicht aus der noch so genauen Kenntnis der niedereren Ebene abgeleitet werden können, oder daß kennzeichnende Merkmale einer Ebene für die darunterliegenden ohne Bedeutung sind. Artenvielfalt ist wesentlich für die Ebene Biozönose, aber belanglos für die Ebenen Population und Individuum. Wer die Wasserstoff- und Sauerstoff-Atome genau kennt, kann nicht voraussagen, welche Eigenarten das aus zwei Atomen des einen und einem des anderen bestehende Molekül Wasser besitzt.

Jeder Ebene entspricht eine eigene räumliche und zeitliche Dimension bzw. ein bestimmter Maßstab. Mit zunehmender Höhe in der Stufenleiter wächst die Komplexität jeder Ebene und sinkt ihre experimentelle Zugänglichkeit, so daß oberhalb der Individuum-Ebene beschreibende und modellierende Ansätze vorherrschen und das spekulative Element Raum gewinnt. Die Ebene des Individuums wird allein schon intuitiv bevorzugt, weil wir uns darin selbst erkennen und weil sie eindeutig erkennbar ist: Jedes Individuum grenzt sich selbst nach außen ab, und das gilt auch für seine Untereinheiten wie Organe, Zellen, Moleküle usw. Populationen, Biozönosen und die nach oben folgenden Ebenen müssen dagegen vom Forscher abgegrenzt werden und sind insofern mehr geistige Konstrukte als reale Entitäten.

Jede Ebene kann ein eigenständiges Forschungsgebiet sein, das so gut wie ohne Berücksichtigung der Nachbarebenen bearbeitet wird, und in der Tat sind vielen Ebenen auch eigene Disziplinen zuzuordnen. Dies führt zu einer starken Aufspaltung der Forschung mit der Tendenz zur gegenseitigen Abkapselung von Wissensgebieten und zur Bildung eigener disziplinärer Sprachen. Um dieser Spezialisierung, die in der Natur des wissenschaftlichen Forschens liegt, entgegenzuwirken, hat sich gerade unter dem Einfluß der Ökologie, die nach Zusammenhängen im „Netzwerk des Lebens“ sucht, eine stärker ganzheits-orientierte, integrierende Betrachtungsweise entwickelt. Sie erscheint, jenseits aller darüber geführten wissenschaftstheoretischen Auseinandersetzungen,[10] gerade zur Realisierung der Nachhaltigkeits-Vision erforderlich. Auch in der Ökologie selbst zeigen sich Spezialisierungstendenzen und damit eine Konfrontierung integrativ, d.h. ebenenübergreifend eingestellter Forscher mit solchen, die z.B. nur die Ebene der Population bearbeiten.

5. Das Ökosystem

Von zentraler Bedeutung für die Ökologie ist die Ebene des Ökosystems. Der Begriff wurde 1935 von Arthur Tansley[11] mehr intuitiv geprägt und wie folgt eingeführt: „Obwohl die Organismen unser vorrangiges Interesse beanspruchen, können wir sie – wenn wir versuchen, grundsätzlich zu denken – doch nicht von ihrer spezifischen Umwelt trennen, mit der sie ein physisches System bilden. Es sind die so gebildeten Systeme, die aus der Sicht des Ökologen die Grundeinheiten der Natur auf der Oberfläche der Erde darstellen. (...) Diese Ökosysteme, wie wir sie nennen können, kommen in den verschiedenartigsten Größen und Formen vor. Sie bilden eine Kategorie unter den zahlreichen physischen Systemen des Universums, die vom Universum als Ganzem bis hinab zum Atom reichen."

Ökosystem ist die Kurzform von „Ökologisches System" und eigentlich als Bezeichnung für eine spezifische Organisationsebene zu ungenau, weil *alle* Lebewesen-Umwelt-Systeme ökologische Systeme sind. Unter dem Tansleyschen Begriff versteht man in der Ökologie das weitgehend selbstorganisierte Zusammenwirken der Lebewesen, die einen bestimmten Standort der Erdoberfläche (entweder Land oder Gewässer) besiedeln, also die Biozönose, mit den diesen Ort prägenden physikalischen und chemischen Faktoren von Klima, Boden und Wasser. In diesem Zusammenwirken verbessert die Biozönose sogar die Bedingungen der unbelebten Natur zu ihren Gunsten, auf dem festen Land vor allem durch die erwähnte Bodenbildung, die auch eine bessere Wasserspeicherung und Nährstoffbevorratung erlaubt, und sogar klimatisch, denn Wälder und auch hochwüchsige Gras- oder Staudenbestände schaffen sich ein eigenes Innenklima, das die Schwankungen des Großklimas abschirmt und mildert.

Das aus Lebensgemeinschaft und unbelebten Standortfaktoren gebildete Ökosystem gilt in der Ökologie nach Tansley als

Grund-Organisationseinheit irdischen Lebens. Es dient dem besseren Verständnis der Lebewesen-Umwelt-Interaktionen und hat eine vor allem methodisch leitende Funktion. Wissenschaftstheoretisch ist es nicht unangefochten.[12] Man kann in der Natur viele verschiedene Ökosysteme unterscheiden, die zur biologischen Vielfalt auch auf dieser Ebene wesentlich beitragen – von den artenreichen Regenwäldern der feuchten Tropen bis zu den eintönigen Nadelwäldern der Taiga, von den trockenen Savannen Afrikas bis zu den grasbewachsenen, fruchtbaren Schwarzerde-Steppen und -Prärien Rußlands bzw. des Mittleren Westens Nordamerikas, von den Sümpfen des südamerikanischen Pantanal bis zu den weiträumigen Mooren des nördlichen Eurasien. Jedes diesen Ökosystemen angehörende Lebewesen findet darin seine „Umwelt" in angemessener Weise verwirklicht.

Die Biosphäre des festen Landes wirkt wie ein „Mosaik" verschiedenartiger, klein- oder großräumiger Ökosysteme, deren Artenzahl und Leistungsfähigkeit von den jeweiligen örtlichen Boden- und Klimabedingungen einschließlich der Verfügbarkeit von Wasser bestimmt werden – und diese sind, wie erwähnt, auf der Erde sehr ungleichartig. Dementsprechend reicht das Erscheinungsbild der Ökosysteme, mit menschlichen Begriffen bezeichnet, von „arm(selig)" bis zu „reich" und „üppig"; Armut und Reichtum sind also von der Natur vorgegeben! Ja sie bewirkt sogar „Ärmerwerden" – wenn auf von Natur armen Sandböden im Regenklima durch Sickerwasser-Auswaschung die wenigen Nährstoffe des Bodens noch verlorengehen – und auch „Bereicherung", wenn fruchtbare, von Natur aus bereits reiche Auenböden durch Anschwemmung immer noch mehr dazubekommen. Doch alle diese Ökosysteme erhalten sich dauerhaft, solange die sie tragenden unbelebten Naturbedingungen sich nicht wesentlich ändern; wenn dies geschieht, bilden sich neue Ökosysteme aus.

6. Das Geschehen in Ökosystemen

Betrachtet man ein Ökosystem über längere Zeit hinweg, zeigt sich ein vielfältiges Geschehen. Leben heißt Veränderung: Geburt und Tod, Erscheinen und Verschwinden von Generationen von Arten, Neuentstehung und Aussterben. Doch das Phänomen Leben als solches hat sich über mehr als 3 Milliarden Jahre als beständig erwiesen und sogar größte Naturkatastrophen überstanden. Aus „*Geschehen*" wurde (Natur-)„*Geschichte*", wie sie in den *Schichten* von Fossilien-Lagerstätten sichtbar wird; die drei Wörter entstammen derselben Wurzel. Beständig ist auch das Getragensein des Lebens von der Umwelt gemäß Abbildung 1 und 2. Was dabei „Ökologie" ist, wird durch die in Abbildung 1 angebrachten Doppelpfeile als Symbol der hin- und hergehenden Beziehungen, Wechselwirkungen und wechselseitigen Abhängigkeiten zwischen den Lebewesen und ihrer Umwelt gekennzeichnet. Ökologie gilt also keinem greifbaren Objekt, wie es für den Botaniker die Pflanze, für den Zoologen das Tier darstellt, sondern Vorgängen, Wechselwirkungen, die ihrerseits dem Vielfalts- und Veränderungsprinzip gehorchen. Das macht das Verständnis der Ökologie auch für den Forscher so schwierig.

In der Ökosystemforschung sind zwei Wege eingeschlagen worden. Der eine untersucht vorrangig die Individuen, Populationen und die Biozönose und ihre Rolle im Ökosystem-Geschehen und genießt heute wegen der Erhaltung der biologischen Vielfalt besonderes Interesse; er ist in der Regel standortbezogen. Der andere Weg widmet sich den Energie- und Stoffflüssen und -umsetzungen und gruppiert die Organismen gemäß ihrer Beteiligung daran, sucht also unter Abstraktion vom Standort und von den Arten nach allgemein gültigen Prozessen. Beide Wege seien kurz vorgestellt.

a) Wechselwirkungen zwischen Organismen am Beispiel Nahrung

Aus dem Ökosystem-Geschehen greifen wir einen Grundvorgang heraus und betrachten gemäß Abbildung 2 den Umweltbestandteil „Nahrung", den jedes Lebewesen zwingend benötigt und der von seiner Umwelt bereitgehalten werden muß. Unter ihnen haben sich zwei Grundtypen von Nahrungsversorgung entwikkelt. Pflanzen ernähren sich von unbelebten Stoffen, wie Kohlendioxid, Stickstoffverbindungen, Phosphat, Calcium (Kalk), und natürlich von Wasser, in dem diese Stoffe gelöst werden (in Abbildung 2 als eigener Umweltbestandteil dargestellt). Grüne Pflanzen sind fähig, dazu unmittelbar die Energie der Sonnenstrahlung

(Umweltbestandteil Licht in Abbildung 2) zu verwenden und einen Teil davon in die neu gebildeten Pflanzenstoffe einzubauen, die dadurch zu (Sonnen-)Energieträgern werden. Dieser Vorgang heißt Photosynthese und ist der wohl wichtigste Lebensprozeß überhaupt. Denn auf ihn gehen alle Substanzen zurück, die den zweiten Grundtyp der Nahrungsversorgung ausmachen, den auch wir Menschen verkörpern. Es sind organische Stoffe, die Energie enthalten, konkret ausgedrückt: andere Lebewesen, die verzehrt und verdaut werden. In diesem Bereich sind Lebewesen also Nahrung füreinander; Schädigung oder Tod des einen ermöglicht Leben des anderen. Ardrey[13] hat dazu den treffenden Satz geprägt: „Das Lebensziel eines jeden Organismus ist es, täglich seine Nahrung zu finden, ohne einem anderen als solche zu dienen". Für uns Menschen liegt darin ein unlösbarer ethischer Grundkonflikt.

Es folgt daraus auch, daß die immer noch weitverbreitete Vorstellung eines harmonischen Gleichgewichts in der Natur der Wirklichkeit nicht entspricht. Doch auch das Gegenbild, der beständige „Kampf ums Dasein" aller gegen alle, ist zu einseitig. Die Lebewesen, die sich zu Gemeinschaften „organisieren", treten darin sowohl als Kooperationspartner als auch als Gegenspieler auf, und in beiden Fällen sind sie meist aufeinander angewiesen. Dies wird oft in Form von Netzwerken veranschaulicht; Abbildung 6 stellt das (stark vereinfachte) Nahrungsnetz einer regionalen Biozönose dar. In den Kästchen stehen die Namen von Arten, die durch Nahrungsbeziehungen verbunden sind.

Unter diesen stoßen die sogenannten Räuber-Beute-Beziehungen oft auf besonderes Interesse. „Beute" sind die Organismen, die der „Räuber" (der entgegen der menschlichen Bedeutung des Wortes nichts Verbrecherisches tut!) als Nahrung benötigt, und er muß sie erbeuten, verfolgen, jagen – aber sie verstehen sich auch zu wehren, zu verstecken oder zu täuschen, und durch meist stärkere Vermehrung gleichen sie auch die Verluste wieder aus. Würden sie aber nicht als Beute verfolgt, dann entfiele die Auslese der schwachen, jungen und alten Individuen, die Population würde zu stark anwachsen und ihre eigenen Lebensgrundlagen zerstören. Sie braucht also auch den Verfolgungsdruck der Erbeuter! Das Verhalten beider zueinander ist sehr fein geregelt. Dasselbe gilt für die prinzipiell ähnlichen, in der Natur weitverbreiteten Parasit-Wirt-Beziehungen. Der Wirt, der den Parasiten beherbergt und

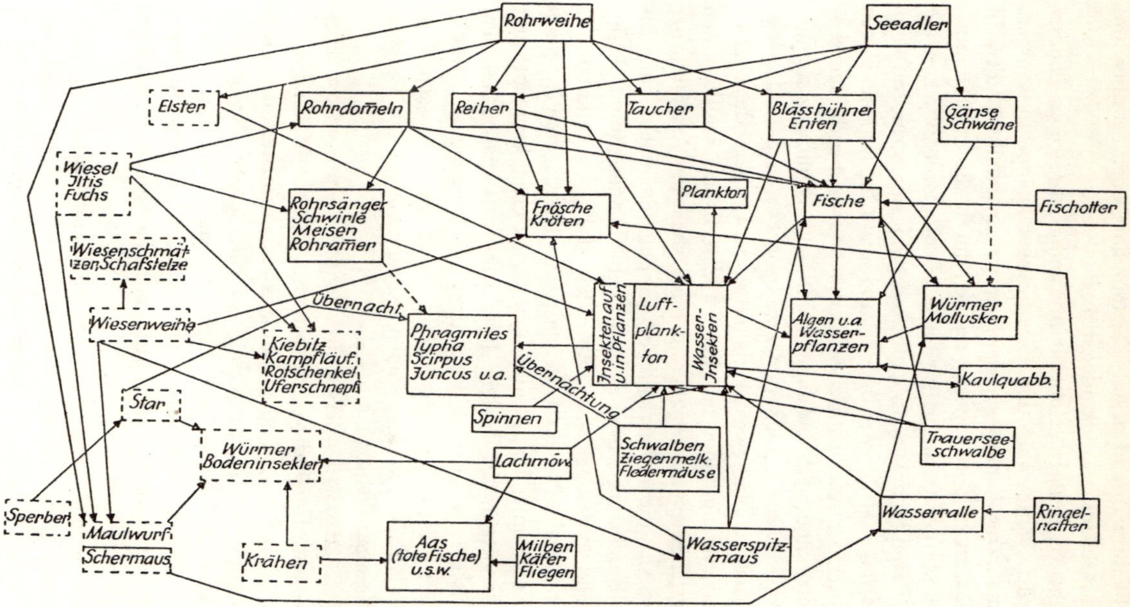

Abb. 6: Ernährungsbedingte Verknüpfung verschiedener Arten und Artengruppen zu einem „Nahrungsnetz“ als (Teil-)Darstellung einer Biozönose – links nasse Wiese (gestrichelt), rechts Röhricht.
Aus TISCHLER 1955, S. 207, mit Genehmigung des G. Fischer Verlags.

ernährt, bleibt während dessen Existenz am Leben, ist aber hinterher oft geschädigt, krank oder stirbt.

Ähnliche Regelungen gelten für eine andere antagonistische Beziehung, den Wettbewerb um wichtige, aber knappe Ressourcen, die von mehreren Lebewesen gleichzeitig beansprucht werden. In der Regel setzt sich nur eines von ihnen durch; die anderen müßten zugrunde gehen, wenn sie nicht „ökologische Nischen" in Zeit und Raum fänden, wo sie ohne oder mit nur geringem Wettbewerbsdruck existieren können, und die Ökosysteme bieten ihnen in der Tat solche Nischen. Dennoch sind wettbewerbsbedingte Verdrängungen, mit dem Ergebnis der Dominanz weniger Arten, in der Natur immer wieder zu beobachten, so etwa in vielen europäischen Naturwäldern, wo Buchen, Fichten oder Kiefern fast reine Bestände bilden und keine andere Baumart aufkommen lassen. Wettbewerb gibt es aber auch innerhalb der Arten mit der Folge, daß sich die am stärksten oder schnellsten wachsenden Individuen durchsetzen und den zurückbleibenden Raum, Licht, Wasser und Nahrung entziehen. Viele Tierarten mildern den Wettbewerb, indem sie ihren Lebensraum in Territorien (Reviere) aufteilen, die von anderen Individuen der gleichen Art respektiert werden. Der Raum für Reviere ist jedoch oft zu knapp, und wem es mangels ausreichender „Tüchtigkeit" nicht gelingt, ein Revier zu „erobern", bleibt von der Fortpflanzung ausgeschlossen, seine Gene werden nicht weitergegeben. Auch darin kommt Darwinsche Auslese zum Ausdruck.

Als Mensch ist man versucht, solche Beziehungen zwischen Pflanzen- und Tier-Individuen mit menschlichen Maßstäben zu bewerten, Parasitismus oder Räuber-Beute-Verhalten als „grausam", Wettbewerb als „ungerecht" zu verurteilen. Die Natur kennt aber weder Gerechtigkeit noch Ethik, wie sie menschliche Urteile beeinflussen oder leiten – und wir vergessen diese selbst rasch, wenn wir selber von „Raubtieren" oder Parasiten bedroht oder befallen werden – oder auch nur hungrig sind.

„Sympathischer" erscheinen uns die in Biozönosen ebenfalls weitverbreiteten Symbiosen, wo Organismen von oft ganz verschiedener Art zu beiderseitigem Nutzen zusammenwirken. In einem Fall hat dies sogar zu einer eigenen Organismengruppe geführt, den Flechten, die eine Algen-Pilz-Symbiose verkörpern und gerade deswegen sehr widerstandsfähig und genügsam sind. Andere Beispiele sind die blütenbestäubenden Insekten, die für die Frucht- und Samenbildung unentbehrlich sind und zugleich in den besuchten Blüten ihre Nahrung finden. Viele höhere Pflanzen leben in unterirdischer Symbiose mit Wurzelpilzen, die ihnen die Nährstoffvorräte im Boden besser und schneller aufschließen und dafür von den Pflanzen mit Energiestoffen versorgt werden. Auch der Stickstoffhaushalt der Biosphäre hängt zum großen Teil an einer Symbiose: Die riesigen Stickstoffvorräte der Atmosphäre können nämlich nur von wenigen Mikroorganismen direkt angezapft werden, und von diesen leben einige wichtige Arten in von Schmetterlingsblütlern wie Klee oder Erbsen für sie gebildeten Wurzelknöllchen.

Die Bestandteile, Faktoren und Abläufe in den natürlichen Ökosystemen sind im Einzelfall noch weit komplizierter, als hier mit kurzen Beispielen geschildert werden kann, und auch noch längst nicht restlos bekannt. So liegt von keinem Ökosystem ein vollständiges Arteninventar vor, da die Fülle der sog. niederen Arten mit Kleinst- und Mikroorganismen bisher nicht ausreichend erforscht wurde und auch schwer zugänglich ist. Auch kann eine gegebene Pflanzen- oder Tierart jeweils in mehreren Ökosystemen vorkommen oder je nach Beweglichkeit (Tiere aktiv, Pflanzen als Blütenstaub oder Samen) und Konkurrenzfähigkeit in andere Ökosysteme eindringen. Die Rollen, die die Arten im Ökosystem-Geschehen spielen, sind in der Regel mehrfach besetzt, so daß bei Ausfällen oder Störungen das „Funktionieren" des Ökosystems nicht gleich unterbrochen wird.

b) Energie- und Stoffumsetzungen im Ökosystem

Wenn wir von der ebenso faszinierenden wie verwirrenden Artenvielfalt einmal absehen, läßt sich in jedem Ökosystem ein relativ einfaches Funktionsschema (Abb. 7) erkennen, das die in Jahrmillionen bewährte Organisation der Natur mit ihren tragenden Prinzipien klar vor Augen führt. Das Schema zeigt zunächst einen Rahmen, der vom Anteil des Ökosystems an der Atmo- und Lithosphäre gebildet wird (vgl. Abb. 3). Innerhalb dieses Rahmens der unbelebten Umweltfaktoren befindet sich die Biozönose, die hier aber nicht wie in Abbildung 6 nach Arten gegliedert ist. Statt dessen wird sie nach den unter a) erwähnten beiden Typen

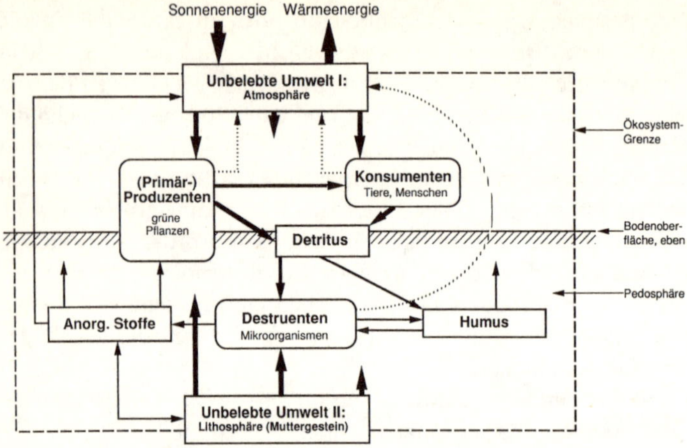

Abb. 7: Funktionsschema eines natürlichen Ökosystems des festen Landes, stark vereinfacht. Nähere Erläuterung im Text. Aus HABER 1993 mit Genehmigung des Economica-Verlags.

der Nahrungsversorgung unterteilt, deren zweiter noch einmal aufgespalten wird. Danach lassen sich unter den Lebewesen der Biozönose bzw. des Ökosystems drei Ernährungs- bzw. Funktionsgruppen unterscheiden: Produzenten, Konsumenten und Reduzenten. Ihnen lassen sich die Arten jeweils zuordnen, so daß in den Kästchen des Schemas keine Artnamen mehr erscheinen.

Die *Produzenten* sind die grünen Pflanzen, die als einzige Lebewesen aus anorganischen Stoffen und Sonnenenergie organische, energietragende Substanzen (Kohlenhydrate, Eiweiße, Fette) herstellen und damit zunächst sich selbst aufbauen können. Zugleich sind Pflanzen vielfältig und zum Teil dauerhaft strukturiert und in ihren Gestalten, Farben und ihrem zeitlichen Wandel ein prägender Bereich der Umwelt; denn von Wüsten, Polargebieten und Hochgebirgen abgesehen ist unsere Umwelt pflanzlich bestimmt. Pflanzen brauchen etwa die Hälfte der von ihnen gebildeten Stoffe für ihre eigene Existenz; die andere Hälfte steht als Nahrung für die zweite Funktionsgruppe, die *Konsumenten*, zur Verfügung. Zu ihnen gehören die Mehrzahl der Tiere und auch wir Menschen, die „lebensfrische“ Nahrung benötigen und sich aufgliedern in „Allesesser“, Pflanzen- und Tierverzehrer – manchmal bis zu prekärer Einseitigkeit. Der Riesenpanda, Symboltier des Weltnaturschutzes, lebt nur von Bambussprossen.

Alle Organismen sterben und werden dadurch zu toter organischer Substanz, und auch während ihres Lebens scheiden sie ständig unverdauliche oder nicht benötigte Substanzen aus oder stoßen alte Organe zugunsten neugebildeter ab, wie der massenhafte herbstliche Laubfall im Wald zeigt. Diese großen Mengen toter Substanzen würden sich in kurzer Zeit zu riesigen Abfallbergen anhäufen, wenn nicht die *Reduzenten* als „Abfallverwerter der Natur" sie in einer eigenen Nahrungskette ständig abbauen würden. Es sind wenig bekannte und kaum auffallende Lebewesen, verkörpert meist durch Kleintiere, Pilze und Mikroorganismen in den Böden und Gewässern, die wegen der von ihnen bewirkten Verwesungs-, Fäulnis- und Gärungsprozesse oft eher abstoßend wirken. Sie zerlegen die organischen Reste in ihre anorganischen Grundbestandteile, wie z.B. Kohlendioxid, Nitrat, Phosphat, und machen diese der Gruppe der Produzenten als Ausgangsstoffe wieder verfügbar. Daraus ergibt sich das Prinzip des Stoffkreislaufs mit der Wiederverwendung von z.T. knappen Stoffen. Es ist freilich ein Idealbild, das oft nur unvollkommen verwirklicht ist. Immer wieder gehen Stoffe durch Auswaschung aus den Böden unwiederbringlich verloren, andere werden in Gasform in die Atmosphäre abgegeben und verweht, und große Mengen werden für lange Zeit in dauerhaften Pflanzengeweben wie Holz und vor allem im Humus der Böden festgehalten, wo sie allerdings wichtige biologische oder ökologische Funktionen tragen. Auch die fossilen Kohlen- und Erdöllager in der Erdkruste, deren Ausbeutung wir unsere Industriekultur verdanken, sind den natürlichen Kreisläufen einst entzogene oder entgangene organische Stoffmengen!

Dieser ökologische Stoffkreislauf oder -umsatz braucht zwei Voraussetzungen: einen Antrieb sowie biologisch zuträgliche Rahmenbedingungen. Die letztgenannten bieten die in Abbildung 3 gezeigten unbelebten Umweltsphären, an denen jedes Ökosystem Anteil hat, über die Sonnenwärme, das lebensnotwendige Wasser und über die Kräfte und Stoffe der Atmo- und Lithosphäre. Den Antrieb liefern die energetisch hochwertigen Lichtquanten aus der Sonne, die, wie erwähnt, nur über die grünen Pflanzen und deren Photosynthese Eingang ins Ökosystem finden. Sie sind nur einmal verwendbar und degradieren dann zu niedrigwertiger Wärmeenergie; es gibt daher keinen Energie-„Kreislauf", sondern nur einen Durchfluß als jeweils einmaliges, unumkehrbares und nur im Prinzip, doch nicht in Einzelfall wiederholbares Ereignis. Aus dieser physikalischen Tatsache ergeben sich letztlich die Naturgeschichte und die Evolution des Lebens bis zu uns Menschen als zeitgebundene, einzigartige und irreversible Abläufe, die kein „Zurück" zulassen.

c) Internationale ökologische Forschungsprogramme

Diese in a) und b) dargestellten Erkenntnisse sind wesentlich dem ersten großen internationalen ökologischen Forschungsprogramm zu verdanken, das von 1964 bis 1974 zur Erforschung der „Biologischen Grundlagen der Produktivität und der menschlichen Wohlfahrt" durchgeführt wurde. Es war aus der Einsicht erwachsen, daß jegliche menschliche Nahrungsversorgung auf biologischen Erzeugungsprozessen auf Photosynthese-Basis beruht und daß diese viel genauer erforscht und besser verstanden werden müssen, um die Ernährung der wachsenden Menschheit zu sichern. Dies ist eines der großen Nachhaltigkeits-Themen und weiterhin aktuell – aber der Begriff war es damals nicht, und sogar „Ökologie" war noch so wenig allgemein bekannt, daß sie nicht in den Titel des Programms aufgenommen wurde, obwohl es sich eindeutig um ökologische Forschung handelte. Sie hat die Ökosystemforschung enorm gefördert, in Deutschland sogar erst begründet.[14] Diesem „Internationalen Biologischen Programm" folgte ab 1972 ein weiteres internationales Programm mit dem Namen „Der Mensch und die Biosphäre", das auch den Menschen in die Ökosystemforschung voll einbezog.[15] Zu ihrer Durchführung wurden weltweit eigene Forschungsräume, Biosphärenreservate genannt, ausgewiesen. Die besonders gründliche ökologische und auch sozioökonomische Kenntnis dieser Gebiete hat Anlaß gegeben, sie auch nach Abschluß der Forschungsarbeiten zu erhalten und ihnen den Status von Modellgebieten nachhaltiger Entwicklung zu geben.[16]

Viele dieser Forschungen gehen weit über eine disziplinäre ökologische Forschung hinaus und sind eigentlich als Umweltschutz- oder Umweltnutzungs-Forschungen zu bezeichnen, bei denen ganz andere Disziplinen wie z.B. Klimatologie, Bodenkunde oder auch Wirtschafts- und Sozialwissenschaften bis zur Rechtswissenschaft zu beteiligen sind und sogar eine wichtigere Rolle spielen können als die Ökologie. Dies gilt vor allem für Forschungen zur Verwirklichung „nachhaltiger Entwicklung". Ökologie steht in dem Dilemma, daß sie sowohl eine wissenschaftliche (biologische) Disziplin ist, wie ich sie vertrete, als auch die Bezeichnung für ein wissenschafts-getragenes praktisches Handlungsfeld, auf dem auch ich mich betätigt habe. Schließlich kann Ökologie in fast jeder anderen wissenschaftlichen Disziplin eine Betrachtungsweise sein, wie sie mit der „Ökologisierung" aller Gesellschaftsbereiche zwischen 1970 und 1990 erwartet und üblich wurde.

7. Ökologie und Nachhaltigkeit: Der Mensch als Störer

Wie ist nun der im Titel genannte und heute so oft zu hörende Begriff „Nachhaltigkeit" in diese theoretisch-ökologischen Zusammenhänge einzuordnen? Hierzu zunächst eine sprachliche Anmerkung. „Nachhaltigkeit" ist eine nicht ganz treffende deutsche Übersetzung des englischen Wortes „sustainability", und dieses wieder die Kurzform der in Rio de Janeiro 1992 beschlossenen Leitidee des „sustainable development". Das Verbum „to sustain" bedeutet sowohl einen erwünschten Zustand stützen oder in Gang halten als auch einen unerwünschten Zustand aushalten oder ihm standhalten;[17] „nachhalten" bedeutet lediglich andauern, wirken, anhalten.

Die Grunderkenntnis der ökologischen Forschung läßt sich daher am besten englisch ausdrücken: „Living nature has sustained itself for billions of years." Es spricht alles dafür, daß sich Struktur und Funktion der Biosphäre in langer Evolution durch „self-sustainability" ausgezeichnet haben. Diese englischen Aussagen kann man durch Verwendung des deutschen Wortes „Nachhaltigkeit" nicht wiedergeben.

Für diese Feststellung gibt es eine nicht unwesentliche Einschränkung. Das wohl höchstentwickelte Lebewesen, das die Evolution vor ca. 5 Millionen Jahren hervorgebracht hat, der

Mensch, hat diese „self-sustainability" nachhaltig gestört, indem sein Wirken die geschilderte, in 2–3 Milliarden Jahren gewachsene Organisation der Natur erheblich und unumkehrbar verändert hat. Welche Erklärung bietet die theoretische Ökologie dafür?

Das Lebewesen Mensch stellt ein einzigartiges „Doppelwesen" dar: einerseits ein Naturwesen mit allen Merkmalen, Verhaltensweisen und auch ökologischen Bindungen eines Säugetiers, andererseits ein mit Vernunft und Vorausschau begabtes kulturfähiges Lebewesen mit einem auch für ihn selbst kaum vorstellbaren technischen Entwicklungspotential.[18] Als „Kulturwesen" hat der Mensch einen zweiten Typ von Evolution, die kulturelle Evolution, in Gang gesetzt und damit in einigen wenigen großen, „revolutionären" Entwicklungsschritten seine eigene, „kultürliche" Umwelt geschaffen. Der erste dieser Schritte – nach dem viele Hunderte von Generationen überspannenden Sammler-Jäger-Kulturstadium – war die Entdeckung des Pflanzenbaus und der Tierhaltung, oft als „agrarische Revolution" bezeichnet. Die verbesserte Ernährungsbasis erlaubte die Existenz eines nichtlandwirtschaftlichen Bevölkerungsteils, der sich in Dörfern und Städten ansiedelte und die kulturell-zivilisatorische Weiterentwicklung bestimmte. Mit diesem Schritt wurde die Stadt-Land-Aufteilung der menschlichen Gesellschaft vollzogen, nicht zu Unrecht als „urbane Revolution" bezeichnet. In der (west- und mitteleuropäischen) Stadtkultur wurde dann im 18. Jahrhundert das Stadium der Industrie und Hochenergietechnik und mit ihm die „industrielle Revolution" eingeleitet.

Mit diesen drei Entwicklungsschritten haben die Menschen, die sich schon im Sammler-Jäger-Stadium fast über die gesamte bewohnbare Erde ausgebreitet hatten, auf dieser ihre eigene „Zivilisationsumwelt" geschaffen.[19] Dies ist die in Abschnitt 3 schon erwähnte „Anthroposphäre". Die kulturelle Evolution war, wie wir erst rückblickend erkennen können, jedoch nicht auf „Nachhaltigkeit" ausgerichtet, sondern lief ihr von Anfang an zuwider. Ursache dafür sind drei menschliche Befähigungen, die überhaupt erst die Urmenschen von den Primaten abhoben und nach Auffassung der Anthropologen die Menschwerdung kennzeichnen.

Die erste davon ist eine vielseitigere und überlegenere *Werkzeug*herstellung und -anwendungstechnik – vor allem für einen Typ Werkzeuge, den auch die nahe verwandten Primaten nicht kannten, nämlich *Waffen*. Die zweite verkörpert der bewußte Umgang mit *Feuer*, das den Menschen eine zusätzliche Energie von besonders hoher Nutzbarkeit schenkte. Dies stellte einen grundsätzlichen Bruch mit der bisherigen Versorgung der Organismen und der Ökosysteme mit Energie dar und ist insofern ein ökologisch und evolutionär einzigartiges Ereignis, dessen Bedeutung immer noch unterschätzt wird.[20] Bis zur Ankunft der Menschen hatte sich die gesamte Biosphäre nämlich allein auf der Nutzung der *aktuell* verfügbaren Sonnenenergie mittels Photosynthese entwickelt; ihre in organischen Substanzen gespeicherten Anteile wurden lediglich „veratmet", also in kleinen, biologisch verträglichen Portionen freigesetzt. Selbstverständlich gab es in der vormenschlichen Natur auch Feuer, die durch Blitzeinschläge oder Magma-Ausbrüche ausgelöst wurden, Ökosysteme zerstörten, aber auch „verjüngende" Neuentwicklungen zur Folge hatten. Diese natürlichen Feuer demonstrierten den werdenden Menschen ihre viel höhere Energiedichte, die aus der kurzfristigen Freisetzung der in Holz und Zellulose gespeicherten und konzentrierten Sonnenenergie resultiert. Sie zeigten ihnen freilich auch die Gefährlichkeit des Feuers, wenn es außer Kontrolle geriet, und die erstickende Wirkung seines Rauches – vielleicht die allererste „Umwelt"erfahrung der Menschen, denn schon die frühesten Feuerstellen wurden mit recht wirksamen Rauchabzügen versehen.

Die dritte Befähigung, die den Menschen vom Tier absetzt, ist die Weitergabe und Ausbreitung von Informationen und Erkenntnissen mittels Sprache und später auch Schrift. Darauf beruht die Geschwindigkeit der kulturellen gegenüber der biologischen Evolution, die an die lineare, an Generationen und ihre Dauer gebundene Weitergabe genetischer Informationen gebunden ist.

Durch Feuer und Werkzeuge, die immer weiter technisch vervollkommnet wurden, wurde der Mensch zum großen Störer, ja Zerstörer der Natur. Aus Feuer ging die Energietechnik, aus Werkzeugen die übrige Technik und Industrie hervor. Feuer spendet Wärme und Licht und erlaubte den Menschen, von ihrem tropischen Ursprungsgebiet aus auch kältere Klimazonen zu besiedeln und die Dunkelheit langer Nächte zu erhellen. Durch Erhitzen und Kochen von in rohem Zustand ungenießbaren oder unverdaulichen Pflanzen- und Tierbestandteilen konnten diese zu Speisen werden und damit die knappe Nahrungsgrundlage der Menschen erweitern. Erhitzen mit Hilfe von Feuer macht viele anorganische Rohstoffe bearbeitbar und formbar und hob gerade die Werkzeugherstellung weit über das Niveau der Steinäxte und Faustkeile hinaus, öffnete also den Weg in die Metallurgie, Glasherstellung, Salzsiederei und Holzverschwelung, somit in erste Anfänge der Industrie. Schließlich ermöglicht Feuer, lästige und gefährliche Umwelteinflüsse abzuwehren oder zu vernichten, von der Rodung von Wald und Buschland über die Verbrennung von Abfällen bis zur Abwehr und Verdrängung von Feinden, wobei es oft mit Waffen kombiniert wird. Noch heute sagt man in der Militärsprache für die Beschießung des Feindes, daß er „unter Feuer“ genommen wird.

Mit Feuer und Werkzeug also begann der Mensch als Kulturwesen sich innerhalb der Biosphäre seine schon erwähnte Kultur- oder Anthroposphäre aufzubauen, die er als „seine“ Umwelt empfand und zweckgerichtet entwickelte. Als biologisches Wesen blieb er jedoch an Strukturen und Funktionen der Biosphäre und der übrigen Umweltsphären gebunden, z.B. an Pflanzen und Tiere zur Ernährung, an die Photosynthese, an Süßwasser, und diese bezog er durch „Kolonisierung der Natur“[21] insoweit auch in die Anthroposphäre mit ein. Aber er begriff nicht und brauchte zunächst wohl auch nicht zu begreifen, daß die Anthroposphäre von der Biosphäre und diese wieder von den anderen Umweltsphären gemäß ihrer Rangordnung getragen werden. Dies wissen wir erst heute dank ökologischer Forschung, und es wird uns erst dadurch bewußt, daß das Getragensein der Anthroposphäre durch die Natur, d.h. die übrigen Umweltsphären, gefährdet oder auf Dauer nicht mehr gewährleistet ist.

Feuer benötigt brennbare, möglichst energiereiche Substanzen; Werkzeuge, damit errichtete Bauwerke und Gebrauchsgeräte erfordern geeignete Rohstoffe wie Ton, Kalk, Erze zur Herstellung. Wie anfangs gesagt, sind solche Stoffe in der Natur ungleichmäßig verteilt und auch ungleich zugänglich, ist „reich“ und „arm“ vorgegeben. Im Sammler-Jäger-Kulturstadium hatten die Menschen gelernt, die Natur zu durchsuchen, um Nahrung zu erlangen, aber dabei auch eine weit darüber hinausgehende Findigkeit zur Entdeckung und Nutzung anderer Naturbestandteile entwickelt; sie gehört seither zu unserem Wesen und ist immer weiter vervollkommnet worden. Abbildung 8 zeigt als ein Beispiel von vielen die aus allen Teilen der Erde nach Deutschland gelenkten Zufuhren von Erzen und mineralischen Rohstoffen für die Industrie. Solche „Stoffströme“ nach Europa waren prinzipiell mit der Entdeckung Amerikas und dem Beginn des Kolonialzeitalters im 16. Jahrhundert in Gang gesetzt worden und dauern, wenn auch in der Intensität nachlassend, bis heute fort. Abbildung 8 macht auch deutlich, wie fern wir von einer oft beschworenen „Kreislaufwirtschaft“ – als Bestandteil von Nachhaltigkeit – sind. Sie würde erfordern, alle verbrauchten Produkte und Produktionsreststoffe, die aus Verarbeitung und Verwendung der Mineralstoffe resultieren, wieder an ihre Ursprungsorte zurückzuführen, was jedoch auf praktisch unüberwindliche Schwierigkeiten stieße.

Zu der erwähnten menschlichen Findigkeit gesellt sich der Besitztrieb zur konkreten *Aneignung* gefundener wertvoller Stoffe und ihrer Fundplätze. Er ist uns wohl vom Territorialverhalten tierischer Vorfahren überkommen und brauchte nur noch vervollkommnet zu werden: durch Besitzrechte, notfalls durch Verteidigung mit Feuer-Waffen. Grundbesitz wurde vor allem durch den Übergang zum Garten- und dann zum Ackerbau und zur Seßhaftigkeit zu einer Notwendigkeit. Lebende Nahrungsressourcen, die sonst z.T. weit verstreut auf die Ökosysteme verteilt sind, lassen sich örtlich konzentrieren, wenn der Boden fruchtbar und wasserversorgt ist. Rohstofflagerstätten bleiben dagegen an ihren Ort gebunden.

Ackerbau und die mit ihm verbundene Tierhaltung verbesserten die Ernährung der Menschen, Handwerk und Gewerbe den Lebensstandard, die Grenzen der Tragfähigkeit der Natur wurden hinausgeschoben, mehr Menschen konnten versorgt werden und gut leben – sie brauchten wieder mehr Nahrung, mehr Häuser, mehr Geräte, mehr Hände konnten wiederum mehr Natur kolonisieren, mehr Köpfe darüber nachdenken. Es hatte also speziell mit dem Beginn der Landwirtschaft ein sich ständig selbst verstärkender Prozeß in der Entwicklung der Anthroposphäre eingesetzt, der nicht, wie vergleichbare Prozesse in der Evolution der Biosphäre, irgendwo und irgendwie durch rückgekoppelte Regelkreise wieder abgeschwächt oder umgelenkt wurde, um das Gesamtsystem in Funktion zu halten. Im Gegenteil, die Menschen

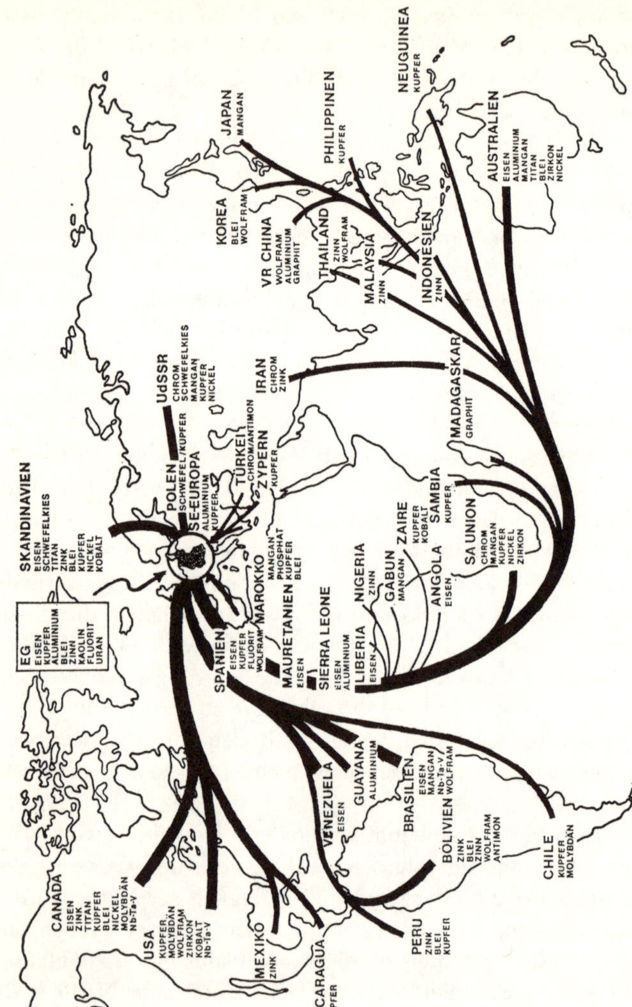

Abb. 8: Die aus allen Erdteilen nach Deutschland gerichteten Stoffeinfuhren am Beispiel von mineralischen Rohstoffen und Metallen. Derartige Stoffströme verbinden, überwiegend einseitig, Herkunfts- und Verarbeitungsländer z. T. seit 200–300 Jahren und endeten bis in jüngste Zeit meist in Abfällen. Aus DFG 1975.

bemühten sich, wenn auch nach jeweiliger Interessenlage in unterschiedlicher Weise und Motivation, diese Selbstverstärkung als technisch-zivilisatorischen Fortschritt und als Wirtschaftswachstum aufrechtzuerhalten.

Renn[22] hat die großen revolutionären Entwicklungsschritte der Anthroposphäre als „prometheische Innovationen" bezeichnet, nämlich die Beherrschung des Feuers, den Übergang zur Landwirtschaft und Seßhaftigkeit, die Umwandlung von Wärme- in mechanische und dann elektrische Energie, die darauf beruhende Erfindung der industriellen Produktionsweisen und schließlich den gerade beginnenden Übergang zur Biotechnologie. Mit Ausnahme der letztgenannten Innovation, deren Ergebnis noch nicht in allen Folgen abschätzbar ist, haben alle diese Innovationen uns Menschen vom Ziel der Nachhaltigkeit entfernt statt zu ihm hinzuführen! Das ist mit „prometheisch" gemeint. Nach der griechischen Mythologie hat Prometheus den Menschen das eigentlich den Göttern vorbehaltene Feuer gebracht und wurde dafür von Zeus, dem Blitzeschleuderer, grausam bestraft. Wer immer diese Sage erfunden hat, mag wohl von der Intuition geleitet worden sein, daß der Umgang mit Feuer die Menschen zum Übermut und Mißbrauch verführt oder, wie wir heute sachlicher sagen, zu nicht-nachhaltigen Aktivitäten. Die Prometheussage liefert aber auch den „Ausweg" als Hoffnung – in Gestalt des Göttersprosses und „Übermenschen" Herkules. Er befreite Prometheus von seinen Qualen und vollbrachte auch die wohl erste große Umweltschutz-Leistung, indem er den berühmten „Augiasstall" ausmistete. Mir scheint dies ein Symbol dafür zu sein, daß für den erfolgreichen Übergang zur Nachhaltigkeit übermenschliche Leistungen benötigt werden.

Wir Menschen besitzen dafür die Voraussetzungen in Form unseres hochentwickelten menschlichen Intellekts mit der Fähigkeit zur Einsicht in auch komplizierte Zusammenhänge und vor allem zur Vorausschau, zur Vorstellbarkeit von Zukünften mit den darin enthaltenen Antrieben zu erfinderischem Handeln. Doch hat der Besitz des Intellekts den Menschen nicht zu einem Lebewesen rationaler Klarheit und Entscheidungsfähigkeit gemacht. Mag er sich auch gern als solches darstellen – das „biologische Erbe" des wettbewerbsstarken Erbeuters, des Territorialtriebs mit Aneignungsanspruch, des steten Mehr-Haben-Wollens und der Geschlechtlichkeit bricht emotional immer wieder durch und kann dann sogar den Intellekt in Dienst nehmen. Die Zukunft des Lebewesens Mensch ist daher Chance wie Risiko und wird sich wesentlich an seinem Verhalten zur Umwelt sowie an deren „Antwort“ darauf entscheiden.

Wieder muß eine Einschränkung angeführt werden. Sie beruht auf einer Regelhaftigkeit der biologischen Evolution, wonach große, geographisch weit verbreitete Populationen sich auseinanderentwickeln. Die menschliche Population hat sich in ihrer kultürlichen Evolution in unterschiedliche, relativ stark geschiedene, unterschiedlich große Sprach- und „Kultur“kreise aufgeteilt, während sie biologisch trotz äußerlicher Verschiedenheiten relativ einheitlich geblieben ist. In den Kulturkreisen bildete sich eine jeweils spezifische Beziehung zu der von ihnen besiedelten und ökologisch ausgenutzten Natur heraus, die von animistischer Verehrung über den Respekt vor einer göttlichen Ordnung bis zu gedankenlosem Ausbeuten reicht. Dies bedeutet, daß die kulturell aufgespaltene menschliche Population nur unter größten Anstrengungen und mit vielen Rückschlägen, die wir fast täglich verfolgen können, zu *einheitlichem* Handeln auf die Herausforderungen der Nachhaltigkeit reagieren kann. Es kommt also nicht nur auf das Verhalten zur Umwelt, sondern auch auf das Verhalten der menschlichen Teilpopulationen *zueinander* an, das, wenn wir es realistisch betrachten, nicht überwiegend durch Solidarität bestimmt wird.

„Nature has sustained human life and development by being exploited without care; now humans have to sustain nature to ensure their continuing services.“[23] Dies ist mit „nachhaltiger Entwicklung“ gemeint und bedeutet einen Wendepunkt im Umgang mit der uns tragenden Natur. Die Frage an die Ökologie ist eine doppelte: ob dieser Wendepunkt nicht schon überschritten ist und ob das Axiom der Irreversibilität der Evolution überhaupt noch eine Umkehr zuläßt. Ein Vergleich der kultürlichen mit der natürlichen Umwelt kann nur zur Gewinnung von Erkenntnissen, nicht aber von Maßstäben dienen. Es gibt für uns Menschen kein „Zurück zur Natur“, denn in einer „naturbestimmten“ Umwelt zu leben widerspräche dem erwähnten Axiom der Evolution und wäre für den Menschen des 20. Jahrhunderts, zumal denjenigen der städtisch-industriellen Kulturstufe, ein höchst unbequemes Leben voller Entbehrungen und auch Gefahren.

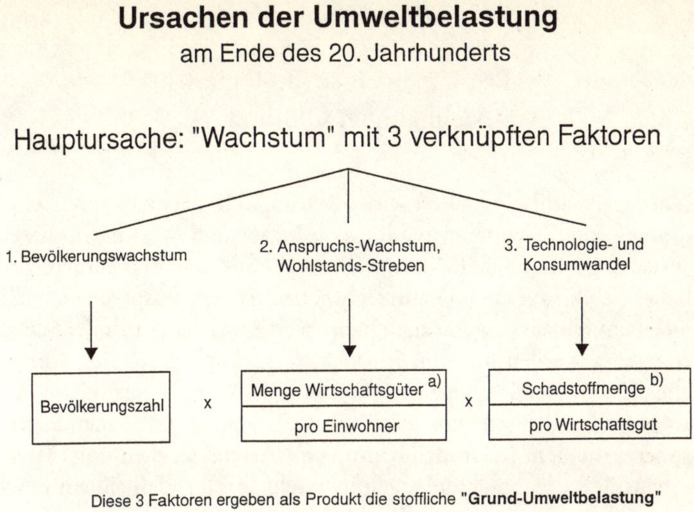

Abb. 9: „Wachstum" als Hauptursache der stofflichen Grund-Umweltbelastung. Aus AHRENS/HEISSENHUBER, Vorlesungsmanuskript TU München/Weihenstephan, mit Genehmigung der Verfasser.
a) einschließlich Dienstleistungen;
b) auf der Input- oder Outputseite der Erzeugung

Die Hauptursachen der Umweltbelastung am Ende des 20. Jahrhunderts (Abb. 9) sind uns wohlbekannt, nämlich die drei im Phänomen „Wachstum" verknüpften Faktoren: Bevölkerungswachstum (speziell in den Tropenländern), Anspruchs-Wachstum und Wohlstands-Streben (allgemein und auch in den Industrieländern trotz schon erreichtem hohen Wohlstandsniveau) sowie Technologie- und Konsumwandel, um möglichst bequem, aber auch „umweltverträglicher" zu leben. Alle drei Faktoren gleichzeitig korrigierend zu beeinflussen – um eine realistische und nicht utopische Forderung zu formulieren – *kann* gelingen, wird aber eine echte Jahrhundertaufgabe sein. Daher kommt es besonders darauf an, die noch lern- und prägungsfähige heranwachsende Generation auf dieses Ziel hin *nachhaltig* zu beeinflussen und ihr auch ein wirklichkeitsgetreues, ideologiefreies Bild der Ökologie zu vermitteln, wie ich es mit diesen Ausführungen versuche.

Peter Koslowski

Prinzipien einer ökologisch nachhaltigen Ökonomie

Natur als ethischer Wert einer ökologisch nachhaltigen Ökonomie – die Zusammenstellung von Natur und Wert ist in dieser Weise ungewöhnlich. Es ist üblich, von Naturrecht und naturrechtlicher Ethik, von einem naturrechtlichen Ansatz zu sprechen, nach welchem Normen, wenn auch nicht Werte, aus der Natur der Sache abgeleitet werden und die ethische Verpflichtung aus den sachlichen Zusammenhängen eines Handlungsbereiches begründet wird. Kaum wird dagegen von der Natur als ganzer, von jener Seinssphäre, die dem Reich der Kultur und Artefakte, dem vom Menschen Hervorgebrachten gegenübersteht, gesagt, daß sie ein ethischer Wert sei. „Natur als ethischer Wert" fragt aber nach der Natur als ganzer und ihrem Wertsein für den Menschen und die menschliche Ethik. Die Ursache dafür, daß die Frage nach dem Wertsein der Natur gestellt wird und heute hohe Aktualität besitzt, liegt darin, daß die Natur in ihrem Sein für den Menschen nicht mehr selbstverständlich ist. Daß etwas zu einem Wert im ökonomischen und ethischen Sinne wird, setzt voraus, daß sein Vorkommen und Vorhandensein nicht mehr „natürlich" und im Überfluß gegeben, sondern zweifelhaft und knapp geworden ist. „Natur" im Sinne desjenigen, was nicht vom Menschen abhängt und geprägt ist, wird im technologischen Zeitalter knapp und wertvoll. „Natur" ist deshalb im folgenden nicht nur die Natur als natürliche Ressource oder Rohstoff, sondern die Gestaltqualität der unabhängig vom Menschen gewordenen und gewachsenen Wirklichkeit.

Der Frage nach dem ethischen und ökonomischen Wert der Natur und nach den Prinzipien einer ökologisch nachhaltigen Ökonomie wird im vorliegenden Beitrag in drei Schritten nachgegangen. Zuerst wird erörtert, inwiefern die Natur als Wert, und zwar nicht nur als ethischer, sondern auch ökonomischer Wert, angesehen werden kann. Im zweiten Abschnitt wird untersucht, wie der Wert der Natur in den gesellschaftlichen Entscheidungssystemen, welche die westlichen Gesellschaften prägen, in Markt und Demokratie, geltend gemacht werden kann, wie also der Wert der Natur ökonomische und politische Beachtung zu finden vermag. Im dritten Abschnitt werden Prinzipien einer dauerhaft umweltgerechten Ökonomie diskutiert.

1. Natur als Wert

Wie kann Natur zum gesellschaftlichen Wert werden, inwiefern kann sie als Wert angesehen werden? Der ökonomische und allgemeinste Wertbegriff bezeichnet etwas als gut oder wertvoll, wenn die Sache oder Leistung für menschliche Subjekte alternative Nutzungsmöglichkeiten aufweist. Es ist dies eine sehr allgemeine Definition, die jedoch trifft, was Wert im allgemeinsten Sinne bedeutet.

Etwas ist ökonomisch wertvoll, wenn es für einen Menschen oder eine Gruppe von Menschen alternative Nutzungsmöglichkeiten aufweist. Der ökonomische Wertbegriff bestimmt Wert als die Beziehung von Sachen und Leistungen zu den subjektiven Nutzungswünschen der Menschen. Ökonomisch wertvoll ist etwas daher nur, wenn es wertvoll für etwas anderes, nämlich für die subjektive Nachfrage der Individuen ist. Wert ist hier bloße Beziehung auf anderes, extrinsischer Wert, aber nicht intrinsischer Wert einer Sache in sich. In diesem ökonomischen Sinn ist die Natur ein Wert und Gut allein insofern, als sie den Individuen Nutzungsmöglichkeiten anbietet. Ökonomisch gesehen empfängt die Natur ihre Werthaftigkeit nur aus den subjektiven Nutzungsbewertungen der Individuen.

Der subjektive Wertbegriff des ökonomischen Wertes verschiebt jedoch nur die Frage nach dem Wert der Sache auf die Frage nach dem, was das Individuum für sich als wertvoll erachtet. Auf der ökonomischen Ebene können wir sagen, daß der Wert nur Wert für anderes, nämlich das bewertende Subjekt ist. Auf der nächsten Stufe entsteht jedoch die Frage, was der Grund der Wertschätzung des Subjekts, warum etwas für dieses wertvoll ist. Die Frage des Subjekts, des Ichs, was für es denn wertvoll ist oder sein könnte, kann nicht dadurch beantwortet werden, daß ihm gesagt wird, sein Wille sei die Ursache allen Wertes. Das Ich kann sich nicht wiederholt sagen, die Sache ist für mich wertvoll für anderes, für andere Nutzungsmöglichkeiten, weil ich es will, ohne daß ein infiniter Regreß die Folge ist. Das Ich oder Selbst muß bestimmte Werte als wertvoll in sich ansehen, es kann nicht alles nur als wertvoll oder nützlich für andere alternative Nutzungsmöglichkeiten halten, sondern muß bestimmte Werte als intrinsische Wertqualitäten anerkennen und sich selbst aneignen.

Max Scheler hat die Tatsache, daß das Bewertungsproblem nicht auf den Subjektivismus alternativer Verwendungsmöglichkeiten reduzierbar ist, in seiner Theorie der materialen Wertqualitäten[1] zur Darstellung gebracht. Es gibt nach Scheler nicht weiter reduzierbare materiale Wertqualitäten, die als solche wahrgenommen, erkannt und anerkannt werden müssen oder eben übersehen, verkannt oder abgelehnt werden. Das Ich oder Selbst muß zu diesen Wertqualitäten bejahend oder verneinend Stellung nehmen und legt in der Stellungnahme zu den Wertqualitäten fest, welche Nutzungsmöglichkeiten, welche Werte es an der Sache realisiert. Für die Frage nach dem Wert der Natur bedeutet dies, daß die Individuen und die Gesellschaft als Zusammenschluß von Individuen die Wertqualitäten der Natur und der begrenzten Verfügbarkeit organisch gewachsener Strukturen erkennen und anerkennen müssen, wenn die Natur an sich Wert haben soll.

Im äußerlichsten Sinn hat die Natur den Wert der Nützlichkeit für unsere subjektivierten, ökonomischen Zwecke. Ohne natürliche Ressourcen, Rohstoffe, Wasser, Energie etc., ist wirtschaftliche Produktion unmöglich. Da die natürlichen Ressourcen knapp sind, erfordert die ökonomische Bewertung der Natur einen sparsamen Umgang mit den Ressourcen der Natur. Für die Handhabung des ökonomischen Wertes der Natur bietet die ökonomische Rationalität die entsprechenden Bewertungskriterien und Nutzungsregeln an. So fordert z.B. die nach dem amerikanischen Ökonomen H. Hotelling benannte Hotelling-Regel,[2] daß erschöpfbare, nichterneuerbare Ressourcen der Natur in ihrem Preis pro Jahr in Höhe des geltenden Zinssatzes steigen, damit die begrenzten Nutzungsmöglichkeiten der Natur in allen Zeitperioden gleich hoch bewertet werden. Die Annahme ist hier, daß der Zinssatz das Maß angibt, zu welchem die Gesellschaft Gegenwartskonsum dem Konsum in der Zukunft, im vorliegenden Falle also gegenwärtigen Verbrauch von Natur dem sonst größeren Verbrauch in der Zukunft vorzieht. Ist beispielsweise der Durchschnittszinssatz sehr hoch, so bedeutet dies, daß die Gesellschaft bereit ist, sehr viel dafür zu bezahlen, in der Gegenwart über erhöhte, zu Lasten der Nutzungsmöglichkeiten der künftigen Generationen und Zeitperioden gehende Nutzungsmöglichkeiten zu verfügen. Ein hoher Zinssatz zeigt eine starke Präferenz der Gesellschaft für Gegenwartsnutzen an.

Wenn der Zinssatz sehr hoch ist, muß daher auch der Preis für eine verstärkte Nutzung der Natur in der Gegenwart sehr hoch sein. Der Preis der Ressource Natur muß in Phasen hohen Durchschnittszinses, also hoher Präferenz für Gegenwartsnutzen, schneller steigen als in Phasen niedrigen Zinses und geringerer Präferenz für Gegenwartsnutzen. Diese Regel gibt Anlaß zu einigen kritischen Einwänden, bietet jedoch eine wichtige erste Annäherung an die Bewertung der Ressource Natur im intertemporalen Vergleich, im Ablauf der Zeit und Nutzungsperioden, und ist deshalb dem Verzicht auf jedes Kriterium der intertemporalen Allokation von Ressourcen und der Beliebigkeit in der Verteilung des Verbrauchs erschöpfbarer Ressourcen auf verschiedene Zeitperioden vorzuziehen. Es könnte jedoch gegen sie der Einwand erhoben werden, daß sich der Wert der Ressource Natur ändert, wenn der Zins steigt oder fällt.

Die ökonomische Analyse des Wertes der Natur geht von einer kontinuierlichen Nutzbarkeit und einem Aufbrauchen der Natur im Zeitablauf aus. Sie setzt voraus, daß die Ressourcen der Erde sich irgendwann einmal aufbrauchen werden, und fragt: Wie verteilen wir den Ausschöpfungsgrad der Natur in der Zeit? Ihre Fragestellung ist: Wie kann die Geschwindigkeit der Ausschöpfung der Natur mit der allgemeinen Zeitpräferenz der Menschen, die sich im Zinssatz als Maßstab für die Bewertung des Verhältnisses von Gegenwarts- und Zukunftsnutzen ausdrückt, in Einklang gebracht werden? Ihr Gegenstand ist die Natur als ökonomischer Wert, d.h. als ersetzbares, aber knappes, homogenes Gut. Diese Wertqualität ist jedoch nicht anwendbar, wo nichtersetzbare bzw. nichtsubstituierbare, einmalige Naturgüter wie die natürlichen Arten und einmalige Formen von Landschaft und landschaftlicher Schönheit in Frage stehen. Denn diese einmaligen Naturgüter sind im Gegensatz zu den Naturrohstoffen, die durch andere Rohstoffe, auch wenn dies teuer oder schwierig ist, ersetzt werden können, nicht substituierbare Werte. Die einmaligen Naturgüter sind nicht durch andere Güter ersetzbar und stellen Werte dar, deren Vernutzung im strengen Sinne irreversibel ist. Die Wertqualität dieser Naturgüter geht über die Wertqualität des Nützlichen und Ökonomischen hinaus. Im Falle der Landschaft reicht sie in die Sphäre des Schönen und der ästhetischen Werte, im Falle der Erhaltung der Arten noch über das Schöne hinaus in eine Sphäre, die sich der Wertqualität des Heiligen nähert, um die nach Scheler höchste Wertqualität aufzunehmen.

Die beiden höheren Wertqualitäten der Natur, die Wertqualität des Schönen und diejenige der Darstellung des Absoluten, müssen gesondert betrachtet werden. Der ästhetische Wert der Natur gewinnt in einer Phase der Entdifferenzierung der Natur durch die vereinheitlichende Wirkung der intensiven ökonomischen Nutzung der Natur wieder an Bedeutung und Rückhalt in den subjektiven Bewertungen der Individuen.

Ein Beispiel ist die Vernichtung der Weinbauterrassen am Kaiserstuhl. Hier wurde in einseitiger Dominanz der ökonomischen Wertqualität über die ganzheitliche Rationalität, die auch die höhere Wertqualität des Ästhetischen mitberücksichtigt, nur eine Wertqualität der Natur, nämlich die der ökonomischen Nutzung, mit sehr negativen Folgen durchgesetzt. Die Weinbauterrassen am Kaiserstuhl wurden beseitigt, um eine Ertragssteigerung auf den flurbereinigten Abhängen zu ereichen. Das Resultat war, daß eine einzigartige Kulturlandschaft schwer geschädigt und auch der Wein nicht verbessert wurde. Eine verkürzte ökonomische Rationalität der Ertragsmaximierung quantitativer Größen verursachte irrationale gesamtwirtschaftliche und soziale Nebenwirkungen und verringerte den wirtschaftlichen und sozialen Gesamtertrag. Dieses Beispiel macht deutlich, daß umfassende Rationalität nicht nur die ökonomische Wertqualität gelten lassen kann, sondern die ästhetischen und höheren Wertqualitäten einschließen muß.

Der ästhetische Wert zeigt sich hier wie bei verwandten Fällen, bei denen eine Abwägung zwischen Ertragssteigerung und Erhaltung der Schönheit der Landschaft bzw. Bewahrung der „Natur“ notwendig wird, nicht nur als ästhetisches Phänomen, sondern zugleich als Indikator und äußere Erscheinung der Tatsache, daß die Natur auch den Charakter eines Kapitalgutes aufweist: Die Schönheit der Natur, die Differenzierung von Arten und Landschaft stellen ein Kapitalgut dar, das über lange Zeiträume von der Natur „geschaffen“ bzw. in der Natur entstanden ist und das nur wie ein Kapital, das man ererbt hat, genutzt werden sollte. Nur die Zinsen aus diesem Kapital sollten verbraucht, nicht jedoch das Kapital selbst angegriffen werden.

Die Frage der Erhaltung der natürlichen Arten reicht über die ästhetische Wertqualität hinaus in die Wertsphäre des Unbedingten und Heiligen. Das bedeutet nicht, daß die natürlichen Arten, etwa vom Aussterben bedrohte Großtierarten, selbst heilig sind. Dies zu behaupten hieße, in mythische Naturvergötzung zurückzufallen. Eine Wertqualität des beinahe Heiligen stellen die Arten vielmehr deshalb dar, weil sie Ausprägungen von Schöpfungsgedanken bzw. Ideen des Schöpfers sind. Sie sind irreproduzible Ideen von Gestalten des Lebendigen und daher schöpfungstheoretisch Ausprägungen von Gedanken des Schöpfers oder evolutionstheoretisch Ergebnisse langer Evolutionsprozesse, die zu vernichten dem Menschen nicht zusteht und deren Erhaltung daher nicht nur eine ästhetische, sondern auch eine unbedingt-ethische Forderung darstellt. Die Erhaltung der Arten als Schöpfungsideen, als Gestalten des einen Stammes des Lebens, ist ethische Forderung, die Natur als Darstellung und Realisierung der Schöpfungsgedanken an ihr selbst zugleich ethischer Wert.

Es ergibt sich daher eine Stufenfolge der ökonomischen, ästhetischen und unbedingt-ethischen Wertqualitäten der Natur. Der Wert der Natur differenziert sich über die rein relationale Wertqualität des für den Menschen Nützlichseins in die intrinsischen Wertqualitäten des Schönen und der Darstellung der Ideen der Schöpfung aus.

Wenn die wirtschaftliche Sicht der Natur deren Wert allein durch die subjektiven alternativen Nutzungsmöglichkeiten der Individuen bestimmt, der intrinsische Wert der Natur jedoch über ihre ökonomische Verwertung hinausgeht, entsteht die Frage, wie der ästhetische und ethische Wert der Natur im wirtschaftlichen Entscheidungsprozeß des Marktes und im politischen Entscheidungsprozeß der demokratischen Abstimmungen anerkannt und zur Geltung gebracht werden kann. Das ökonomische und politische Steuerungsproblem, das aus der Anerkennung des Wertes der Natur folgt, ist, wie die Ansprüche der Natur auf die Integrität ihres Seins und auf den Fortbestand der natürlichen Arten mit den Ansprüchen der Menschen auf die wirtschaftliche Nutzung eben dieser Natur vermittelt werden können.

Der Ausgleich von konflikthaften Ansprüchen verschiedener Parteien ist immer ein Problem der Gerechtigkeit. Wenn auf beiden Seiten berechtigte Ansprüche bestehen, die nicht einfach negiert werden können, muß eine Lösung gefunden werden, die den Ansprüchen beider Seiten „gerecht" wird. Gerechtigkeit ist das Bestreben, zu einem der Natur der Sache entsprechenden und den Parteien zumutbaren Ausgleich von Ansprüchen zu gelangen. Ein ebensolches Problem der Gerechtigkeit des Ausgleichs zwischen konfligierenden Ansprüchen entsteht im Austausch des Menschen mit der Natur. Gerechtigkeit gegenüber der Natur in unserem Austauschverhältnis mit ihr zu üben ist deshalb eine ethische Forderung an die Gesellschaft.

2. Gerechtigkeit im Austausch mit der Natur als ethische Forderung

Der Austausch des Menschen mit der außermenschlichen Natur ist ein Problem der Gerechtigkeit gegenüber der Natur. Es ist dies kein soziales Problem der Gerechtigkeit und findet daher auch in Theorien der Gerechtigkeit, die als Subjekt und Objekt der Gerechtigkeit nur den Menschen und seine Sozialbeziehungen zulassen, wie etwa die Theorien von John Rawls und Robert Nozick, keine Beachtung. Gerechtigkeit im Austausch mit der Natur ist ein Thema des allgemeinen und ontologischen Begriffs der Gerechtigkeit, d.h. eines das ganze Sein umfassenden Gerechtigkeitsbegriffs.[3] Wenn das Gerechte im Anschluß an Plato das die Wirklichkeit Fügende und Zusammenfassende ist, gehört in den Bereich dessen, was gefügt und „gerecht" sein soll, auch die Natur, und der Mensch muß sich auch im Verhältnis zu ihr der Gerechtigkeit in seinem Handeln vergewissern.

Wie im Sozialen stellt sich auch im Verhältnis zur Natur die Gerechtigkeitsfrage als Aufgabe einer Vermittlung von begründeten Ansprüchen. Im Falle der Gerechtigkeit gegenüber der Natur stehen sich jedoch nicht Ansprüche von Rechtssubjekten, sondern die menschlichen Ansprüche auf wirtschaftliche Expansion und die Erhaltungsbedingungen der Natur gegenüber. Gerechtigkeit gegenüber der Natur heißt Berücksichtigung der Natur in den Entscheidungssystemen von Markt und Demokratie. Sie fordert den Einschluß, die Inklusion der Natur mit Hilfe von Stellvertretern im Diskurs des Marktes und der Demokratie und die Beachtung der externen Effekte des menschlichen Wirtschaftens auf die Natur (Internalisierung). Die Gerechtigkeit gegenüber der Natur verlangt die Anerkennung gewisser Eigenrechte der Natur, die unabhängig von ihrer Wertschätzung durch den Menschen Geltung haben. Der Mensch darf die Natur nicht nur als Rohstoff und im Sinne des ökonomischen Begriffs des Gutes nur als Nutzungsmöglichkeit ansehen, sondern er muß in ihr die ästhetischen und ethischen, materialen Wertqualitäten erkennen, die den Schöpfungsideen in der Natur eigentümlich sind.

Die Forderung der Gerechtigkeit im Austausch mit der Natur setzt als ethische Forderung voraus, daß es nicht nur Menschenrechte, sondern auch Rechte der Natur gibt, die der Mensch in Stellvertretung der stummen Natur gegen sich selbst und seinen Expansionsdrang geltend machen muß. Die Gerechtigkeit im Austausch mit der Natur sollte die Würde, Integrität und „Freiheit" der Natur schützen. Die „Freiheitsrechte" der Natur sind ihr Recht auf ihr „natürliches" Verhalten. Die Freiheitsrechte der Natur sind in analoger Weise zu schützen, wie die Wirtschaftsfreiheit das Recht des menschlichen Individuums auf rationales Verhalten und zielverfolgendes Handeln schützt.[4] Die Gerechtigkeit gegenüber der Natur erfordert es, die „Rechte" der Tiere und Pflanzen auf ihr natürliches Verhalten und des Bodens auf naturgemäße Behandlung als schutzwürdige oder zumindest als für den Menschen relevante „Rechte" anzuerkennen und gegen die Rechte der Menschen in den menschlichen Entscheidungsdiskursen von Markt und Demokratie abzuwägen.

Diese Abwägung ist ein Problem der Güterabwägung. Die Güterabwägung zwischen dem Erhalt der Naturlandschaft oder der Einrichtung von Naturschutzparks einerseits und der Gewinnung landwirtschaftlicher Nutzfläche besondes bei wachsendem Bevölkerungsdruck andererseits ist beispielsweise ein Gerechtigkeitsproblem des Austauschs mit der Natur, bei dem die Rechte der Natur stets in einer schwächeren Position sind. Es ist fraglich, ob die auf den Menschen beschränkten sozialen Entscheidungssysteme von Markt und Demokratie in der Lage sind, die „Rechte" der Natur zu wahren, d.h. diese Rechte in den Diskursen selbst zur Geltung zu bringen. Denn in den Diskursen von Markt und

Demokratie sind nur redefähige Wesen Träger von Rechten und diskursberechtigt. Wenn der demokratische Diskurs als allein rechtsbildend angesehen wird, ist das „Recht der Natur" ohne eine Stimme, vor allem, wenn ein transdiskursives „Naturrecht" vom rechtsschöpfenden Diskurs abgelehnt wird.[5]

Die Schwierigkeit einer „diskursiven" Begründung der Gerechtigkeit gegenüber der Natur verweist auf die Stärke des ontologischen Gerechtigkeitsbegriffs, wie er in der solonisch-platonischen Tradition ausgebildet wurde. Der ontologische Gerechtigkeitsbegriff erlaubt es, in holistischer Weise das Gerechtigkeitsproblem über die soziale auf die Interaktion mit der Natur und auf die ökologische Ausgleichung von Ansprüchen auszudehnen. Es gibt nicht nur den sozialen, sondern auch den ökologischen Tausch und daher nicht nur Gerechtigkeit im Sozialen, sondern auch Tauschgerechtigkeit gegenüber der Natur. Der Tausch ist mit Baudrillard ein Zeitgewinn.[6] Jeder Tausch ist Zeitgewinn. Im Austausch mit anderen gewinnen wir Lebenszeit, weil wir nicht alles selbst tun müssen. Der Gedanke des Zeitgewinns durch Tausch führt über den kommerziellen Tausch hinaus zum ökologischen Austausch des Menschen mit der Natur. Die Theorie des Zeitgewinnes durch Tausch transzendiert den sozialen Tausch zum Austausch mit der Natur: Im Austausch mit der nichtmenschlichen Natur und dem außermenschlichen Leben gewinnen wir das Leben, das wir nur im Austausch überhaupt zu erhalten vermögen, weil wir nicht alles selbst tun können. Im Austausch mit der Natur vollzieht sich das Leben als entropiebekämpfender und energieverzehrender Prozeß. Der Tausch von Negentropie gegen Entropie, von Ordnung gegen Unordnung, ermöglicht den Zeitgewinn, den das Leben gegen seinen Zerfall und die ständige Gefahr, durch die zunehmende Ungeordnetheit und Entropie der Welt zerstört zu werden, erkämpfen muß.[7] Nur durch den Austausch mit der natürlichen und sozialen Umwelt vermag der lebendige Organismus sich selbst auf einer hohen Stufe der Geordnetheit zu erhalten.

In diesem Austausch mit der Natur, in der Ökonomie des ökologischen Tausches, zeigt sich die Notwendigkeit einer Ethik des Umgangs mit der Natur, einer „Umweltethik des Wirtschaftens". Die Umweltethik des Wirtschaftens muß Fairneß-Argumente gegenüber dem Tauschpartner Natur berücksichtigen, was es vor allem erforderlich macht, Umweltschonung und Umweltschädigung als reale Erträge bzw. Kosten in die Kapitalrechnung der Wirtschaftssubjekte und in die volkswirtschaftliche Gesamtrechnung einzubeziehen und die Gestalt der natürlichen Umwelt nicht mehr, wie in der klassischen Nationalökonomie, als ökonomisch irrelevante Größe zu behandeln. Die klassische ökonomische Theorie hat die Natur nur als freies und d.h. ungeschütztes Gut oder als durch Arbeit auf die Höhe des ökonomischen Wertes gebrachten Rohstoff angesehen. Die ökonomische Dimension der Ökologie und des Entropiegesetzes, des Zweiten Hauptsatzes der Thermodynamik, wurde erst durch Georgescu-Roegen[8] wieder bewußt gemacht.

Die Berücksichtigung von Fairneß-Gesichtspunkten gegenüber der Natur zwingt sich nicht durch ökonomische Sachargumente auf. Die Berücksichtigung der Natur ist vielmehr ein Problem der Anerkennung von relativen Eigenrechten der außermenschlichen Natur und ein Problem des Einschlusses (der Inklusion) der Rechte der Natur und der Internalisierung der Kosten an natürlichen Ressourcen und gewachsenen Strukturen der Natur in den sozialen Diskursen von Markt und Demokratie. Anerkennung ist immer ein Freiheits- und ethisches Phänomen. Das sorgsame Wirtschaften mit der Umwelt ist ein wirtschaftsethisches Phänomen freier Anerkennung. Anerkennung eines Eigenrechts der Natur heißt, anzuerkennen, daß wir die (Neben-)Wirkungen unseres Handelns auf die Natur ebenso einzubeziehen und zu verantworten haben wie die Nebenwirkungen unseres Handelns auf andere Menschen – wenn auch mit geringerer Gewichtung.

3. Prinzipien einer ökologisch nachhaltigen Ökonomie

Das Prinzip der Nachhaltigkeit ist in der Forstwirtschaft entstanden. Die Idee der Nachhaltigkeit wurde erstmals in der Forstordnung des Klosters Mauern-Münster im Elsaß im Jahre 1144 formuliert: Man soll nur so viel Holz schlagen, wie nachwächst. Die Erneuerung der erneuerbaren Ressource Holz wird durch die Sonne und den Boden bewerkstelligt. Damit ist deutlich, daß das Prinzip der Nachhaltigkeit zunächst für erneuerbare und nicht für nicht erneuerbare Ressourcen formuliert wurde. Für nicht erneuerbare Ressourcen ist es leider sehr viel weniger eindeutig als für erneuerbare Ressourcen. Für die erneuerbaren Ressourcen beinhaltet das Prinzip der Nachhaltigkeit die Forderung, daß der Mensch auf eine übermäßig schnelle Nutzung des Kapitalstocks verzichtet und ihm die Chance läßt, sich von selbst zu erneuern. Das Besondere des Prinzips der Nachhaltigkeit in der Forstwirtschaft ist, daß der Kapitalstock sich von selbst erneuert, wenn der Mensch auf eine zu schnelle Nutzung verzichtet. Das Prinzip setzte sich in der Forstwirtschaft an der Wende vom 18. zum 19. Jahrhundert nicht zuletzt unter dem Eindruck der Gefährdung, die die Wälder durch den Prozeß der voranschreitenden Industrialisierung erfuhren, durch. Für den hohen Energiebedarf der Fabriken wurden die Wälder zu schnell abgeholzt, als daß sie „nachhaltig" nachwachsen konnten.

Für die meisten anderen natürlichen Ressourcen als den Wald ist die Voraussetzung des forstwirtschaftlichen Nachhaltigkeitsprinzips, daß sich die Ressource ohne den Menschen von selbst erneuert, nicht gegeben: Öl und Metalle erneuern sich nicht während der Lebenszeit mehrerer Generationen. Eine Regeneration der Ressource tritt nicht ein. Und auch eine Verlangsamung der Nutzungsgeschwindigkeit sichert nicht die Erneuerung der Ressource.

Was kann die Ökonomie in einer solchen Situation sagen? Nachhaltigkeit kann bei nicht erneuerbaren Ressourcen nicht bedeuten, daß man auf eine Erneuerung der Ressource im Zeithorizont einer Generation wartet. Dennoch ist der Begriff der Nachhaltigkeit hier nicht sinnlos. Er muß jedoch uminterpretiert werden als Prinzip der umweltschonenden Nutzung. Dies bedeutet, daß erstens ein sparsamerer Gebrauch der Ressource bei einem maximalen Effizienzgrad ihrer Nutzung anzustreben ist. Nachhaltigkeit bedeutet bei nicht erneuerbaren Ressourcen zweitens, daß die Produktivität der Energie erhöht wird. Man kann den Nutzungsgrad der Energie durch den Quotienten aus Bruttosozialprodukt und Gesamtenergieverbrauch einer Volkswirtschaft errechnen. Je mehr Bruttosozialprodukt mit einer Energieeinheit produziert wird, um so höher ist der Produktivitätsgrad der Energie. Hier ist vor allen Dingen auf die Bedeutung der Verbesserung der Steuerungsprozesse der Energienutzung durch Telematik, aber auch durch die Internetsteuerung hinzuweisen. Eine verbesserte Energiesteuerung im Sinne der Steuerung der Energielieferung und der Differenzierung des Verbrauchs erhöht die Produktivität der Energie. Drittens: Um die effiziente Nutzung der gegebenen, nicht erneuerbaren Ressourcen der Erde sicherzustellen, ist anzustreben, daß zwischen allen Nutzungsperioden der Ressource der gleiche Preis bezogen auf das Gegenwartsniveau berechnet wird. Das heißt, der Preis einer Ressource sollte mit dem durchschnittlichen Zinssatz jeden Jahres über die Jahre steigen. Eine Schwierigkeit ist hier, daß bei längeren Zeiträumen schon ein niedriger Zinssatz – etwa eine durchschnittliche Steigerung von 5% pro Jahr – zu einem sehr hohen Preis führt.

Das Problem der erneuerbaren Ressourcen macht deutlich, daß Nachhaltigkeit hier nicht im Sinne des forstwirtschaftlichen Nachhaltigkeitsbegriffs verstanden werden kann, sondern als dauerhaftes Beibehaltenkönnen eines bestimmten Entwicklungs- und Technologiepfades begriffen werden muß. Dies wird auch darin deutlich, daß der englische Begriff „sustainable development" durch den Begriff „nachhaltige Entwicklung" nicht angemessen wiedergegeben wird. „Sustainability" ist ein sehr viel weniger voraussetzungsreiches Konzept als Nachhaltigkeit, da „sustainability" oder „Aufrechterhaltbarkeit" nicht die Regeneration der Ressource impliziert. Aus diesem Grund ist der Begriff „sustainable development" vom Sachverständigenrat für Umweltfragen auch mit dem Begriff „dauerhaft-umweltgerechte Entwicklung" übersetzt worden: Die Aufrechterhaltung der Produktionsweise soll über einem längeren Zeitraum möglich sein. Sie soll „von der Natur mitgetragen werden".

Der Sachverständigenrat definiert das Konzept der dauerhaft-umweltgerechten Entwicklung durch zwei Unterprinzipien:

1. Ressourcenschonung: Dieses Prinzip wird vom Sachverständigenrat jedoch sehr restriktiv formuliert durch den Satz: „Die Nutzung einer Ressource darf nicht größer sein als ihre Regenerationsrate oder die Rate der Substitution all ihrer Funktionen."[9] Während der erste Teil des Satzes das Prinzip der Ressourcenschonung mit der Regeneration der Ressource gleichsetzt, schwächt der zweite Teil diese sehr strenge Bedingung dahingehend ab, daß die Rate der Nutzung einer Ressource höher sein darf als die Regenerationsrate, wenn sie in all ihren Funktionen durch andere Stoffe substituiert werden

kann. Die Abschwächung der strengen Regenerationspflicht durch das Prinzip, daß die betreffende Ressource durch andere Stoffe in all ihren Funktionen im entsprechenden Nutzungszeitraum substituiert werden muß, ist nötig, weil sonst die Nutzung der meisten Ressourcen gegen dieses Prinzip verstoßen würde.

2. „Die Freisetzung von Stoffen darf nicht größer sein als die Aufnahmefähigkeit der Umweltmedien (Tragekapazität).“[10] Das zweite Unterprinzip weist darauf hin, daß ein Problem in fortgeschrittenen Volkswirtschaften immer wichtiger wird: das Senkenproblem. Die Volkswirtschaften werden zunehmend dadurch belastet, daß nicht mehr ausreichend „Senken“, Abraumhalden oder Lagerkapazitäten für nicht mehr nutzbare oder regenerierbare Abfallprodukte des industriellen Prozesses zur Verfügung stehen.

Gegen die Hoffnung, daß sich dieses Prinzip der dauerhaft-umweltgerechten Entwicklung einfach durchsetzen lasse, ist der Einwand zu machen, daß es bei vielen Ressourcen unmöglich ist, sie nur im Ausmaß ihrer Regeneration oder ihrer Substituierbarkeit durch andere Ressourcen zu nutzen, weil die Regeneration dieser betreffenden Ressource zu lange dauert oder ihre Substituierbarkeit durch andere Ressourcen noch nicht gesichert ist. Regeneration und Substitution kosten Zeit und Energie. Vor allem die Hoffnung, daß knapp werdende Stoffe ohne Zeitaufwand und Energiekosten substituiert werden können, bleibt oft ein Traum. Dieser Traum ist vor allen Dingen aus der Alchemie bekannt: Die Alchemie will nicht nur wie die Chemie die Stoffumwandlung im Verhältnis zu den Stoffumwandlungen der Natur beschleunigen, so daß uns die Ergebnisse chemischer Prozesse *schneller* zur Verfügung stehen, sondern sie strebt an, die Substitution von Stoffen sogar *ohne* Zeit- und Energieaufwand zu leisten. Demgegenüber zeigt sich, daß die Chemie nach wie vor Zeit und Energie aufwenden muß, um das zu produzieren, was die Natur in Jahrmillionen produziert. Die Chemie kann Kunststoffe und ähnliches, reine Elemente und Substitute für Grundstoffe, für die die Natur Jahrmillionen benötigte, in Stunden erzeugen. Aber sie bedarf dafür immer noch des Energieinputs.

Diese Energie entnimmt die Chemie aber wiederum der Umwelt. Energie kann jedoch nach dem zweiten Hauptsatz der

Thermodynamik nicht ohne Nebenwirkungen auf die Umwelt in Arbeit transformiert werden. Es fallen immer irgendwelche, wenn auch manchmal sehr geringe Nebenwirkungen auf die Umwelt bei der Umwandlung von Energie in Arbeit an. Dagegen hoffte die Alchemie, im Überfluß vorhandene Stoffe wie Schmutz ohne Zeit-, Energie- und Rohmaterialaufwand in knappe und kostbare Stoffe wie Gold zu verwandeln. Der alchemische Traum hat sich nicht verwirklicht.

Die Wirklichkeit der chemischen Prozesse bewirkt, daß auf längere Zeit die Rate des Verbrauchs von Ressourcen wie Öl, Metallen und ähnlichem über der Rate der Regeneration oder Substitution dieser Ressourcen liegen wird. Man kann sagen, daß die westliche Zivilisation in ihrer gegenwärtigen Form nur so lange existieren kann, bis das letzte Barrel Öl verbraucht ist, wie Reinhard Maurer geschrieben hat. Wir wissen allerdings nicht, wann dies der Fall sein wird. Wir wissen nicht, wieviel Erdölreserven wir haben, wir wissen nicht, wie sich die Rate des Verbrauchs entwickeln wird, wir wissen nicht, wie sich die Rate der Substitution von Öl durch andere Stoffe entwickeln wird. Daß wir die Rate der Substitution einer Ressource durch andere Ressourcen nicht kennen, und vor allen Dingen den zukünftigen Entwicklungspfad dieser Substitutionsrate nicht kennen, liegt daran, daß es sich erst dann lohnt, teurere und fernerliegende Quellen von Rohstoffen und alternativen Stoffen zu erschließen, wenn die bekannten Lagerstätten erschöpft sind.

Zum zweiten können wir auch nicht wissen, welches künftige Wissen über Regeneration und Substitution von Ressourcen wir haben werden, so daß auch mit Blick auf möglicherweise in der Zukunft zur Verfügung stehende Technologien eine präzise Abschätzung der Nutzungsdauer von Ressourcen und ihrer Erschöpfung unmöglich ist.

Aus diesen Schwierigkeiten folgt jedoch nicht, daß der Ressourcenverbrauch ethisch indifferent ist: Daß diese Ressourcen knapp sind, daß künftige Generationen existieren werden, ist gewiß. Ein sparsamerer Umgang und „sustainability“, die Beachtung der Forderung der Ressourcenschonung und die Beachtung der Tragekapazitäten sind daher in jedem Fall gefordert, auch wenn wir nicht wissen, in welchem Zeitraum die nicht erneuerbaren Ressourcen sich erschöpfen werden.

Aus diesem Grund benötigt eine dauerhaft-umweltverträgliche Entwicklung ein Ethos der „sustainability“, eine Umweltethik. Das Prinzip einer solchen Umweltethik kann das Prinzip der Handlung mit doppelter Wirkung bilden, das für die Präzisierung der ethischen Methode der Güter- und Übelabwägung geeignet ist. Es impliziert, daß die negativen Nebenwirkungen des Handelns, das an sich einem guten Ziel dient, auf das jeweils geringstmögliche Maß reduziert werden sollen.

In demokratischen Gesellschaften handeln wir im allgemeinen nach dem Zweck des größten Wohlstands aller, wobei unter allen im allgemeinen die Mitglieder der westlichen Gesellschaften gemeint werden. Die Wohlstandsmehrung oder gar Wohlstandmaximierung ist daher Hauptzweck. Die Verfolgung dieses Zwecks der Wohlstandsmehrung für alle hat Nebenwirkungen. Es tritt eine Schädigung der Umwelt durch den Verbrauch von Ressourcen (Umweltverschmutzung u. ä.) und durch die Endlagerung des nicht weiter verwendbaren oder durch Recycling zurückzuführenden Abfalls ein. Dieser Typus der Wirtschaft, der die Wohlstandsmehrung für alle zum Zweck hat, muß nach dem Prinzip der Handlung mit doppelter Wirkung[11] analysiert und bewertet werden.

Das Prinzip lautet: Eine Handlung mit negativen Nebenwirkungen ist sinnvoll und erlaubt, wenn die folgenden vier Bedingungen erfüllt sind:

1. Der Zweck der Handlung muß gut und aufrichtig sein, d. h. der Handelnde darf nicht eine schlechte und unerlaubte Wirkung intendieren. Die Nebenwirkungen müssen *praeter intentionem* sein.
2. Der Handlungstypus bzw. die Handlungsgestalt muß an sich gut und erlaubt sein.
3. Die negativen Nebenwirkungen müssen tatsächlich *Neben*wirkungen sein. Sie müssen objektiv den Charakter akzidenteller, in der Verfolgung anderer Zwecke auftretender Wirkungen tragen und dürfen nicht als Mittel zur guten Wirkung dienen.
4. Es muß ein hinreichend schwerwiegender Grund vorliegen (*ratio proportionate gravis*), die Handlung durchzuführen. Der Handelnde darf nicht durch andere Verpflichtungen gehalten sein, ganz auf sie zu verzichten.

In der Aufführung der Bedingungen sind die Formulierungen des Prinzips von Johannes a Sancto Thoma,[12] von dem die erste ausgearbeitete Fassung des Prinzips stammt, und von Gury[13] zusammengefaßt. Bedingungen 1., 3. und 4. sind beiden Autoren gemeinsam. Bedingung 2. ist von Gury hinzugefügt worden, um sicherzustellen, daß das Prinzip nicht im Sinne einer universellen Güterabwägung angewendet wird. Das Prinzip der Handlung mit doppelter Wirkung ist nicht identisch mit einer unkritischen universellen Güterabwägung, bei der die guten und schlechten Handlungen, die eindeutig unethischen Charakter tragen, verrechnet werden und von allen Übeln das geringste Übel gewählt wird. Gury sucht mit Bedingung 2. zu gewährleisten, daß in sich schlechte Handlungen von der Güterabwägung ausgeschlossen werden.

Wenn man das Prinzip der Handlung mit doppelter Wirkung auf das Umweltproblem anwendet, ergeben sich folgende Schlußfolgerungen:

1. Der Zweck der Wohlstandsmehrung für alle ist nicht zu beanstanden. Die Gesellschaft erstrebt diesen Zweck als Hauptzweck und nicht die Umweltschäden, die in Verfolgung dieses Zweckes eintreten. Die Umweltschäden sind tatsächlich unbeabsichtigte Nebenwirkungen.
2. Die Forderung des zweiten Unterprinzips, daß die Handlung nicht in sich schlecht sein darf, ist erfüllt.
3. Die Umweltschäden sind tatsächlich Neben-Wirkungen, akzidentelle Wirkungen zum Hauptzweck. Sie sind nicht das Mittel zum Zweck der Wohlstandsmehrung.
4. Stehen die Umweltschäden als Nebenwirkungen des Prozesses der Wohlstandsmehrung in einem proportionalen Verhältnis zum Hauptzweck der Wohlstandsmehrung? Sind wir durch hinreichend schwerwiegende Gründe genötigt und berechtigt, die Wohlstandsmehrung zu betreiben? Im allgemeinen setzt hier der Streit ein, der Streit um die Frage, ob unser Lebensstil und unsere Produktionsweise *notwendig* mit zu vielen Nebenwirkungen der Umweltbelastung verbunden sind oder nicht. Einige Gruppen vertreten, daß diese Proportionalität der Umweltschäden zur Wohlstandsmehrung nicht gegeben ist, daß dieser Wohlstand unproportional viele schädliche Nebenwirkungen aufweist, und fordern eine Veränderung unseres gesamten Produktions- und Konsumstils.

Offensichtlich ist der Liberalismus mit seinem Freiheitspathos und seinem Pathos der Mehrung des Wohlstands für alle notwendig mit einer gewissen Apokalyptik verbunden. Diese ergibt sich aus der Notwendigkeit des Gedankens des Hinausschiebens der Grenze im Liberalismus. Die Verallgemeinerung eines hohen Wohlstandsniveaus verlangt es, die Produktionsmöglichkeitengrenze einer Volkswirtschaft ständig nach außen zu verschieben, um diejenigen Konsummöglichkeiten, die zunächst nur einer Elite vorbehalten sind, auf alle auszudehnen. Die Verallgemeinerung des Wohlstandes erfordert die Hinausschiebung der Produktionsmöglichkeitsgrenzen. Deutlich wird dies etwa an der Bedeutung der „New Frontier" in den USA: Um immer mehr Einwanderern und immer mehr Bürgern die Möglichkeit zu einem höheren Wohlstand zu geben, mußte die Landesgrenze immer mehr nach Westen verschoben werden. Da sie schon seit längerer Zeit am Pazifik angelangt ist, wird jetzt eine neue Grenze gesucht, und das Internet erscheint als eine solche „New Frontier". Das Internet wird als eine intelligentere Nutzung der Ressourcen angesehen, die noch einmal einen Ressourcenschub und ein Hinausschieben der „New Frontier" ermöglicht. Nicht umsonst ist Silicon Valley im äußersten Westen Amerikas das Tal der „New Frontier". Das Internet erscheint als eine neue letzte Grenze der Wohlstandsmehrung. Der Liberalismus will die Ausschöpfung der Möglichkeiten bis zur Grenze. Jedes Nicht-Ausnützen einer möglichen Wohlstandsmehrung erscheint geradezu als ein Verhalten, das jemandem Nutzung unnötig verwehrt.

Auf der anderen Seite dieses Hinausschiebens der Grenze stehen die Anhänger des Grundsatzes der „Bewahrung der Schöpfung". Dieses Prinzip erlaubt zwei Deutungen, eine sinnvolle und eine fragwürdige. Die sinnvolle Deutung des Prinzips „Bewahrung der Schöpfung" ist, daß es den Grundsatz beinhaltet, daß die Ausdehnung der Wohlfahrt des Menschen nur unter der Bedingung der Minimierung der Nebenwirkungen dieses Prozesses auf die Umwelt vollzogen werden sollte, daß also im Prozeß der Ausdehnung der Wohlfahrt die Schöpfung bewahrt werden soll. Die fragwürdige Deutung dieses Prinzips fordert, daß sich die gegenwärtige Menschheit Nutzungsmöglichkeiten enthalten sollte, um diese für eine unbegrenzte Anzahl von Generationen zu erhalten, und daß der Mensch der Erhalter der Natur auch auf Kosten der Wohlfahrt des Menschen sein soll.

Dieser Deutung des Prinzips steht die christliche und außerchristliche Anthropozentrik gegenüber. Sie besagt, daß der

Mensch die Mitte der Natur und die Natur auf ihn ausgerichtet ist. In der Sprache der Schöpfungstheologie wurde dieses Prinzip so ausgedrückt, daß die Natur auf den Menschen hin geschaffen ist und daß der Mensch der Zweck der Natur ist.

Die christliche Anthropozentrik ist mit einer Apokalyptik verbunden: Die Welt, die auf den Menschen ausgerichtet ist, ist endlich. Sie wird ein Ende haben, und sie wird verwandelt werden in eine andere Erde und Natur. Im Rahmen einer solchen Anthropozentrik mit apokalyptischen Elementen ist es nicht die Aufgabe des Menschen, die Ewigkeit der Natur zu sichern. Diese Aufgabe wird vielmehr dem Schöpfer überlassen. Im Rahmen der christlichen Anthropozentrik kann Bewahrung der Schöpfung nur heißen, daß ein schonender Umgang mit der Natur, nicht jedoch die Sicherung des ewigen Bestehens der Natur und des Menschen für eine ewige Generationenfolge die Aufgabe des Menschen ist. Außerdem ergibt sich hier die Schwierigkeit, daß auch der Zweck, die Natur für eine ewige Folge von menschlichen Generationen zu sichern, die außermenschliche Natur vollständig für den Menschen vernutzen müßte: Auch unter einer solchen ebenfalls anthropozentrischen Maxime, die Natur für eine unendliche Folge von Generationen zu bewahren, würde der außermenschlichen Natur kein Eigenwert zugemessen. Hier würden etwa die Forderung der Schonung der Ressourcen und die Forderung des Erhaltens von Naturschönheit in Konflikt geraten und das Prinzip der Erhaltung von Naturschönheiten grundsätzlich dem Prinzip der möglichst großen Ressourcenschonung von Naturkapital für künftige Generationen untergeordnet werden müssen.

Als Ergebnis dieser Überlegungen zum „Sustainability-“ und Nachhaltigkeitsprinzip ergibt sich, daß das Prinzip einer ökologisch nachhaltigen oder „sustainable“ Ökonomie als Prinzip einer dauerhaft-umweltgerechten Entwicklung ein Prinzip der Mitte zwischen dem Zweck der Wohlstandsmehrung des Menschen, dem Prinzip der Ressourcenschonung, dem Prinzip der Beachtung der Tragekapazität der Natur sowie dem Prinzip des Erhalts des Eigenwertes der Natur sein muß. Keines der genannten Unterprinzipien kann durch ein anderes ersetzt werden. Eine ökologisch nachhaltige Entwicklung muß die Verwirklichung aller vier genannten Unterprinzipien realisieren.

Ernst-Dieter Lantermann

Umgang mit komplexen Umweltproblemen im Spannungsfeld von Denken, Wissen und Gefühl

Die gegenwärtige Umweltkrise verweist auf die gravierenden Schwierigkeiten der gesellschaftlichen Akteure, komplexe Systeme zu begreifen und deren Dynamik zu beherrschen. Auch (computersimulierte) „Weltmodelle" – das wohl bis heute prominenteste und folgenreichste stammt von Meadows[1] – trugen offensichtlich nicht in erhofftem Maße zur Entwicklung hinreichend wissensgestützter Entscheidungs- und Handlungskompetenzen im Umgang mit einer weitgehend intransparenten, eigendynamischen und hochkomplexen Umwelt bei, deren Zukunftssicherung doch seit der Riokonferenz 1992 im Zentrum internationaler Umweltpolitik steht.

Eine optimale Nutzung derartiger Modell-Einsichten in den „Systemcharakter" der Mensch-Umwelt-Verhältnisse unter dem Signum des globalen Wandels scheitert nicht nur an den weltweiten ökonomischen und politischen Restriktionen, die eine konsequente Politik der Nachhaltigkeit immer noch außerordentlich erschweren. Ein wesentliches Hindernis liegt auch in den beschränkten menschlichen Fähigkeiten und Ressourcen im Umgang mit komplexen Systemen begründet, ohne deren Berücksichtigung ein noch so fundiertes „Weltwissen" kaum in erfolgreiche Krisenbewältigungsstrategien überführt werden kann.

In den vergangenen Jahren haben sich Psychologen verstärkt um eine Aufhellung von psychologischen Prozessen bemüht, die einen mehr oder weniger erfolgreichen Umgang mit komplexen Problemräumen bestimmen.[2] Die folgenden Ausführungen beruhen weitgehend auf Ergebnissen dieser noch jungen Forschungstradition. Nach einer knappen Schilderung von Spezifika der „neuen" Problemlage und der korrespondierenden „neuen" Anforderungen an den Problemlöser werden wesentliche Befunde aus der Psychologie des komplexen Problemlösens erläutert. Welche konkreten Strategien zu „guten" Problemlösungen beizutragen vermögen, wird dabei ebenso zur Sprache kommen wie typische Fehler, die Menschen immer wieder machen, wenn sie vor der Aufgabe stehen, komplexe Umweltprobleme zu lösen. Dabei werden nicht nur die Anforderungen an die kognitiven Fähigkeiten und Kompetenzen erörtert werden, die an den Problemlöser gestellt werden, sondern auch die engen wechselseitigen Beziehungen zwischen Gefühl und Verstand, aus denen spezifische Bedingungen für einen „gelingenden" Problemlöseprozeß abgeleitet werden.

1. Mensch-Umwelt-Wechselwirkungen unter den Bedingungen des globalen Wandels

Zwischen Umwelt- und Humansystemen herrschen komplexe, häufig nichtlineare Wechselbeziehungen, die in ihrer Entwicklung nur in Grenzen prognostizierbar sind. Punktuelle Eingriffe an einem Ort führen nicht selten zu überraschenden und zeitverzögerten Effekten an weit entfernten Orten. Geringfügige Veränderungen einer Zustandsgröße können gravierende und irreversible Veränderungen auslösen, die nur mit hoher Unsicherheit vorhergesagt werden können. Häufig existiert auch keine „optimale" Lösung eines Umweltproblems, vielmehr konkurrieren unterschiedliche Lösungs- und Zukunftsentwürfe miteinander um ihre gesellschaftliche Akzeptanz. Wegen der starken Eigendynamik von natürlichen und humanen Systemen ändern sich auch ständig die Rahmenbedingungen für Planungen und Entscheidungen, so daß ein hohes Maß an Flexibilität und Unsicherheits-Toleranz bei der Lösung von Umweltproblemen gefordert ist.

Aus dieser Problemsicht heraus ergeben sich spezifische Anforderungen an den Problemlöser – Anforderungen, denen gegenüber die eingeübten zweckrationalen Lösungsstrategien, wie sie etwa in der Ökonomie auch gegenwärtig noch vorherrschen, offensichtlich zu kurz greifen, da sie weitgehend auf dem „Systemcharakter" krisenhafter Umweltveränderungen beruhen. In abstrakter Sprache formuliert, sind die „neuen" Anforderungen an die Lösungskompetenzen der gesellschaftlichen Akteure dadurch bestimmt, daß die neuen Probleme dadurch bestimmt sind, daß sie von vielen Komponenten aufgespannt werden, die hochgradig miteinander vernetzt sind und untereinander nichtlineare

Beziehungen eingehen, eine hohe Eigendynamik von Teilsystemen herrscht, eindeutig optimale Lösungsräume nicht existieren und Strukturen und Prozesse zum Teil „verborgen“ bleiben oder sich nur indirekt zeigen.

2. Menschliche Probleme im Umgang mit komplexen Umwelten

Nun sind es gerade die Überschaubarkeit und Antizipierbarkeit der Umwelt, deren Kontrollierbarkeit und sinnliche Erfahrbarkeit sowie die Zugänglichkeit von Informationen über die Folgen eigener Handlungen, die in der Psychologie als entscheidende Bedingungen für die Aufrechterhaltung individueller Handlungs- und Funktionsfähigkeit gelten. In einer kulturvergleichenden Studie macht Sampson[3] darauf aufmerksam, daß zwar die Strategien zur Stiftung von, wie er es bezeichnet, „Kohärenz“ und „Ordnung“ erhebliche interkulturelle Unterschiede aufweisen, daß aber die Gewährleistung eines hinreichenden Maßes an Kohärenz und Ordnung in allen betrachteten Kulturen konstitutiv sei für deren (Über-)Lebensfähigkeit. Ein Mensch und Umwelt gleichermaßen ins Kalkül ziehender, kompetenter Umgang mit mehr oder weniger komplexen Umwelten ist daher an ein hinreichendes Maß an Transparenz, Vorhersehbarkeit, sinnlicher Erfahrbarkeit und Kontrollierbarkeit von Umweltereignissen gebunden.

Die anthropogen verursachten globalen und regionalen Umweltveränderungen spannen jedoch einen Problem- und Handlungsraum auf, der gerade dadurch gekennzeichnet ist, daß er in hohem Maße undurchschaubar und in seinen Entwicklungen schlecht prognostizierbar ist, daß wesentliche Informationen sinnlich nicht erfahrbar und die Konsequenzen menschlicher Eingriffe oftmals nur schwer ermittelbar sind. Diesen Charakteristika stehen Fähigkeiten und Kapazitäten des „Problemlösers“ entgegen, die nur unzureichend an die Herausforderungen des globalen Wandels adaptiert zu sein scheinen. Einige dieser Restriktionen auf seiten des Problemlösers, die eine erfolgreiche Bewältigung der aktuellen Umweltprobleme erschweren, seien kurz beschrieben. Pawlik hat in einem wegweisenden Artikel einige dieser menschlichen Defizite im Umgang mit komplexen Umweltproblemen erörtert, weitere Defizite leiten sich aus dem Systemcharakter von Umweltproblemen ab.[4]

Mangelndes „Systemdenken"

Ein angemessener Umgang mit der Natur setzt die Fähigkeit zum Denken und Handeln in komplexen, dynamischen und unbestimmten Umwelten voraus. Zahlreiche psychologische Untersuchungen verweisen jedoch auf die Begrenztheit menschlicher Fähigkeiten, „systemisch" zu denken und zu handeln. Damit verbunden ist eine zweite mögliche „Fehlerquelle":

Mangelnde Identifizierbarkeit kritischer Eingriffsorte

Es liegt am Systemcharakter der Mensch-Umwelt-Wechselwirkungen, daß es oftmals schwierig ist, wichtige Auswirkungen umweltbezogener Handlungen verläßlich abzuschätzen. Augenscheinlich „wertvolle", naturbewahrende Aktivitäten – wie etwa die Senkung der Fisch- oder Jagdquoten – mögen wegen ihrer Einbettung in übergreifende Systemzusammenhange zu längerfristigen Umweltschäden führen, sei es dadurch, daß ein hoher einseitiger Wildbestand zu einer Verminderung der biologischen Vielfalt führt, oder dadurch, daß die Jäger und Fischer als Reaktion auf diese Beschränkungen zu „subversiven", umweltschädigenden Strategien greifen. Systemtheoretisch gedacht sind solche Eingriffe in die Natur oder in das soziale System von besonderer Bedeutung, die zu vielen weiteren positiven oder negativen Umwelt- und sozialen Folgen führen. Die Identifizierung solcher kritischer Einwirkungsorte verschließt sich in der Regel der unmittelbaren, sinnlichen Wahrnehmung, sondern gelingt nur auf der Grundlage eines fundierten Umweltsystemwissens.

Nichtwahrnehmbare Handlungs-Folgen-Verknüpfungen

Voraussetzung dafür, daß Menschen lernen, erfolgreich mit ihrer Umwelt zu interagieren, ist die Wahrnehmung von Verhaltens-Konsequenz-Verknüpfungen. Ein Merkmal des Problemraumes, um den es hier geht, ist jedoch gerade eine hochgradige raum-zeitliche Entkopplung und damit eine extreme Maskierung von Ursache-Wirkungs-Beziehungen. Handlungsstrategien zum Umweltschutz erfordern aber eine Einbeziehung auch langer Totzeiten sowie Langzeit- und Nebeneffekte, was die

Identifizierung von Handlungskonsequenzen außerordentlich erschwert.

Kluft zwischen Einzeleffekt und kumulierter Wirkung
Die unmittelbaren Einwirkungen alltäglicher Handlungen auf Umweltsysteme sind gering. Erst die über Ort, Zeit und soziale Kollektive kumulierten Effekte menschlicher Handlungen greifen nachhaltig in die Natursysteme ein. Damit werden die individuelle Wahrnehmung von Verantwortlichkeit für Umweltschäden minimiert und zugleich Rechtfertigungen für eine Handlungsstrategie der individuellen Nutzenmaximierung gegenüber einer ressourcenschonenden, auf eine Maximierung des „kollektiven" Nutzens abzielenden Handlungsweise außerordentlich erleichtert („Was macht das schon, wenn ich auf mein Auto verzichte, solange die anderen weiterfahren").

Mangelnde sinnliche und emotionale Resonanz
Wesentliche Dimensionen von Umweltveränderungen sind für die Menschen nicht wahrnehmbar. Für eine direkte Perzeption von schleichenden, sich über einen langen Zeitraum erstreckenden Veränderungen in der Umwelt steht den Menschen kein Wahrnehmungsorgan und kein Gedächtnis zur Verfügung. Ereignisse ohne sinnliches Pendant verlieren jedoch ihre handlungsorientierende und -stabilisierende Funktion. Zielorientiertes Handeln resultiert aus den Wechselwirkungen von Wahrnehmen, Erinnern, Denken und Fühlen. Gerade die relativ „trägen" Gefühle sorgen für eine andauernde Aufrechterhaltung einer Motivlage zu einem bestimmten Tun. Für Gefühle sind jedoch sinnlich vermittelte Erfahrungen konstitutiv. Insofern fällt es Menschen schwer, auf viele Umweltveränderungen unmittelbar zu antworten, diese als ihre „ureigenen" Interessen berührende Ereignisse zu erkennen.

3. Typische Fehler im Umgang mit komplexen Problemen

Wie gehen nun Menschen – Experten und Laien – mit komplexen, intransparenten und eigendynamischen Umweltproblemen um – in welchem Maße und unter welchen Bedingungen sind sie in der

Lage (oder auch nicht), ihr Denken, Entscheiden und Handeln so auszurichten, daß günstige Problemlösungen wahrscheinlich werden? Diese nicht nur den Psychologen interessierende Frage führte in den vergangenen Jahren zu einer Vielzahl unterschiedlichster empirischer Untersuchungen. Ein Verfahren der Wahl ist dabei die Computersimulation komplexer Problemräume. Dazu werden Menschen im Labor aufgefordert, über einen simulierten längeren Zeitraum (fünf Jahre, zehn Jahre oder länger) einen auf dem Rechner simulierten, mehr oder weniger fiktiven Realitätsbereich möglichst optimal „am Leben" zu erhalten. Zum Beispiel im Labor von Dörner in Bamberg eine Kleinstadt mit Namen „Lohhausen" oder ein Entwicklungsland namens Moroland, in Kassel einen landwirtschaftlichen Betrieb oder ein Kühlhaus, eine Fabrik, ein Ökosystem See, etc.

Daß die Befunde solcher Untersuchungen weit über die künstliche Welt des Labors hinausweisen, belegen Gespräche mit Versuchspersonen, etwa mit Landwirten, die sich zuvor mit „Ravenhorst", oder Manager kleinerer und größerer Unternehmen, die sich mit Moroland beschäftigt hatten. Die Nähe zu den „wirklichen" Problemen war in den Augen vieler Versuchspersonen offensichtlich. Auch in den Berichten über den Ablauf im Atomkraftwerk Tschernobyl, der schließlich zu dem schrecklichen Atomunglück geführt hatte, findet sich eine Reihe von Besonderheiten im Umgang mit komplexen Realitätsbereichen wieder, die auch Psychologen in ihren Labors entdeckt hatten.

Die oben dargestellten Eigenarten des Problemraumes „krisenhafte Umweltveränderungen" erfordern Problemlöseverfahren und -strategien, die sich nicht einfach aus einer Aneignung von Fachwissen und fachspezifischen Methoden ergeben. Vielmehr setzt ein erfolgreicher Umgang mit komplexen Problemen und Aufgaben eine neue Qualifikation der Problemlöser voraus. Diese Qualifikation im Umgang mit Komplexität beschreibt ein Bündel von Fähigkeiten, die von eher operativen Kompetenzen bis zur Fähigkeit zu problemorientierter Selbstreflexion, vom „Problem-" bis zum „Selbstmanagement" reichen. Gutes „Komplexitätsmanagement" im Umgang mit Umweltproblemen schließt u.a. ein:

- *in Zusammenhängen und Zeitgestalten denken*
- *Prognosen und Erwartunghorizonte bilden*

- *sich einen Überblick über die „Gesamtlage" verschaffen*
- *Ziele und Pläne flexibel gestalten*
- *problemangemessene Wechsel zwischen Planen und Handeln*
- *„richtige" Schwerpunkte bilden und rechtzeitig Korrekturen einleiten*
- *den „Auflösungsgrad" bei der Aufgabenbetrachtung flexibel verändern (Schärfe und Standpunkt der Betrachtung wechseln)*
- *eine hohe Toleranz für Unbestimmtheit („Ambiguitätstoleranz")*
- *Durchhaltevermögen in kritischen Lagen („Persistenz")*
- *problemgerechtes Selbstmanagement („problemorientierte Selbstkontrolle")*
- *Übernahme der Perspektiven anderer Problemlöser.*

Gute Problemlöser zeichnen sich dadurch aus, daß sie – zumindest im Labor der Psychologen – häufiger als andere auf diese günstigen Strategien zurückgreifen. Aber auch guten Problemlösern unterlaufen manche Fehler, die eine optimale Problembearbeitung erschweren, Fehler, die sich nicht einfach dadurch vermeiden lassen, daß sie auch als Fehler „erkannt" werden. Vielmehr spielen in der Auseinandersetzung mit komplexen Umwelten auch emotionale Prozesse eine erhebliche Rolle, denen Problemlöser bei der Bearbeitung eines weitgehend unscharf definierten, dynamischen und hoch vernetzten Problems unterworfen sind. Wir kommen darauf zurück. Welche Fehler konnten in den empirischen Studien nun besonders häufig beobachtet werden?

- *Unterstellung linearer anstelle nichtlinearer Prozeßverläufe.* Menschen neigen zur linearen Fortschreibung von beobachteten Zeitverläufen.
- *Ignorierung von „Totzeiten".* Handlungen und Entscheidungen in dynamischen Situationen zeigen oftmals erst nach längerer Zeit (gewünschte oder unerwünschte) Wirkungen. Beispiel Kühlhaus: Der Verzicht auf Investitionen in eine neue Kühltechnologie sichert über Jahre hinweg einen ordentlichen Gewinn, bis die Konkurrenz, die frühzeitig auf neue Technologien setzte, konkurrenzlos preiswert wird.
- *Über- und Unterdosierung von Maßnahmen* in kritischen Situationen. Denken Sie an Ihren Umgang mit der Heizung im

Haus. Sitzen Sie frierend in der Küche, wird erst mal die Heizung voll aufgedreht – mit der Folge, daß Sie sich schon bald veranlaßt sehen, Ihre Heizung wieder herunterzudrehen, usw. usf.

- *Nichtberücksichtigung von Nebenfolgen.* Beispiel Ravenhorst. Schlimmer Unkrautbefall auf den Ackerflächen wird durch Herbizide erfolgreich bekämpft, Problem gelöst, aber leider kippt der Forellenteich um, der bis dahin eine gute Nebenerwerbsquelle für den Bauer gewesen war.
- *Unverwundbarkeitsgefühle von Expertenteams.* Dieser Fehler war, wie die Rekonstruktionen des Tschernobyl-Unglücks zeigen, eine seiner zentralen Ursachen.
- *Nichterkennung der zeitlichen Dynamik* von Ereignissen, der sogenannten Trägheit von Wirkungen. Heute wird im Moroland die Weidefläche ausgeweitet, neue Brunnen gebohrt, allen geht es besser – und in fünf Jahren ist der Boden erodiert, Tiere und Menschen sterben.
- *Überschätzung der eigenen Kompetenzen*, verbunden mit einer hohen Empfindlichkeit gegenüber Kritik.
- *Verlieren im Detail* ohne Vergewisserung der Bedeutsamkeit von Details für die „Gesamtlösung". Mancher liebt es, die kleinen Probleme exakt zu bearbeiten – und verliert dabei den Gesamtzusammenhang aus dem Blick.
- *Unzureichende Problemanalyse*, verursacht durch thematisches Vagabundieren, Einkapselung in vertrauten Bereichen, widersprüchliche oder zu einfache Zielsetzungen. Es gibt so viel gleichzeitig zu beachten, also tun wir das auch, doch die Zeit läuft davon. *Oder*: Wenn mir schon die Arbeit über den Kopf wächst – immerhin bin ich Experte einer optimalen Bürogestaltung.
- *Überschießende oder mangelhafte Ausführungs- und Effektkontrolle.* Man kann sich Tage und Wochen mit den Auswirkungen von Entscheidungen befassen, und in der Zwischenzeit laufen einem die Ereignisse davon. Man kann aber auch vor lauter Entscheidungsfreude und Tatendrang schlicht vergessen, die Folgen mit den beabsichtigten Effekten zu vergleichen.
- *Mangelnde Perspektivenvielfalt* bei der Analyse und Bewertung von Zuständen und Prozessen. Aus nur einer Perspektive

betrachtet, scheinen Problemlösungen oft einfacher, als sie sind. Problemlöser aus unterschiedlichen Interessens- und Expertenlagern erkennen rasch die blinden Flecken der jeweils anderen Problemlöser.

Diese charakteristischen Fehler im Umgang mit komplexen, undurchsichtigen, dynamischen und offenen Problemen sind nicht einfach der Dummheit, mangelndem Wissen oder einer schlechten Ausbildung anzulasten. Wie immer wieder festgestellt wurde, sind sogenannte Experten gegenüber diesen Fehlern keineswegs immuner als sogenannte Laien. Oftmals fehlt zwar die Erfahrung, die man jedoch gezielt nachholen könnte. Auch liebgewonnene, aber für die Lösung komplexer Probleme oft dysfunktionale Strategien der zweckrationalen Organisation von Entscheidungen befördern derartige Fehler. Aus psychologischer Sicht jedoch liegt vielen Fehlern im Umgang mit komplexen Problemen noch etwas anderes zugrunde – eine systematische Verkennung der produktiven (und unproduktiven) Funktionen von Gefühlen für die Lösung komplexer Probleme. Einige dieser produktiven und unproduktiven Funktionen von Gefühlen sollen im folgenden knapp dargestellt werden.

4. Funktionen von Gefühlen beim Planen und Handeln

- *Gefühle dienen einer spontanen, unwillkürlichen Bewertung von Ereignissen unter der Perspektive des Eigennutzes.*
  Eine emotionale Bewertung verläuft schnell, automatisch, ohne bewußte Aufmerksamkeit und kognitive Anstrengung und wird von dem, der fühlt, als ein ganzheitliches (positives oder negatives) Signal seiner momentanen Beziehung zur Umwelt erlebt. Diese Signale sind *spezifisch*: So verrät das Gefühl der Angst nicht nur, daß die gegenwärtige Situation negativ ist, sondern daß sie gefährlich werden kann und daß unsere Fähigkeiten möglicherweise nicht zur Bewältigung der Gefahr ausreichen. Und ein heftig aufkommender Stolz bedeutet uns, daß wir es waren, die das Problem gelöst haben, und nicht etwa pures Glück oder die anderen.

- *Gefühle orientieren das Denken und Handeln auf selbstdienliche Ziele.*
  Gefühle glauben immer an einen glücklichen Ausgang. Sie bauen den Denkrahmen auf, innerhalb dessen solche Handlungen als die vernünftigsten erscheinen, die einen optimalen Zugewinn an Selbstwertschätzung versprechen. Dieser Prozeß passiert so schnell, daß ein bestimmtes Gefühl schon ausgelöst wird, bevor die Situation überhaupt bewußt erkannt werden kann. Wenig selbst-, dafür aber möglicherweise problemdienliche Ziele stellen sich erst im Prozeß des Nachdenkens ein, wenn die Zeit dazu reicht und der Problemlöser „selbstvergessen" genug bei der Sache ist.
- *Gefühle wirken als Filter und Scheinwerfer* für die Aufnahme und Verarbeitung von Informationen, die unser Denken beschäftigen.
  Auf subtile Art sind Gefühle allgegenwärtig und durchdringen das gesamte Denken. Dieser Einfluß von Gefühlen auf das Denken ist fundamental. Die Bewertung, Speicherung und Verarbeitung von Informationen hängen ganz davon ab, wie die momentane Gefühlslage gerade ist. Diese Filterfunktion von Gefühlen hat erhebliche Auswirkungen auf die Ausbildung von Erwartungen, auf Risikoeinschätzungen, Entscheidungen und Bewertungen.
- *Gefühle forcieren eine je besondere Art zu denken.*
  Ein Stimmungswechsel kann einen radikalen Wechsel in der Herangehensweise an Aufgaben und Probleme auslösen und zu neuen Perspektiven und Herangehensweisen an ein Problem führen. So sind negative Gefühle, insbesondere die Furcht vor Mißerfolg oder soziale Rivalitätsgefühle, geradezu kontraproduktiv für kreatives Denken, für die Erfindung neuer Lösungen. Ändert sich die Gefühlslage, ändert sich das Denken und vice versa.
- *Gefühle verhelfen zu einer Abstimmung und Koordination sozialer Aktionen.*
  Der nach außen hin sichtbare Aspekt von Gefühlen, der Gefühlsausdruck, dient als zwischenmenschliches Signalsystem. Nähe und Distanz, Sympathie und Ablehnung, Dominanz und Unterordnung sind zentrale Dimensionen von sozialen Beziehungen, die über den Gefühlsausdruck reguliert werden. Für

den Aufbau einer produktiven Arbeitsatmosphäre ist die gegenseitige Feinabstimmung von Gefühlen konstitutiv.

- *Gefühle vereinfachen die Problemsicht.*
  Nehmen Gefühle an Intensität zu, gerät das Denken und Handeln mehr und mehr unter den Einfluß der Logik der Gefühle. Alle Aktivitäten sind dann auf eine möglichst rasche Wiederherstellung der Handlungsfähigkeit und den Selbstschutz gerichtet, ganz gleich, welchen Schaden diese Aktionen längerfristig nach sich ziehen. Die Möglichkeiten einer bewußten Kontrolle über das eigene Denken und Handeln nehmen ab, und Kurzschlußreaktionen werden wahrscheinlich. Probleme werden vereinfacht und auf denjenigen Aspekt reduziert, der im Augenblick am sichersten beherrschbar erscheint.

5. Umgang mit komplexen Umweltproblemen im Spannungsfeld von Denken, Wissen und Gefühl

Neuere Ansätze in der Psychologie des komplexen Problemlösens, soweit sich diese inzwischen von einer ausschließlich kognitiven Perspektive auf ihren Gegenstandsbereich gelöst und statt dessen auch die emotionalen Prozesse mit in ihren Blick genommen haben, verweisen auf die engen Beziehungen zwischen kognitiven und emotionalen Prozessen beim Problemlösen.

Was veranlaßt etwa Menschen dazu, gerade in kritischen Situationen ihre *Maßnahmen zu übertreiben*? Neben einem mangelhaften System- und Weltwissen sind es insbesondere die „falschen" Gefühle, die zu diesem Fehler überleiten. Aus Sorge, die Kontrolle über die Situation zu verlieren und gegenüber den anderen als Versager dazustehen, beweist man sich selbst und den anderen seine Problemlöse- und Handlungskompetenz, indem man entschlossen auftritt und drastische Maßnahmen ergreift, die ja in der Tat auch kurzfristig erfolgreich sind.

Wann werden die möglichen *Nebenfolgen einer Entscheidung nicht weiter bedacht*? Unter dem Einfluß intensiver Gefühle engt sich der Planungshorizont auf eine kurze Zeitspanne ein. Dieser Fehler tritt vor allem in zwei sehr unterschiedlichen Gefühlslagen auf – bei Desinteresse oder bei einem zu hohen Maß an persönlicher Involviertheit in die Aufgabe. Für die Bearbeitung eines komplexen Problems ist ein gehöriges Maß an Durchhaltevermögen nötig, das sich nicht etwa aus einem kalten Entschluß, sondern aus einem Mindestmaß an persönlichem Interesse an dem Problem speist. Ist das Engagement dagegen zu hoch, besteht die Gefahr, daß nur noch das gesehen und bedacht wird, was sich der augenblicklichen Gefühlslage fügt. Man will unbedingt die Kuh vom Eis holen und vergißt, daß man sich dabei erkälten kann.

Ein zu hohes emotionales Engagement in die Aufgabe, die dann mit einiger Wahrscheinlichkeit auch als Beweis für die eigene hohe Kompetenz betrachtet wird – und ein etwaiges Versagen als Beweis der Inkompetenz –, verhindert auch, *sich in die Perspektiven anderer, an derselben Aufgabe sitzenden Menschen hineinzuversetzen*, um darüber sich ein vollständigeres Bild von dem anstehenden Problem zu machen.

Und wann neigen Problemlöser dazu, sich in *eine enge Thematik einzukapseln und sich dabei auf Details zu konzentrieren*, die eher von der Problemlösung ablenken als diese unterstützen?

Etwa dann, wenn sie sich in einem länger anhaltenden unangenehmen Gefühlszustand befinden – etwa ängstlich sind, besorgt über ihr mögliches Versagen oder aus einem Gefühl der Rivalität heraus, oder wenn nur der Rückgriff auf bewährte Strategien, die man beherrscht, ihn wieder wissen läßt, wie kompetent und wissend man doch eigentlich ist.

Der häufig zu beobachtende *Mangel an Kontrolle* über die Voraussetzungen und Folgen von Problemeingriffen korrespondiert in vielen Fällen entweder mit einem Übermaß an Selbstvertrauen in die eigene Kompetenz – oder mit der Furcht vor Versagen an der Aufgabe. Im ersten Fall sieht der Problemlöser wenig Anlaß, die Folgen seiner Aktivitäten zu bedenken, da er ja (blind) davon überzeugt ist, das Problem fest im Griff zu haben. Im Falle eines drohenden Versagens an dem Problem steht sein Selbstwertgefühl zur Disposition. Daher vermeidet der Problemlöser alle Informationen, die ihn möglicherweise mit seinem eigenen Versagen konfrontieren könnten.

Diese und weitere Befunde der psychologischen Forschung über den Umgang mit komplexen Systemen zeigen einerseits, daß strategischen Fehlern beim Problemlösen häufig „falsche", probleminadäquate Gefühle zugrunde liegen, und andererseits, daß „falsches" Denken oftmals zu dysfunktionalen Gefühlen überleitet. Zu einem erfolgreichen Umgang mit komplexen Problemen gehört daher offensichtlich nicht nur die Entwicklung von problemangemessenen, „systemischen" Denk-, Entscheidungs- und Handlungsstrategien, sondern gleichfalls ein problemorientierter Umgang mit den eigenen Gefühlen und denen der anderen an einer Problemlösung beteiligten Individuen.[5]

6. Einige Schlußfolgerungen

Ein wesentliches Hindernis für die Entwicklung von Kompetenzen im Umgang mit Umweltproblemen liegt – wie an anderer Stelle dargestellt – in der Nichtwahrnehmbarkeit, der „Unsinnlichkeit" relevanter Umweltprozesse und Handlungs-Konsequenz-Zusammenhänge. Umweltbildungsprogramme sollten daher auf eine „Versinnlichung" sinnlich kaum vermittelbarer, abstrakter Systemeigenschaften und Zusammenhänge gerichtet sein. Dabei gewinnen kommunikative Strategien der Vermittlung ansonsten unwirksam bleibender Informationen für die Ausbildung von Problemlösekompetenzen eine wichtige Bedeutung. „Umweltrisiko", „Ozonloch", „Klimakatastrophe" oder der „schmelzende Nordpol" sind Beispiele für sozial vermittelte Konzepte, die sich in der öffentlichen Kommunikation als mehr oder weniger treffende Beschreibungen objektiver Prozesse herausgebildet haben. Individuen orientieren sich an diesen „sozialen Konstrukten". Über deren Vermittlung werden andernfalls abstrakt bleibende Umweltinformationen zu Objekten ihrer Vorstellungswelt und damit auch zum Bezugsobjekt ihrer Gefühle.

Erkenntnisse aus den oben erörterten Studien zum komplexen Problemlösen fließen in jüngerer Zeit auch in die Entwicklung von multimedialen Computersimulationen für den Erwerb von Umweltwissen und Handlungskompetenzen in und gegenüber komplexen und dynamischen Umwelten ein.

Der spielerische Umgang mit Umweltsimulationen verhilft zu einem erhöhten Verständnis der Struktur und Dynamik konkreter Umweltprobleme. Jede Folge eines Eingriffs in das (simulierte) Umweltsystem wird den Spielern zurückgemeldet. Dabei können typische „Totzeiten" oder Zeitverzögerungen, die zwischen Eingriff und Konsequenz liegen, übersprungen oder kurz- und langfristige, beabsichtigte und nichtbeabsichtigte Folgen für die Umwelt übermittelt werden. Während die Nutzer eines solchen Lernmediums mit dem Computer spielen, erfahren sie grundlegende Eigenschaften natürlicher und sozialer Systeme, wie positive und negative Rückkopplungen, nicht-lineare Entwicklungstrends, Über- und Untersteuerung oder Eigendynamik. Mit dem Medium Computersimulation wird nicht nur das Umweltwissen erweitert; durch geeignete Darstellungsmedien (Videosequenzen, Photographien, akustisches Material) stellt sich – unter der behutsamen Anleitung eines „Spielleiters" – auch die oben eingeforderte „Korrespondenz" von Wissen und Gefühl ein. Es werden „zielführende" Gefühle angeregt, die zu wissensbasierten Entscheidungen und Handlungen veranlassen, die ein wichtiges Kriterium umweltkompetenten Handelns erfüllen – gleichzeitig die möglichen Folgen für die Umwelt und für die Menschen gleichgewichtig mit zu berücksichtigen.

Eine Einbeziehung von Natur- oder Umwelteigenschaften in den Horizont der vitalen Interessen des Individuums erhöht die Wahrscheinlichkeit, daß Individuen ihre umweltgerichteten Aktivitäten zugleich als Momente ihres Eigeninteresses begreifen. Unter dieser Bedingung wird ihnen die Umwelt nicht mehr gleichgültig bleiben, sondern sie werden auch emotional, mit Gefühl, auf Umweltveränderungen antworten und sich bemühen, beide Seiten, ihre Umwelt und sich selbst als gleichgewichtige Argumente in ihre Handlungsplanung einzubeziehen. Nachdem Computersimulationen komplexer Umwelt- und Sozialsysteme sich inzwischen als geeignetes multimediales Angebot für Umweltlernen zu bewähren scheinen,[6] könnten auch Umweltbildungsprogramme mehr als bislang von dieser Entwicklung profitieren. Ihr Einsatz fördert in der Regel die Wissenslust der Lernenden, weckt ihre Spiellaune und führt nicht selten zu intensiven Erfahrungen von Handlungskompetenz – alles günstige Voraussetzungen für einen unverkrampften, „fröhlichen" und dennoch verantwortlichen Umgang mit der Natur.

Computersimulationen sind auch im Rahmen von Rollenspielen einsetzbar. Über das Medium Rollenspiel können soziale Konfliktlagen über wünschenswerte Strategien zum Schutz der Naturräume in ihren Wechselwirkungen mit humanen Systemen und deren Anforderungen und Ziele anschaulich vermittelt werden. Werden Rollenspiele dazu genutzt, gemeinsam wünschenswerte Zukunftsszenarien einer Region zu entwerfen, können entsprechende Simulationssysteme den Rollenspielern unmittelbar die jeweiligen Folgen ihrer Entscheidungen auf die materielle und soziale Umwelt zurückmelden. So wird es auch möglich, konkurrierende Umweltschutz-Strategien in ihren kurz- und langfristigen Auswirkungen zu vergleichen oder den Einfluß unterschiedlicher Wertvorstellungen und Leitlinien des Handelns (etwa „ökonomische" versus „ökologische" Orientierungen) auf Mensch und Natur zu demonstrieren.

Computergestützte Medien zum Erwerb von Umwelt- und Systemwissen oder Rollenspiele ersetzen nun keineswegs den unmittelbaren Zugang zur Natur, das Naturerleben, die unmittelbare Sinneserfahrung vor Ort. Aber sie können sie begleiten, kommentieren, als Reflexionsmedium genutzt werden, damit aus einer konkreten Erfahrung abstrahiertes, „überregionales" Umweltwissen erwächst. Konkrete Naturerlebnisse werden dann zum Schlüssel für langfristige, umweltbewahrende Verhaltensänderungen, wenn ihre Komponenten, die sinnlichen Erfahrungen, Empfindungen, Gefühle und Erkenntnisse vor Ort, einen „ökologisch repräsentativen" Raum beschreiben, in dem in verdichteter Form allgemeine Zusammenhänge zwischen Natur und Mensch zur Erscheinung gebracht werden. Computersimulationen und Rollenspiele als Lernmedien können dazu beitragen, die „richtigen" Orte für Natur- und soziale Erfahrung auszusuchen sowie die Lehrenden und Lernenden auf relevante Aspekte der Wechselbeziehung zwischen Mensch und Natur zu lenken. Sie können auch – vor oder nach der Begehung – die Wissens- und Gefühls-Defizite auszugleichen helfen, die einen angemessenen, wissensfundierten, die gemeinsame Entwicklungsfähigkeit von Mensch und Natur sichernden Umgang mit der Umwelt so erschweren.

Paul Leidinger

Der Mensch – ein natürlicher Feind der Natur? Unser Verhältnis zur Umwelt in der Geschichte

1. Aspekte einer historischen Umweltforschung

In diesem Beitrag ist die Geschichtswissenschaft gefragt, zur ökologischen Nachhaltigkeit Stellung zu nehmen. Sie tut das, indem sie das Verhältnis des Menschen zur Umwelt in der Perspektive der historischen Epochen untersucht. Das ist eine Forschungsrichtung, die in der Geschichtswissenschaft mit der Bewußtwerdung der globalen ökologischen Problematik unserer Welt und dem Aufkommen der darin begründeten ökologischen Bewegungen seit den 60er und 70er Jahren des 20. Jahrhunderts einsetzt, zunächst in den USA, dann in Frankreich, England, Deutschland und anderen Ländern, und seitdem zur Herausbildung einer neuen Subdisziplin der Geschichtswissenschaft, der Umweltgeschichte, geführt hat. Man hat versucht, sie die in den letzten Jahren von verschiedener Seite her theoretisch zu begründen. Mehr noch ist sie inzwischen durch eine Vielzahl thematischer Untersuchungen und Publikationen inhaltlich für alle Epochen der Geschichte, vor allem aber für das Industriezeitalter, konturiert worden. In vielem wurzelt die Umweltgeschichte in Themen und Einsichten älterer Veröffentlichungen der vorindustriellen und industriellen Zeit, die erst jetzt in ihrer ökologischen Dimension wahrgenommen werden. Die Globalität der ökologischen Probleme der Gegenwart hat dabei in kurzer Zeit zur Internationalisierung der historischen Umweltforschung geführt, die sich in internationalen Vereinsbildungen, aber auch in eigenen Sektionen auf Historikertagen und eigenen internationalen Fachkongressen ausdrückt.

In ihrer Konzeption speist sich die historische Umweltforschung aus verschiedenen wissenschaftsbezogenen Ansätzen: der Technik- und Industriegeschichte, der Wald- und Agrargeschichte, der Medizin- und Hygienegeschichte, der Bevölkerungsgeschichte, der Geographie, Biologie und Chemie u.a. Naturwissenschaftliche Aspekte verbinden sich in ihr mit sozialen, wirtschaftlichen, politischen, rechtlichen, philosophischen und ethischen Fragestellungen und Wertsetzungen. Im Überschneidungsbereich von Natur- und Kulturwissenschaften angesiedelt, muß sie sich interdisziplinären Fragestellungen und Methoden öffnen. Vielfach sind ökologische Probleme der Gegenwart und der Dialog darüber in den davon betroffenen Wissenschaften Ausgangspunkte umwelthistorischer Untersuchungen. Gleichwohl muß die Umweltgeschichte eigene Antworten auf die je von ihr untersuchten Sachverhalte finden.[1]

Wolfgang Zorn, Ordinarius für Wirtschafts- und Sozialgeschichte in München, hat 1978 in der damals aufgebrochenen gesellschaftspolitischen Kontroverse um die Grenzen des Wachstums unserer Erde als einer der ersten die umweltgeschichtliche Aufgabe des Faches beschrieben: den Umweltschäden als zumeist langfristigen Folgen ertragswirtschaftlichen Handelns des Menschen in der Geschichte von den frühen Gesellschaften über bäuerlich-gewerblich organisierte bis zur industriellen nachzugehen, aber zugleich auch das jeweilige Bemühen der Gesellschaften um Behebung, Eingrenzung oder Überwindung der erkannten Schädigungen, um Natur- und Landschaftsschutz, Denkmalpflege, Hygiene- und Gesundheitspolitik in die Betrachtung einzubeziehen. Aufgabe des Faches sei es, die aus der Ökologieproblematik der Gegenwart entspringenden Fragestellungen an abgeschlossenen Tatsachen der Vergangenheit zu messen, um damit geschichtliche Erfahrungen und Erkenntnisse für den gesellschaftlichen Dialog um gegenwärtige Problemlösungen nutzbar zu machen, d.h. aus der geschichtlichen Perspektive heraus ein Umweltbewußtsein aufzubauen, das seine Orientierung auf den kritisch-historischen Diskurs konkreter Gegebenheiten und nicht auf ideologieverhaftete Spekulationen stützt.[2]

Diese Zielsetzung einer historischen Umweltforschung, langfristige Entwicklungen der Daseinsweisen des Menschen und deren oft unbedachte Folgen zu erforschen, ist bis heute gültig. Sie sollte allerdings um Aspekte der Ökosystemforschung erweitert werden, die nicht nur nach den Folgen des ertragswirtschaftlichen Handelns des Menschen in bezug auf die Natur fragt, sondern sich der Gesamtheit umweltrelevanter Aspekte zuwendet: den naturgegebenen Verhältnissen und ihren Veränderungen nicht nur durch den Menschen, sondern auch durch die Natur selbst. Klimawandlungen und Naturkatastrophen, das Vorrücken und Zurückweichen von Eiszeiten, Meerestransgressionen, Wirbelstürme, Wüstenbildungen und ihre Folgen für die Existenz des Menschen im Laufe von Jahrhunderten und Jahrtausenden gewinnen dabei ebenso thematischen und funktionalen Belang wie demographische Faktoren, energetische Nutzungen, Siedlungs- und Wirtschaftsweisen, technologische und hygienische Standards, politische und rechtliche Organisationsformen, ethische und religiöse Normen einer Gesellschaft. Natur und Lebenswelt des Menschen können so in ihrem ökologischen Wechselverhältnis verstehbarer und beurteilbarer gemacht werden.

In diesem Zusammenhang kann das von der zweiten großen UN-Umweltkonferenz in Rio 1992 postulierte, der Forstpolitik des 19. Jahrhunderts entnommene Ziel der „nachhaltigen Entwicklung"[3] leitmotivischen Charakter für umwelthistorische Forschungen gewinnen, weil es Feststellungen darüber ermöglicht, ob und inwieweit Gesellschaften lokaler, regionaler, nationaler oder globaler Art nach diesem Prinzip organisiert waren, wo aufgrund der Nichtbeachtung dieses Prinzips Umweltschädigungen eingetreten sind, ob diese bereits von den Zeitgenossen erkannt worden sind, wie darauf mit Gesetzen, Verordnungen, Restriktionen reagiert worden ist, ob die getroffenen gesellschaftspolitischen Maßnahmen problemangemessen waren, ob sie zu einer sozialgerechten Lastenverteilung und zu einer prinzipiellen Umweltverbesserung geführt haben. Ein solcher Bezug auf konkrete Sachbelange bewahrt die historische Umweltforschung vor der Gefahr ideologischer Voreingenommenheit, aber auch thematischer Beschränkung, in ihr nur eine Geschichte anthropogener Umweltschädigung zu sehen, ohne die davon unabhängigen, zumeist langfristigen Entwicklungen, aber auch eruptiven Veränderungen in der Natur in ihrer Rückwirkung auf die Lebensverhältnisse der Menschen in die Betrachtung mit einzubeziehen.

Der Bielefelder Historiker Joachim Radkau, von Beginn an einer der ersten Forscher, die sich in Deutschland seit den 80er Jahren der Umweltgeschichte zugewandt haben, hat kürzlich unter dem Titel „Natur und Macht" eine „Weltgeschichte der Umwelt" vorgelegt, die nicht nur beiläufig den internationalen Forschungsstand vermittelt, sondern im weltweiten Zusammenhang an ausgewählten kontinentalen, regionalen, aber auch lokalen Beispielen Leitthemen einer ökologisch bestimmten Umweltgeschichte aufzeigt. Für ihn wird – wie bereits der Titel seines Buches angibt – die Umwelt vom Erwerbs- und Machtstreben des Menschen gegenüber der Natur dominiert. Zugleich zeigt er aber an einer Vielzahl von Beispielen aus den verschiedenen Kontinenten und Kulturen der Welt unterschiedliche Verhaltensweisen des Menschen gegenüber der Natur und ihre Folgen auf. Dies impliziert eine Rückkehr zu ökologisch verträglichen Naturnutzungen. Andererseits warnt Radkau davor, die Natur auf einmal erkannte gesetzliche Entwicklungen festzulegen. Vielmehr sensibilisiert er das Bewußtsein des Lesers für oft überraschende und unberechenbare Entwicklungen der Natur. Der Autor steckt damit einen Rahmen für das ab, was Umweltgeschichte – und nicht nur diese – im Zeitalter globaler ökologischer Probleme leisten sollte, auch wenn Aspekte der Industriegesellschaft und der Gentechnik mit ihren Folgen in der Konzeption dieses Werkes zurücktreten.[4]

Einen anderen, interdisziplinären Weg der Umweltforschung beschreiten seit längerem schon die Vor- und Frühgeschichte und Archäologie, die Fragen nach den Lebensverhältnissen früher menschlicher Gesellschaften, nach ihrer Umwelt und Umweltnutzung in Zusammenarbeit mit Paläobotanik, Geologie, Paläontologie, Ethnologie sowie anderen Wissenschaftsdisziplinen und chemischen Datierungsmethoden u.a. angehen. Sie folgen damit dem Konzept einer interdisziplinär angelegten Umweltgeschichte, die die seit Ende des 18. Jahrhunderts entstandenen, heute vielfach separierten Wissenschaftsdisziplinen wieder miteinander vernetzt und damit ein Beispiel für die Notwendigkeit der Zusammenarbeit der verschiedenen Fächer in bezug auf eine historische Umweltforschung gibt.[5]

2. Der Mensch – ein Feind der Natur?

Umweltgeschichte hat es, wie aufgezeigt, nicht nur mit dem Handeln des Menschen gegenüber der Natur, sondern immer zugleich auch mit der Eigenentwicklung der Natur und dem Wechselverhältnis zwischen beiden zu tun. Die Natur ist dabei keine einmal festgelegte statische Größe. Vom griechischen Wort „physis“ und von der antiken Auffassung her ist sie ein aus sich selbst entsprungenes und wachsendes Sein, das Kosmos und dynamische Kraft zugleich ist und daher in Kategorien des menschlichen Denkens und Urteilens nur schwer festzulegen ist. Nach christlicher Auffassung ist die Natur dem Menschen als dem höchsten Geschöpf der Natur anvertraut, um sie für sich nutzbar zu machen und um ihre Zwecke zu vollenden. Das ist lange im Sinne einer anthropologischen Beherrschung der Natur mißverstanden worden und wird heute von einer ökologisch denkenden Theologie zurückgenommen. In anderen Auffassungen galt und gilt die Natur als Offenbarung des Göttlichen, der kultische Verehrung zukommt. Fundamentalökologische Denkweisen unserer Zeit sehen sie als eine ursprüngliche Einheit an, aus der der Mensch sich durch sein Tun absonderte und zu der er „nach dem Sündenfall des Materialismus" im Industriezeitalter friedenschließend zurückkehren muß, eine Sehnsucht, die in anderer Weise schon die Romantiker des 18. und 19. Jahrhunderts bewegte. Damit wird ein inhaltlich festgelegter Begriff von Natur, ein ursprünglich idealer Naturzustand als Maßstab und Leitbild, vorausgesetzt. Doch ist eine solche Auffassung heute obsolet geworden. Längst sind die moderne technische Zivilisation und in Verbindung damit medizinische und chemische Errungenschaften zu einer zweiten Natur des Menschen geworden, ohne die das Leben und Überleben einer immer noch wachsenden Bevölkerung in unserer Welt nicht möglich wäre.[6] Wie es scheint, befindet sich die Menschheit nach dem Industriezeitalter im Übergang zu einer dritten, von „Robotik, Gentechnik und Nanotechnologie" bestimmten Welt, die als neuer Bestandteil der menschlichen Umwelt künftig akzeptiert werden muß, wenn eine weiter wachsende Menschheit mit weiter steigenden gleichberechtigten Ansprüchen der Völker an die Lebensverhältnisse auf dem Planeten Erde überleben will. In einer solchen Entwicklung könnte eine Antwort auf die Frage liegen, wie ein nachhaltiges Verhältnis zur Natur angesichts der derzeit noch weiter zunehmenden Anforderungen an die Umwelt überhaupt gewährleistet werden kann. Andererseits aber eröffnen sich damit Dimensionen, die ein Leben und Überleben des Menschen in einer weithin technisch machbaren und gesteuerten Umwelt unter bisher erkannten humanen Bedingungen zum Problem machen und die Gefahren eines Fortschritts beschwören lassen, der neben der bereits gegebenen atomaren Existenzbedrohung der Welt einen in seiner Auswirkung kaum kontrollierbaren Eingriff in die Substanz von Natur und Mensch bedeuten kann. Das in der Geschichte der Menschheit wirkende Prinzip „Fortschritt“ tritt damit in ein Stadium ein, das von der historischen Erfahrungswelt nicht mehr kontrollierbar ist, unter der ethischen Verpflichtung der Forschung gleichwohl Zukunft für eine von Wachstums- und Umweltproblemen immer mehr bestimmte Welt bedeuten kann.[7]

Ist der Mensch, wenn man die evolutionäre Entwicklung der Vergangenheit betrachtet, ein Feind der Natur? Schon daß er selbst ein biologisches Element der Natur ist und sich nicht zur Selbstvernichtung bestimmt sieht, läßt die Frage verneinen. Selbst dort, wo die Entwicklung der Zivilisation von aggressiven menschlichen Verhaltensweisen gegenüber der Natur, von Brandrodung, von Übernutzung und Ausbeutung natürlicher Ressourcen, von Schädigung durch Industrie und Massenproduktion, von Gefährdung durch Atomtechnik und Großchemie und durch Kriegszerstörungen begleitet war und diese Entwicklung in der Folge schwerwiegende Dekompositionen für die Natur und auch den Menschen nach sich gezogen hat, stellt sich nicht die Frage einer Feindschaft zwischen Mensch und Natur, sondern die Notwendigkeit, das Wechselverhältnis beider in ihren realen Faktoren zu klären und daraus Schlüsse für ein verträgliches und nachhaltiges Verhältnis von Mensch und Natur zu ziehen.

Ebensowenig kann die Natur als Feind des Menschen verstanden werden, wenn sie sich in ihrer verheerenden Urgewalt als Klimakatastrophe, Vulkanausbruch, Wirbelsturm, Meerestransgression, Überschwemmung, Dürrekatastrophe u.a. zeigt, selbst wenn der Mensch zum Teil Auslöser und mitverantwortlich für Naturkatastrophen ist. Die Personifizierung der Natur wäre ein Mythos, der am letztlich nicht berechenbaren Wesen der Natur vorbeigeht. Selbst in der Deformation durch menschliche Eingriffe und vor allem durch industrielle Technik vermag sie überraschende neue Urwüchsigkeiten auszubilden, die über ein rational begrenztes Naturverständnis hinausgehen, aber damit keineswegs eine unkontrollierte Verfügung über die Natur erlauben.[8]

3. Das Wechselverhältnis von Mensch und Natur in der Geschichte

Umweltgeschichte hat es – wie dargelegt – mit den realen Faktoren des Wechselverhältnisses von Mensch und Natur in den verschiedenen Epochen der Geschichte und unter den unterschiedlichsten Naturbedingungen in den Regionen der Erde und im globalen Zusammenhang zu tun. Oft sind das dem heutigen Zeitgenossen trivial erscheinende Faktoren. In vorindustriellen Gesellschaften waren es naturnahe, wenn auch nicht immer naturschonende, sondern vielfach ausbeuterische Verhaltens- und Wirtschaftsweisen, die den Umgang des Menschen mit der Natur bestimmten: Sammler und Jäger zogen – wie spätere Hirtennomaden – weiter, wenn die örtlichen Lebensgrundlagen erschöpft schienen; Brandrodung, eine aggressive Naturnutzung – bis heute noch in Teilen der Erde angewandt –, erschloß Siedlungs- und Ackerland und diente zugleich mit ihrer Asche als naturstoffreiche Düngung dem Fruchtwachstum und der Vegatationserneuerung, konnte aber auch langfristige Schädigungen nach sich ziehen; Wasserbau weitete durch künstliche Bewässerung die Feldwirtschaft aus und intensivierte sie, so daß sie die Existenz einer wachsenden Bevölkerung in frühen verstädterten Gesellschaften sichern konnte, zugleich aber bestand die Gefahr einer späteren Versalzung der Böden, wenn die Bewässerungskunst versagte; Wald- und Weidewirtschaft waren eine wesentliche Ergänzung aller vorindustriellen Gesellschaften, konnten bei Raubbau und Übernutzung vor allem in vegetativen Grenzgebieten aber zu einer Beeinträchtigung der Lebensgrundlagen und zu langfristigen Schädigungen der Natur führen.

Industrielle Gesellschaften unterscheiden sich in gradueller Hinsicht von den dargestellten vorindustriellen Lebensweisen durch einen weit radikaleren Zugriff auf die Umwelt. Großtechnologien, Chemie, Massenproduktion und Vernichtungswaffen sowie ein immenses Bevölkerungswachstum stellen quantitativ und substantiell wesentlich einschneidendere Anforderungen an die Nutzung und den Verbrauch von Natur und bedingen damit eine wachsende Gefährdung für sie. Modernisierung und Fortschrittlichkeit haben seit dem Ausgang des 18. Jahrhunderts zu rücksichtslosen Natur- und Ressourcenausbeutungen mit hochgradigen Folgeschädigungen für Luft, Wasser, Boden und die menschliche Gesundheit und in den letzten Jahrzehnten zu zahlreichen regionalen und globalen Katastrophenerscheinungen geführt, die durch Tankerhavarien, Chemieunfälle, Wald- und Artensterben, fortschreitende Wüstenbildung, Klimawandel bis zum Reaktor-GAU von Tschernobyl bezeichnet sind. Sie sind über den nationalen Horizont hinaus zum Ansatzpunkt einer internationalen Umweltpolitik geworden, die in den weltweiten UN-Umweltkonferenzen von Stockholm 1972 und Rio 1992 sowie zahlreichen vor- und beigeordneten Konferenzen zum Meeresschutz, zur Emissionsbegrenzung von Schadstoffen, zum Klimawandel, zur Bevölkerungsentwicklung und Verstädterung, zum Bodenschutz und zur Verhinderung zunehmender Wüstenbildung, zur Wasservorsorge und zur Nukleartechnik u. a. beredten Ausdruck gefunden haben. Die behandelten Themen zeigen ein breites Spektrum ökologischer Probleme als Folge von Wachstum und moderner technischer Entwicklung an, für die die Menschheit Lösungen finden muß, wenn sie unter den bisher erkannten Bedingungen des Planeten Erde überleben will.[9]

a) Die Zeit des Neandertalers (120000–30000 v. Chr.)

Im folgenden soll das Wechselverhältnis von Menschen und Umwelt an Beispielen historischer Gesellschaften aufgezeigt werden. Am Beginn der Betrachtung soll das jüngst durch eine Reihe von Funden und Veröffentlichungen aktualisierte vorgeschichtliche Beispiel des Neandertalers stehen, einer menschlichen Population, die nach dem ersten Fundort 1864, dem Neandertal bei Düsseldorf, benannt ist. Der Neandertaler hat, wie inzwischen zahlreiche weitere archäologische Funde im Raum von Westeuropa bis Vorderasien bezeugen, in der Zeit von etwa 120000 bis 30000 v. Chr. gelebt und in offensichtlich zeitgleicher und räumlicher Beziehung zu dem Vorgänger des heutigen Menschen gestanden, scheint aber an den sich verschlechternden Lebensbedingungen der beginnenden letzten mitteleuropäischen Vereisung zugrunde gegangen zu sein.

Die Umwelt dieser – mit der heutigen Menschheit verglichen – lange Zeit lebenden Population war in den letzten Jahrtausenden durch einen ständigen Temperaturabfall bis durchschnittlich 8 Grad Celsius unter den heutigen Temperaturen und durch einen graduellen Landschaftswandel geprägt, der vom Übergang von weiten Kiefernwäldern in eine offene, nur mit Zwergbäumen besetzte Graslandschaft gekennzeichnet war. Der norddeutsche Raum wurde damals eine subarktische Landschaft mit eiszeitlichem Klima. Sie war vor der vollständigen Vereisung von Großtieren wie Wisenten, Mammuten und Pferden besetzt, zu günstigeren Zeiten auch von Löwen, Wölfen, Rentieren und Füchsen. Insofern bot sie dem Neandertaler als Großwildjäger und Sammler, der als Nomade in mobilen Kleingruppen von einigen Familien lebte und seine Lagerplätze auf seinen zyklischen Wanderungen für Tage oder Wochen immer wieder aufsuchte, ausreichende Ressourcen, die er durch seinen Lebensstil zu erhalten wußte. Werkzeuge, Krankenpflege, Totenbestattung und auch der Nachweis der Sprachfähigkeit sind Zeugnisse, die bereits auf ein entwickeltes soziales Leben hinweisen. Doch hielt dieses Dasein offenbar den Schwierigkeiten der fortschreitenden Klimaverschlechterung und Vereisung nicht stand, vielleicht auch der Auseinandersetzung mit einem zeitgleich lebenden Menschentyp, auf den die jetzige Menschheit zurückgeführt wird. Mit jüngeren Forschungen muß wohl angenommen werden, daß der Homo Neandertalensis an den sich verschlechternden Umweltbedingungen gescheitert und ausgestorben ist. Er wäre damit trotz eines bereits erkennbar hochentwickelten sozialen Lebens in der Geschichte der Menschheit ein Beispiel für die Übermacht der Natur über den Menschen, wie dies auch Zeugnisse von der Existenz anderer früher menschlicher Gesellschaften nahelegen.[10]

b) Vom Sammler- und Jägertum zu bäuerlichen Kulturen

Als ein wesentlicher Fortschritt in der Geschichte des Menschen wird der Übergang vom Sammler- und Jägertum zur Seßhaftigkeit des Menschen verstanden, der sich ab etwa 10000 v. Chr. in einzelnen Regionen der Erde zu vollziehen begann und von Vere Gordon Childe (1892–1957) 1936 als „neolithische Revolution" bezeichnet worden ist, weil die mit diesem Vorgang verbundene Herausbildung bäuerlicher Kulturen als ein qualitativer Sprung in den Lebensverhältnissen des Menschen verstanden wurde. Die Domestizierung von Vieh – auch als Zugkraft – und die Beherrschung des Feldbaus durch Samenzucht und technische Geräte war jedoch – wie auch die „industrielle Revolution“ Ende des 18. und Anfang des 19. Jahrhunderts – kein zeitlich abrupter Vorgang, sondern ein allmählicher Übergang, der seine Vorstufen im Fruchtanbau und der Viehzucht hatte und länger noch mit Formen der Weidewirtschaft verbunden blieb. Der Übergang zu bäuerlichen Kulturen war auch regional begrenzt und vollzog sich nur dort, wo die natürlichen Voraussetzungen, Klima und Bodenbeschaffenheiten, dies zunächst ermöglichten, d.h. wo die Naturgegebenheiten dem Menschen und seiner wachsenden Zahl in der Erweiterung und Verbesserung seiner Lebensverhältnisse entgegenkamen.[11]

In anderen Gebieten blieb die nomadisierende Weidewirtschaft weiter bestehen, die ihre ökologische Grenze dort fand, wo Übernutzungen der zumeist kargen Vegetation durch vermehrten Viehauftrieb eintraten oder klimatische Veränderungen die Existenzgrundlagen begrenzten oder entzogen. Dies läßt sich durch ein aktuelles Beispiel der 70er Jahre des 20. Jahrhunderts belegen: durch die südlich an die Sahara anschließende Steppe der Sahel-Zone. Durch mehrjährige größere Regenfälle hatte sich der Bewuchs in dieser semiariden Grenzregion der Vegetation verbessert. Das hatte eine Vermehrung der Viehherden zur Folge, auf denen der Wohlstand der Hirten beruhte. Als seit etwa 1972 Trockenjahre begannen, verdorrte die Steppe, und die Brunnen blieben leer. Infolgedessen fanden die Viehherden keine ausreichende Nahrung mehr und verdarben. Auch Menschen überlebten nicht, wenn sie sich nicht in die südlich angrenzenden Staaten als Umweltflüchtlinge retten konnten. Das Beispiel zeigt die existentielle Abhängigkeit des Menschen in vegetativen Grenzzonen von den klimatischen Verhältnissen und die Folgen von Überweidung als ökologische Katastrophe an. Ähnliche Beispiele lassen sich bis in die frühen Weidekulturen des Menschen zurückverfolgen.[12] Generell ist die klimatische Erwärmung der Erde in den letzten Jahrzehnten eine Ursache für die fortschreitende Wüstenbildung in den semiariden Regionen der Welt, aber auch für andere Witterungserscheinungen wie verheerende Wirbelstürme an den Küsten der Ozeane, von denen allein 1998 über 200 gezählt wurden, und für schwere Überschwemmungen, die im selben Jahr mit etwa 170 angegeben werden. Der Mensch hat an dieser Entwicklung durch eine wachsende Verschmutzung der Erdatmosphäre durch Rauchabgase vor allem der Industrieländer, aber auch durch Rinderhaltung in großem Maßstab erheblichen Anteil. Doch wirkt im langfristigen Zyklus von Jahrtausenden auch die Änderung des Neigungswinkels der Erdachse zur Sonne auf das Klima ein. So verringerte sich nach Angaben des Potsdamer Instituts für Klimaforschung der Neigungswinkel der Erdachse zur Sonne innerhalb der letzten 9000 Jahre von 24,23 zu heute 23,45 Grad mit der Folge, daß die Annäherung der Sonne an die Erde sich jahreszeitlich verschiebt, die Sonneneinstrahlung auf der Südhalbkugel der Erde zunimmt und auch auf der Nordhalbkugel die durchschnittliche Jahrestemperatur – verbunden mit einer Verringerung der Niederschläge – ansteigt. Dadurch verstärkt sich im Äquatorialbereich der Südhalbkugel die Wüstenbildung, auf der Nordhalbkugel verringert sich der Vegetationsreichtum, die Eiskappen der Pole und auf den Gebirgen schmelzen ab und führen zu einem Anstieg des Meeresspiegels mit weiteren Folgen für die Besiedlung der meeresnahen Tieflandgebiete und Mündungsgebiete großer Flüsse.[13]

Bäuerliche Kulturen waren und sind gegenüber Hirtenkulturen in ihrer ökologischen Struktur wesentlich stabiler, schon weil sie sich auf begünstigten Bodenstandorten der Erde ansiedelten. Bei Bevölkerungszuwachs konnte Wald gerodet und die Feldwirtschaft erweitert werden. Gerade in den begünstigten mitteleuropäischen Landschaften war dies lange Zeit unproblematisch. Als sich aber infolge langandauernder klimatischer Verbesserungen vom 9.–13. Jahrhundert n. Chr. die Lebensverhältnisse der Menschen hier verbesserten, die Sterblichkeit ab- und die Geburtenzahl zunahm, die Bevölkerungszahl sich in diesen vier Jahrhunderten teils mehr als verdreifachte und immer mehr Rodungssiedlungen entstanden – es ist die Zeit, in der die mittelalterlichen Kirchdörfer und Städte sich in Mitteleuropa ausprägten –, wurden den Zeitgenossen sehr wohl die Grenzen der Tragfähigkeit des Bodens und der Siedlungstätigkeit unter den damaligen Umständen bewußt. Nachgeborenen Söhnen blieb das Schicksal, unverheiratet zu bleiben oder in andere, noch unbesiedelte Gebiete auszuwandern. Im früh übervölkerten Flandern und in den Niederlanden im Westen entstand daher schon im 12. Jahrhundert ein Bevölkerungsdruck, der von den entstehenden Städten allein nicht aufgefangen werden konnte und zur Auswanderung in weniger besiedelte Gebiete Mitteleuropas zwang, zunächst östlich der Weser und dann fortschreitend seit dem 13. Jahrhundert auch östlich von Elbe, Oder und Weichsel. Auch Westfalen, Sachsen und andere deutsche Stämme schlossen sich seit dem 13. Jahrhundert dieser Siedlungsbewegung an, die die Ostkolonisation im mittelosteuropäischen Raum zwischen Ostsee und Karpaten begründete.[14]

Heiratsbeschränkungen, Verhinderung von Familiengründungen im Altland und Auswanderungen waren demgemäß Maßnahmen, das heimische Ökosystem für die dort Verbleibenden tragfähig zu halten, Maßnahmen, die bis zu den baden-württembergischen Heiratsreglementierungen noch in der ersten Hälfte des 19. Jahrhunderts reichten und die Auswanderungen des 17., 18. und 19. Jahrhunderts aus Regionen Deutschlands wie auch anderswo bedingten, z.B. in Irland, wo der frühneuzeitliche Bevölkerungsdruck noch stärker als auf dem Kontinent wirkte und in das nähergelegene Nordamerika führte.

In der Vergegenwärtigung dieser Verhältnisse erschließt sich die Not, die der weit stärkere Bevölkerungsdruck heute in den Ländern Lateinamerikas, Afrikas und Südostasiens erzeugt, wo den aus ihren angestammten ländlichen Verhältnissen aus ökologischer Not und vielfach auch durch Krieg Flüchtenden der rettende Weg nur in die Slums der bereits überbevölkerten, aus allen Fugen brechenden Groß- und Megastädte der Nachbarschaft bleibt, weil ihnen als völlig Mittellosen eine Auswanderung in andere Kontinente nicht möglich und durch Abwehr der Industriestaaten der Welt verwehrt ist. Explosionsartiges Bevölkerungswachstum bei gleichzeitigem Schwinden der Tragfähigkeit in den von Desertifikation bedrohten semiariden Gebieten stellt gerade hier eines der großen Bevölkerungs- und auch ökologischen Probleme der Gegenwart und Zukunft der Welt dar. Gerade das gravierende Problem der Umweltflüchtlinge zwingt dazu, das Verhältnis von Natur und Mensch in allen Erdregionen neu zu bedenken und konvenienten Lösungen zuzuführen. Nicht zuletzt wird dabei der bisher unterbewerteten gesellschaftlichen Stellung der Frau und Bildungsmaßnahmen eine große Bedeutung eingeräumt, weil sie zu Faktoren der Reduktion des Bevölkerungswachstums werden können.[15]

c) Ökologische Faktoren und Einstellungen der frühen Hochkulturen und in der antiken Welt

Ein anderes ökologisches Bild vermitteln die in den Flußlandschaften Ägyptens und Mesopotamiens seit dem 6. Jahrtausend v. Chr. entstandenen frühen Hochkulturen. Sie sind auf der Grundlage von Wasserbaukulturen errichtet worden, bei denen die Wasser des Nils, von Euphrat und Tigris in ein immer verzweigteres Kanalnetz geleitet wurden, um für die schnell sich hier zentrierende Bevölkerung ausgeweiteten intensiven Feldbau betreiben und die Ernährung sicherstellen zu können. Die mit dem Aufstieg von Wissenschaft, Schriftlichkeit, Architektur, Städtewesen, Religion und Herrschaft verbundenen Hochkulturen sind ein frühes Zeugnis menschlicher Höchstleistung zur Beherrschung der natürlichen Grundlagen der Lebenswelt, die durch die künstliche Wasserführung fruchtbar und für eine frühe menschliche Zivilisation und Staatenbildung tragfähig gemacht wurden. Allerdings wurde diese artifiziell geschaffene Lebensumwelt damit auch anfällig für ihren späteren Verfall in heute teils unfruchtbare Salzsteppen, als – vor allem im Zweistromland – im Wechsel der verschiedenen Völkerschaften dieses Raumes die Kunst der komplizierten Bewässerungstechnik verlorenging und das Land verödete. Daß sich die Zeitgenossen gegen eine solche Entwicklung wandten, zeigen frühe Rechtssatzungen der Sumerer und Babylonier, besonders unter Hammurabi um 1800 v. Chr., die vor allem auf die Erhaltung und Sicherung der Bewässerung gerichtet waren und zu den frühesten Umweltschutzgesetzen der Welt gerechnet werden dürfen.[16]

In der griechisch-hellenistischen Welt und der des römischen Weltreiches im Jahrtausend zwischen 500 v. Chr. und 500 n. Chr. haben Umweltprobleme nach den Zeugnissen antiker Schriftsteller offensichtlich keine gravierende Rolle gespielt. Überbevölkerung ließ die Festlandsgriechen schon früh auf die Inseln, nach Sizilien und zum kleinasiatischen Festland ausströmen, wo sie in küstennahen Siedlungen und Stadtgründungen zu Trägern eines meerbezogenen Handels, von Wirtschaft und Kultur wurden, deren Zeugnisse bis heute zu bewundern sind.[17] Schon früh unterzog der Historiker Agatharchidos von Knidos (an der Südwestspitze der heutigen Türkei) um die Mitte des 1. vorchristlichen

Jahrhunderts, d.h. in der Blütezeit des Hellenismus, diese politische Ausbreitung, Wirtschafts- und Kulturentfaltung einer harschen Zivilisationskritik. In seiner 50bändigen Weltgeschichte, von der leider nur Bruchstücke erhalten sind, beschreibt er die sonst nicht bekannten – vielleicht visionären – Ichthyophagenstämme am Roten Meer, die er bei seinen Erkundungsreisen kennengelernt haben will. Er vergleicht sie mit der hellenistischen Lebensweise seiner Zeit und berichtet darüber: „Während unsere Lebensweise sich auf überflüssige und notwendige Dinge gründet, haben (sie) alles eingeschränkt, was zum Lebensunterhalt nicht unbedingt notwendig ist; doch bedeutet das nun nicht, daß sie des Erforderlichen ermangeln, denn sie werden alle auf dem göttlichen Weg zum rechten Leben geführt, nicht aber auf einem Pfad, der sich mit leeren Meinungen über die Natur hinwegsetzt. Sie haben nicht das Verlangen, die Herrschaft (über Nachbarstämme) zu gewinnen und werden daher nicht von streitsüchtiger und unglücklicher Furcht erfaßt. Sie fügen nicht aus Begierde nach Gewinn ihren Mitmenschen großen Schaden zu und erleiden nicht viel unnötigen Schaden. (...) Sie fahren nicht zur See und überspannen das Leben nicht des Gewinns wegen. (...) Sie geben sich kein Recht durch Erlaß von Gesetzen. Wozu ist es nämlich für einen Menschen notwendig, einer Anordnung zu gehorchen, wenn er ohne Geschriebenes recht erkennen kann?“[18]

In dieser Charakterisierung der Ichthyophagen leuchtet das Ideal einer sich selbst genügenden Gemeinschaft auf, die vom Gegenteil dessen geprägt ist, was eine hellenistische Wohlstandsgesellschaft damals ausmachte: öffentlicher Luxus der Städte, private Verschwendungssucht der Reichen, risikobehaftetes Gewinnstreben der Kaufleute, Eroberungssucht der Mächtigen, rechtliche Regelungssucht der Regierenden, gelehrte Bildung und Unterweisung, ein Dasein, das – folgt man Agatharchides – weit wegführt vom „göttlichen Pfad zum rechten Leben“, weil es sich in seiner zivilisatorischen Ausformung weit über die natürlichen Grundlagen und notwendigen Bedürfnisse der menschlichen Existenz hinwegsetzt.

Die Zivilisationskritik des Agatharchides von Knidos kommt den verschiedenen Richtungen der jüngeren Ökologiebewegung seit den 70er Jahren des 20. Jahrhunderts entgegen, die eine Rückkehr zum einfachen Leben predigt. Im Sozialismus sah man in der Urgesellschaft das Ideal einer harmonischen Beziehung zwischen

Mensch und Natur verwirklicht, das man auch für das Verhältnis von Ökonomie und Ökologie in einer überwundenen Klassengesellschaft für gegeben hielt.[19] Realitätsbezogene Forschungen der Vor- und Frühgeschichte zeichnen jedoch ein anderes, keineswegs schonendes Bild vom Umgang früher Sammler-, Jäger- und Hirtengesellschaften mit der Natur. Sie waren gerade deswegen zum permanenten Weiterziehen veranlaßt, weil sie die natürlichen Ressourcen ihrer jeweiligen Rastplätze weitgehend erschöpften. Aber gegenüber der zu ihrer Zeit noch fast allmächtigen Natur und angesichts der gering entwickelten Technik hatte das eine wenig nachwirkende Bedeutung, die allenfalls in der Dezimierung von Großwildbeständen spürbar wurde. Heute leben nach Feststellungen von Ethnologen noch über tausend bevölkerungsmäßig kleine menschliche Gesellschaften in Reliktgebieten der außereuropäischen Kontinente der Welt in weitgehend steinzeitlichen Verhältnissen. Das Überleben dieser Ethnien ist heute ohne den schützenden Rahmen der modernen Zivilisation in den meisten Fällen nicht möglich.[20]

Kehren wir zur griechisch-römischen Antike zurück, so ist es gerade die Reichsbildung der Römer gewesen, die durch ihre staatliche und wirtschaftliche, teils auch militärische Organisation mit dem Mittelpunkt in Italien und Rom, später auch in Byzanz einen Austausch und Ausgleich der verschiedenen Regionen herbeiführte. Trotz mancher umweltschädigenden Zugriffe verblieb im ganzen doch eine ökologische Stabilität, solange das politische System des Kaiserreichs nicht zusammenbrach. In den großartigen Aquädukten besaßen die Städte des Reichs bis heute bewunderte architektonische Bauwerke städtischer Wasserversorgung, die ihresgleichen im mittelalterlichen Europa nicht hatten und vom römischen Naturforscher Plinius dem Älteren (23 v.–79 n. Chr.) schon zu seiner Zeit als „Wunderwerk der Welt“ bezeichnet wurden.[21]

Ursprünglich scheint eine üppig wuchernde Natur den Mittelmeerraum geprägt zu haben. Der griechische Geograph Strabo (64/63 v. Chr.–23 n. Chr.) lobt noch in augusteischer Zeit die Fruchtbarkeit und den Waldreichtum Zyperns, der trotz der dortigen Kupfer- und Silberhütten und des Flottenbaus so groß war, daß man „jedem, der wollte oder konnte, Holz zu schlagen“ erlaubte, „um so das Land in Ordnung zu halten“. Andererseits schildert bereits Plato (427–347 v. Chr.) in seinem Dialog „Kritias“

die üblen Folgen des Waldraubbaus in Attika, von dessen „durch Krankheit geschwundenem Körper nur noch die Knochen übriggeblieben, indem die Erde, soweit sie fett und weich war, ringsherum abgeflossen und nur das magere Gerippe des Landes zurückgelassen hat“. Plato berichtet damit als einer der ersten über Erosionsschäden, die Waldraubbau an Berghängen verursachen kann, ohne allerdings daraus ökologische Konsequenzen für seine Zeit zu ziehen. Noch der Kirchenvater Tertullian (ca. 160–220 n.Chr. in Karthago) lobt zu seiner Zeit die kultivierende Tätigkeit im römischen Reich: „Früher berüchtigte Einöden haben sich in schöne Güter verwandelt, Wälder sind durch Äcker bezwungen, wilde Tiere durch zahme vertrieben; Wüsten werden besät, Felsen werden bepflanzt, Moore trocken gelegt, und die Städte sind so zahlreich wie früher nicht einmal die Hütten.“[22]

Trotz dieses zeitgenössischen Lobs kann es keinem Zweifel unterliegen, daß die kultivierenden Tätigkeiten schwerwiegende Eingriffe in die ökologische Struktur des Mittelmeerraumes bedeuteten. Die Rodung von Waldgebieten für die Anlage großer Latifundien, teils auch an Berghängen, mit Monokulturen von Wein, Oliven, Kastanien oder Obstbäumen, der Waldraubbau für Schiffsbau, Bauholz und vor allem Brennholz zum Beheizen der vielen unökonomischen Thermen oder für die Berg- und Hüttenwerke waren in vieler Hinsicht einschneidend. Die Veränderungen wandelten vielfach ökologisch sensible Landschaften – zum Beispiel das ehedem waldreiche nordwestliche Afrika – in intensiv genutzte Agrarräume um, die später zu Wüsten wurden. Kriege wurden mit erbitterter Zerstörung des Feindeslandes geführt. Für die Zirkus- und öffentlichen Schauspiele wurden Hekatomben wilder Tiere herangeführt und getötet. In seinem Tatenbericht rühmt sich Augustus, in seiner Amtszeit bei 26 Tierhetzen mit afrikanischen Raubtieren etwa 35 000 Tiere zu Tode gebracht zu haben. Der vielfach beklagte Lärm in römischen Städten ließ die Reichen in ihre Landhäuser in der Natur ausweichen, so daß schon Lucius Annaeus Seneca d.J. (4 v.Chr. – 65 n.Chr.) in seiner Zeit lästerte: „Wie lange noch, dann gibt es keinen See mehr, in den nicht die Giebel eurer Villen schauen! Keinen Fluß, dessen Ufer nicht eure Landsitze umkränzen.“ Stets verfügbare Sklavenarbeit in Städten, Latifundien und Bergwerken machte die Erfüllung der Arbeiten möglich, die dem Wohlstand und Luxus privilegierter Kreise dienten.[23]

Trotz der zahlreichen Eingriffe in die Natur blieb die ökologische Struktur des römischen Weltreiches jedoch in der Balance. Die Entwaldung des Mittelmeerraumes, die die Römer in Nordafrika begannen und die sicherlich zu negativen klimatischen Veränderungen in diesem heute weitgehend semiariden Gebiet beigetragen hat, war partiell und setzte in großem Stil auf dem Balkan erst durch die Venetier seit dem Mittelalter und in Spanien im 19. Jahrhundert in größerem Stil ein und ist seit längerem Veranlassung zu einer Wiederaufforstung, die trotz eingetretener Errosionsschäden früherer Zeit heute beachtliche Erfolge erkennen läßt und deutlich macht, daß eine Renaturierung gestörter Landschaften durch den Menschen wenigstens zum Teil möglich ist.[24]

d) Ökologische Aspekte Mitteleuropas seit mittelalterlicher Zeit

Als nicht immer ökologisch stabil erweisen sich die Verhältnisse in Mitteleuropa nördlich der Alpen, obwohl diese Region aufgrund ihrer geographischen Lage in den gemäßigten Zonen und auch aufgrund ihres Wasserreichtums zu den von der Natur bevorzugten Landschaften gehört. Klimaschwankungen beeinflußten jedoch auch hier das Leben der Menschen, vor allem in den vegetativen Grenzzonen wie der Nordseeküste und in den Alpenländern. Klimatisch günstige Verhältnisse ermöglichten, wie das Beispiel der seit einigen Jahrzehnten in einem interdisziplinären Forschungsprojekt untersuchten Wüstung Feddersen-Wierde (nördlich von Bremerhaven) zeigt, vom 1.–5. Jahrhundert n. Chr. an der friesischen Nordseeküste die Ansiedlung freier Bauern. Diese Siedlungen nahmen mit einsetzender Verschlechterung der Witterungsverhältnisse und Existenzbedingungen in der Spätantike eine herrschaftliche Organisationform und auch eine stärkere gewerbliche Ausrichtung an, wurden aber im 6. Jahrhundert n. Chr. endgültig aufgegeben und fielen wüst. Man kann daraus auf einen vergeblichen Kampf des Menschen gegen die wachsenden Unbilden der Natur in diesem Küstengebiet schließen, das im Spätmittelalter durch Meerestransgression bis weit in das Inland überschwemmt wurde und sich seitdem mit einer dem heutigen Küstenverlauf vorgelagerten friesischen Inselkette ganz anders als vordem darstellt.[25]

In anderer Weise zeigen die Alpenländer, daß dort, wo der Bevölkerungsdruck einer Region unter klimatisch günstigen Verhältnissen zur landwirtschaftlichen Nutzung bisher bewaldeter Berghänge und von Flußtälern geführt hat, in regenreichen Jahren Bodenerosionen und Überschwemmungen die Folge waren. Vielfach mußten die Menschen bei immer wieder eintretenden Klimaschwankungen seit dem 16. Jahrhundert ihre Viehweiden und Siedlungen und auch bisherige landwirtschaftliche Nutzungen in den gefährdeten Gebieten aufgeben und sich verarmt in die Altsiedlungen eingliedern.[26] Noch stärker wirkte sich die generelle Klimaverschlechterung in Europa seit dem Beginn des 14. Jahrhunderts für die in einer vegetativen Grenzlage knapp unter dem nördlichen Polarkreis gelegene Insel Island aus. Obgleich nur 20% der Inselfläche wegen Bergzonen und Vulkanismus bewohnbar sind, stieg die Bevölkerungszahl in der klimatisch günstigen Zeit vom 9.–13. Jahrhundert von ca. 30000 auf 80000 Einwohner an. Sie lebten überwiegend von Schafzucht, aber auch von Gerste- und Haferanbau und von einem bis zum Anfang des 16. Jahrhunderts blühenden Außenhandel, der sich vom Schaf- und Wollhandel auf Fischprodukte verlagert hatte und zunächst einen Ausgleich gegen die sich verschlechternden natürlichen Lebensbedingungen bot. Da die Insel aber politisch seit dem 13. Jahrhundert unter die Krone Norwegens und später Dänemarks gekommen war und diese nach der gewaltsamen Einführung der Reformation 1537 auch wirtschaftlich ein Monopol durchsetzte, waren die Isländer weitgehend auf die natürlichen Lebensgrundlagen zurückverwiesen. Unter den verschlechterten Witterungsbedingungen gingen sie zum Raubbau an den ohnehin lichten Birkenwäldern über. Überweidungen und Bodenerosionen führten zu einer weiteren Verschlechterung der Lebensbedingungen. Bereits im 15. Jahrhundert wurde der Getreideanbau aufgegeben. Als im 18. Jahrhundert noch eine Schafsseuche ausbrach, kletterte die ohnehin hohe Sterblichkeit 1785 auf 134‰ – bei normal 20–30‰ in vorindustrieller Zeit –, so daß die Bevölkerungszahl auf ca. 30000 Einwohner um 1800 sank.[27] Island ist damit ein Beispiel einerseits für die Beeinträchtigung der menschlichen Lebenswelt durch einen extremen Wandel der Naturfaktoren, andererseits aber auch für diesen Wandel verschärfende anthropogene Verhaltensweisen, die einmal in dem Verlust von politischer Autonomie der Isländer und damit einer verminderten Fähigkeit zur Selbstregulierung von Krisensituationen liegen, zum andern aus der Not heraus jene Übernutzungen bewirkten, die wesentlich zur Devastierung der eigenen Lebensgrundlagen beigetragen haben.

Aus den heutigen Entwicklungsländern ließen sich weitere Beispiele für das Wirkungsgefüge von Naturveränderungen und anthropogenen Verhaltensweisen in vegetativen Grenzgebieten anführen. Sie sind bereits eingangs mit der Sachelzone angesprochen worden.[28] Hier soll der Blick jedoch erneut auf Mitteleuropa gelenkt werden. Denn nicht nur in den Grenzgebieten der Vegetation, sondern auch in den bevorzugten Regionen des Kontinents wurden die Auswirkungen des Klimawandels ab etwa 1300 erfahren, obgleich er im Jahresdurchschnitt kaum 1° Celsius betrug: Die Getreidegrenze verlagerte sich von Skandinavien nach Süden; nasse Sommer führten in mehreren aufeinanderfolgenden Jahren zu Mißernten und damit Hungersnöten; das Saatgut fehlte, und einer geschwächten Gesundheit folgte eine erhöhte Sterblichkeit der Menschen. Zusätzlich erschütterten Fehden und Kriege mit der gegenseitigen brutalen Vernichtung der Felder die europäischen Regionen und Länder. In einer solchen labilen Situation fand die große Pestseuche, die Europa in vier großen Wellen zwischen 1447 und 1483 durchzog, reiche Beute: Mit regionalen Unterschieden raffte sie in Deutschland etwa ein Drittel der Bewohner hin, ganze Dörfer und Landschaften in Grenzbereichen der Vegetation wie an der Nordseeküste, in der Rhön, im Solling oder auch auf dem Sintfeld bei Paderborn, die unter dem Bevölkerungsdruck im Einflußbereich eines günstigeren Klimas im Mittelalter besiedelt worden waren, fielen wüst. Hier scheinen neben klimatischen fast noch stärker anthropogene Faktoren die Ursache für die Entwicklung gewesen zu sein.[29]

Nicht zuletzt waren die mittelalterlichen Städte von der Seuche betroffen. Von ihrer Konzeption her waren sie auf Sicherheit angelegt und mit einer Mauer umgeben. Das grenzte hygienische Lösungen der Wasserversorgung und Entsorgung, wie sie bei antiken Städten mit hohen Kosten realisiert worden waren, und damit antike Standards der Lebensqualität von vornherein aus.

Die Reinlichkeitsfrage war daher bis zur Durchsetzung moderner Wasserversorgung und Kanalisation Ende des 19. und Anfang des 20. Jahrhunderts ein Grundproblem fast aller Städte, dem Hunderte von städtischen Verordnungen galten, die heute zu Vorgängern der Umweltschutzgesetzgebung zu zählen sind. Sie haben aber nicht verhindern können, daß immer wieder im Laufe der Jahrzehnte bis etwa zur Mitte des 18. Jahrhunderts lokale Seuchen und Pestzeiten auftraten, weil Schadstoffe von Abtritten und Misthaufen in der Stadt trotz Einhaltung vorgeschriebener Abstände in das Grundwasser von Brunnen und Pumpenschächten gelangten. Das heißt, daß Städte mit ihrer engen Bebauung und Bevölkerungsverdichtung in weiten Teilen Mitteleuropas den ökologischen Bedingungen menschlichen Lebens über Jahrhunderte nicht gerecht geworden sind. Erst die zentrale Wasserversorgung schuf hier seit dem Ende des 19. Jahrhunderts Abhilfe, indem sie geforderten hygienischen Standards entsprach. Allerdings rief sie durch die Notwendigkeit einer zentralen Entsorgung auch bis heute andauernde ökologische Nachfolgeprobleme hervor.[30]

e) Großgewerbe und Industrie als ökologische Problemfaktoren

Zu einem Fundament technischer Modernisierung, allerdings auch zu einem bis heute weiterwirkenden ökologischen Grundproblem wurde das Aufkommen von Großgewerben in Europa seit dem Mittelalter. Georg Agricola, ein guter Kenner der antiken Zivilisationskritik des Montanbaus, referiert diese in der Einleitung seines posthum 1556 erschienen Werkes über das Berg- und Hüttenwesen mit den Worten: „Durch das Schürfen nach Erz werden die Felder verwüstet, (...) Wälder und Haine werden umgehauen, (...) Vögel und andere Tiere ausgerottet, Bäche und Flüsse vergiftet, die Fische entweder aus ihnen vertrieben oder getötet. (...) so ist es vor aller Augen klar, daß bei dem Schürfen mehr Schaden entsteht, als in den Erzen, die durch den Bergbau gewonnen werden, Nutzen liegt." Danach aber begründet er sehr eingehend die Notwendigkeit des Berg- und Hüttenwesens für den Fortschritt des menschlichen Lebens.[31]

Seine Aussagen führen mitten in die gegenwärtige Diskussion um technischen Fortschritt einerseits und Bewahrung und Schutz der natürlichen Lebensgrundlagen andererseits, wie sie in der Agenda 21 von Rio 1992 gefordert werden. Mit dem Aufstieg der Großgewerbe zur Industrie seit der Wende des 18. zum 19. Jahrhundert, mit dem Übergang von vorindustriellen zu fossilen Energieträgern wie Kohle, Gas und Öl, später auch zu Elektrizität und Nuklearenergie, durch rigorose Ressourcenausbeutung, den Übergang zu Massenproduktion, Massenviehhaltung und Großchemie u. a. hat der Mensch jene Dekompositionen und Gefährdungen der natürlichen Faktoren seiner Lebenswelt geschaffen, die als Luft-, Wasser- und Bodenverschmutzung und anderes mehr inzwischen zu einer globalen ökologischen Krise geworden sind.[32] Gewiß stellt der angezeigte technische Fortschritt in vielem auch die Möglichkeiten bereit, daß eine seit dem Ausgang des 18. Jahrhunderts explosionsartig wachsende Menschheit, die sich heute gegenüber früher nicht in Jahrtausenden und Jahrhunderten, sondern in weniger als 30 Jahren verdoppelt, leben und überleben kann. Aber sich häufende Meldungen über Umwelt- und Naturkatastrophen in der Gegenwart und die ungelösten Überlebensprobleme der Mehrheit der Bevölkerung in den unterentwickelten Länder nähren für viele Zeitgenossen den Pessimismus, daß das Verhältnis des Menschen zur Natur an eine nicht mehr ausdehnbare Grenze gestoßen sei.

4. Schluß

Die Erforschung der Umweltgeschichte kann die realen Problemfaktoren dieser sich zuspitzenden Weltsituation nicht verändern, aber sie kann sie in ihrer Entwicklung aufzeigen helfen, sie kann vor einseitigen Beurteilungen bewahren und aus der Dimension der Zeit heraus den Betrachtungshorizont der Probleme für die Zukunft offenhalten. Es war die Aufgabe dieses Beitrags, das Wechselverhältnis von Natur und Mensch in der Geschichte aufzuzeigen. Aus der Fülle der Möglichkeiten konnten in diesem begrenzten Rahmen nur wenige Beispiele präsentiert werden. Sie sollten charakteristische Einblicke in das Wechselverhältnis von Mensch und Natur vermitteln. Je enger der Mensch dabei in eine Subsistenzwirtschaft, eine naturnahe Selbstversorgung, eingebunden war, um so mehr war er der Natur und ihren Bedingungen ausgesetzt. Die zivilisatorische Technik hat in vieler Hinsicht das Leben des Menschen von der direkten Berührung mit der Natur abgekoppelt, zum Abstand des Menschen von der Natur beigetragen, auch wenn er sie in Naturparks und Gärten konserviert. Die Risikohaftigkeit der technisierten Lebenswelt drängt dazu, auftretende Störungen und Schädigungen der Umwelt durch immer stärker verfeinerte Technologien zu lösen, selbst durch das Eindringen in die Bausteine der Natur, die den Menschen zum Beherrscher natürlicher Prozesse, aber noch keineswegs der Natur selbst machen können.

Die Vorstellung der antiken Ichthyophagenstämme von einer friedlichen Symbiose des Menschen mit der Natur, dem „göttlichen Pfad zum rechten Leben“, ist wohl auch zu ihrer Zeit nur ein erwünschtes Ideal eines der hellenistischen Zivilisation kritisch gegenüberstehenden Weltreisenden gewesen. Ihr steht an der Schwelle der Neuzeit im 16. Jahrhundert die Begründung des hochgebildeten Naturwissenschaftlers, Arztes, Historiographen und Stadtrats Georg Agricola für die Notwendigkeit technischen Fortschritts trotz allen Risikos gegenüber. Der Natur des Menschen entsprechen beide Haltungen, aber die Notwendigkeiten haben seinen Sinn auf den Weg der Evolution verwiesen. Das damit verbundene Risiko hatte jede Zeit zu tragen und hat je eigene Gestaltungen im Verhältnis des Menschen zur Natur in der Menschheitsgeschichte ausgeprägt. Die Gegenwart steht in der Fortsetzung dieser Entwicklung vor einer inzwischen krisenhaften globalen Aufgabe. Der Mensch darf dabei die Grundlagen der Natur und seine ethische Verantwortung nicht außer acht lassen.

Richard Schenk

Der Mensch – die Dornenkrone der Schöpfung? Umweltzerstörung aus theologischer Sicht

1. Zum Gefühl der Zeit: „Die Krone ist uns vom Haupt gefallen" (*Klgl* 5,16)

Ist die Philosophie ihre Zeit in Gedanken erfaßt, so gilt das auch für jene Fachdisziplinen, denen das Gespräch mit der Philosophie gelingen soll. In dem einen wie in dem anderen Fall wird dies aber ein Gespräch der eigenen Zeit mit früheren Zeiten sein müssen – und zwar darüber, wie die künftige Zeit aussehen müßte, sollte das Leben gelingen.

Das, was man „das Gefühl unserer Zeit" nennen kann, ist nicht mehr dazu geneigt, den Menschen als „die Krone der Schöpfung" zu preisen. Das allgemeine Selbstverständnis der Menschen zeigt im Gegenteil das stärker empfundene Bedürfnis, sich gerade von diesem Selbstbild als krönendem Gipfel des Universums abzugrenzen. Argwöhnisch gesteht man dem Menschen allenfalls die Rolle der Dornenkrone zu: und zwar im Sinne von etwas, was der Natur zur Folter aufgesetzt wurde. Im Licht unserer Sorge um die Natur liegt nun ein Schatten des Verdachts auf der traditionell theologischen Ortsbestimmung der Menschen: Früher habe man sich anmaßend und mit verheerenden Folgen für die Krone der Schöpfung gehalten. Heute glaube man einfach nicht mehr daran; und das sei auch besser so, denn erst durch solche überfällige Selbstrelativierung werde die Natur zu retten sein. Insofern die Krone so etwas wie die „Zierde der Schöpfung" besagen will, läßt besonders unter dem Eindruck des gerade verabschiedeten Jahrhunderts der Umgang des Menschen selbst mit seinesgleichen, geschweige denn mit dem Andersgearteten, die Vorstellung vom Menschen als der glänzenden Krone eher als Hohn erscheinen. In diesem Sinn ist auch das bekannte Wort Gottfried Benns (†1956) gemeint: „Die Krone der Schöpfung, das Schwein, der Mensch".[1] Insofern das Bild der Krone auf eine Herrschaft des Menschen über den nichtmenschlichen Kosmos anspielt, ist die Stimmung der heutigen Zeit doch eher von der Selbstanklage und vom Hang zur Verzweiflung über den weiteren Verlauf des vom Menschen gefährdeten Lebens auf der Erde geprägt. Im Rahmen des UNO-Gipfels 1992 in Rio de Janeiro, bei dem das auch für die EXPO 2000 maßgebende Nachhaltigkeitsthema formuliert wurde, hieß es, das Umweltproblem resultiere gerade aus der vernunftbedingten Weltoffenheit des Menschen. Daher stamme auch „der evolutionäre Erfolg unserer Spezies, der uns zum malignen Tumor der Schöpfung entarten läßt".[2] Die heutige Zeitstimmung erinnert an den Propheten Jeremia: „Sag zum König und zur Herrin: Setzt euch tief hinunter; denn eure prächtige Krone sinkt euch vom Haupt" (*Jer* 13, 18).

Ijob hatte noch Gott für sein Schicksal verantwortlich machen können: „Meiner Ehre hat er mich entkleidet, die Krone mir vom Haupt genommen" (19, 9). Im Gegensatz dazu wird heute meistens der Mensch selbst als Ursache der Krise genannt. Zurückgeführt wird die Krise zwar nicht mehr auf Gott selbst, wohl aber auf eine traditionelle Gottesverehrung des sich zum Bild Gottes hochstilisierenden Menschen. Zur Lösung der Krise wird dementsprechend die Absage an jede Sonderstellung und jedes Herrschaftsstreben des Menschen verlangt. Die Kritik an der Mensch-Krone-Vorstellung verbindet sich mit der Kritik am überkommenen jüdisch-christlichen Schöpfungsglauben. Nicht erst der Befehl zum *dominium terrae* des Menschen (*Gen* 1, 28) gehe in die Irre; verderblich sei schon die Vorstellung der weltübersteigenden Transzendenz des einzigen Gottes und infolgedessen das Konzept einer (relativen) Transzendenz seines Ebenbildes. Die Tendenz zur Remythologisierung der Natur und zur Neubelebung des Polytheismus hat sich als programmatische Gegenbewegung längst etabiliert, die von einer Konkurrenzvorstellung ausgeht: Die Vergöttlichung des Irdischen soll Gott und den Menschen relativieren. Man meint dabei zu wissen, wann, in welchem Sinn und mit welchen Konsequenzen der Mensch früher als Krone der Schöpfung betrachtet wurde. Man meint ferner zu wissen, daß die Niederlegung der gottebenbildlichen Krone ohne weiteres der nichtmenschlichen Natur zugute kommen müßte. Viele unserer Zeitgenossen sähen gern die heutige Epoche als die Zeit bestimmt, in der diese angeblich vermessene und so schädliche Überzeugung von einst endlich überwunden wird.

An dieser Stelle werden aber erste Aporien der heutigen Stimmung deutlich. Man vergißt die Konsequenz, die im Wort von Jacques Monod (†1976) über die Implikationen einer rein naturalistischen Entstehung des organischen Lebens deutlicher anklingt. „Der alte Bund ist zerbrochen; der Mensch weiß endlich, daß er in der teilnahmslosen Unermeßlichkeit des Universums allein ist, aus dem er zufällig hervortrat. Nicht nur sein Los, auch seine Pflicht steht nirgendwo geschrieben."[3] Heute werden die Menschen einerseits ermahnt, auf jeglichen Anspruch auf eine Höherstellung im Kosmos zu verzichten, während andererseits die Mahnung selbst in ihrer sittlichen Qualität (in bezug auf die Pflicht) und in ihrem wertenden Charakter (in bezug auf das eventuell zu beklagende Los) verrät, daß die Forderung nach Selbstrelativierung unzulänglich formuliert ist. Gerade aus seiner Sonderstellung heraus ist der Mensch sich selbst und seinem Mitgeschöpf zum Problem geworden; aber nur so ist er auch sittlich verpflichtet, nach Überlebensstrategien für sich und für andere Lebewesen zu suchen. Zwar läßt sich das Streben nach gemeinsamem Überleben wieder naturalistisch als selbstverständliches Verhalten beschreiben, aber das, was diesem Streben entgegenwirkt, gehört dann nicht weniger zum Faktum des menschlichen Verhaltens. Allein unter der Voraussetzung einer gewissen Sonderstellung trifft die Klage von einst auf die heutige Menschheit: „Die Krone ist uns vom Haupt gefallen. Weh uns, wir haben gesündigt" (*Klgl* 5, 16). Sonst hätte die moralische Anklage ebensowenig Sinn wie die Wehklage über das natürliche Los des Seienden. Postuliert man eine völlige Egalität unter allem Seienden, so wäre das Bedauern über ein mögliches Ende des menschlichen oder auch des außermenschlichen Lebens auf Erden so wenig sinnvoll wie ein Bedauern über den Untergang der Dinosauier oder das Verglühen eines Sternes. Nicht erst das menschliche Leben, auch das organische Leben insgesamt scheint ohnehin eine zeitliche und räumliche Abnormalität im Kosmos zu sein. Sollte dies sogar als ein unglücklicher Zufall erscheinen, wäre es widersprüchlich, über eine Rückkehr zur Normalität zu klagen. Nur dort, wo im Rahmen einer ontologischen Stufung des Seienden auch eine gewisse (nicht jedwede) Sonderstellung des Menschen noch feststeht, kann von seiner Pflicht zur Gestaltung der Natur bzw. von einer Verletzung dieser Pflicht gesprochen werden; und nur dort wird das volle Ausmaß berechtigter Trauer sichtbar.

Die Veränderung der Stimmung in jüngster Zeit läßt sich aus dem Kontrast mit einem Argument Bertrand Russells (†1970) gegen das Christsein ermessen: „Der Mond führt uns vor Augen, worauf die Erde zusteuert: auf etwas Totes, Kaltes, Lebloses. Eine solche Aussicht sei deprimierend, sagt man uns, und manche behaupten, sie könnten nicht weiterleben, wenn sie daran glaubten. In Wahrheit macht sich niemand viel Gedanken darüber, was in Millionen von Jahren sein wird."[4] Weder aus naturwissenschaftlichen noch aus theologischen Gründen läßt sich mit Sicherheit sagen, ob diese mondlandschaftliche Zukunft nun doch erheblich schneller eintritt oder nicht. Daß sie aber *möglicherweise* doch etwas näher vor der Tür steht, ist heute etwas, worüber sich sehr viele Menschen und viele Disziplinen Gedanken machen, darunter eben auch die Theologie, die angesichts der ökologischen Krise ihre Quellen und ihre eigene Geschichte neu zu durchdenken hat.[5] Denn abgesehen von der historischen Frage, inwiefern die frühere Glaubenstradition zur heute sichtbar gewordenen Krise beigetragen hat, ist die weitere systematische Frage zu stellen, wie der Glaube im Licht neuer Erkenntnisse tiefer zu begreifen und zu einer angemessenen Haltung gegenüber der Krise heranzuziehen ist.

2. Die theologische Fragestellung der Gegenwart

Es kann nicht sonderlich überraschen, wenn in der theologischen Diskussion das sittlich-moralische Moment stark in den Vordergrund rückt. So hat auch die Europäische Ökumenische Versammlung in Basel 1989 bei ihrem Bemühen um den „Frieden in Gerechtigkeit für die ganze Schöpfung" die Selbstanklage der Menschheit in bezug auf die ökologische Krise knapp und deutlich formuliert. „Der wahre Grund für diese Fehlentwicklung ist in den Herzen der Menschen, in ihrer geistigen Einstellung und Mentalität zu suchen",[6] d.h. in der Selbsttäuschung und der Selbstüberschätzung, in ethikfreien Wirtschafts- und Wissenschaftssystemen, im blinden Vertrauen auf die Technik und – mit Bezug auf unsere Thematik – „in der Überzeugung, daß dem

Menschen die geschaffene Welt zur Ausnutzung und nicht zur Fürsorge und Pflege übergeben wurde".[7] Die einzelnen Anklagepunkte sind leider nicht von der Art, daß wir gänzlich auf Unschuld plädieren könnten.

In der Kritik der Basler Versammlung an einer nicht näher bestimmten Überzeugung von der Rechtmäßigkeit einer „Ausnützung" der Natur sowie in der genannten Alternative dazu, d.h. in „Fürsorge und Pflege" der Natur, klingt die innertheologische Problematik um Vergangenheit und Zukunft des *dominium terrae* an, das ein Moment des vielschichtigen Begriffs „Krone der Schöpfung" ausmacht. Das auf der Versammlung in Basel zum Ausdruck gebrachte Anliegen, angemessener als bisher auf die Umweltkrise zu reagieren, bedeutet auch die Aufgabe, schon vor einer Ethik und zu deren Grundlegung eine angemessene theologische Anthropologie zu entwickeln. Die Versammlung war zwar nach wie vor bereit, dem Menschen eine gewisse Einmaligkeit und eine Sonderstellung im Kosmos einzuräumen, betonte aber ungleich stärker die geschwisterliche Stellung des Menschen unter den anderen Geschöpfen.[8] Im Anschluß an Gregor von Nazianz wird der Mensch (zumindest vor dem Fall) als „König über alles auf der Erde", als ein Mikrokosmos bzw. eine „andere Welt groß in ihrer Kleinheit" beschrieben.[9] Zugleich wird aber als ein Mißverständnis des Schöpfungsauftrages die Ansicht beschrieben, der Menschheit sei es gestattet, „sich die Schöpfung für ihre eigenen Zwecke ‚untertan' zu machen".[10] Der Mensch sei vielmehr nur ein in geschwisterlicher Gemeinschaft verantwortlicher Haushalter der Schöpfung.[11] Daher wird eine Umkehr verlangt, um nach einem Weg zu suchen, der „aus der Trennung zwischen dem Menschen und der übrigen Schöpfung, aus der Herrschaft des Menschen über die Natur"[12] hinausführt. Für den Ausdruck „Krone der Schöpfung" wäre hier wenig Zustimmung zu erwarten. Es fragt sich nur, ob mit der Abgrenzung gegenüber zerstörerisch wirkenden Vorstellungen bereits auch das richtige Selbstverständnis des Menschen schon gewonnen ist, von dem aus er den Dienst leisten kann, der von ihm verlangt wird.

Die Frage ist zunächst eine historische, ob das biblische oder sonst ein traditionell theologisches Bild vom Menschen als Krone der Schöpfung bzw. vom *dominium terrae* für die ökologischen Fehlentwicklungen mitverantwortlich gewesen sei. Einige Denker wie Sir Frank Fraser-Darling bejahen dies energisch. „Der westliche Mensch hat, indem er die jüdisch-christliche Religion übernahm, nicht nur alle anderen Lebewesen, die nicht seiner Art angehören, von der Gemeinschaft mit Gott und sich selbst ausgeschlossen, sondern auch die bequeme Überzeugung entwickelt, daß Gott den Rest der Lebewesen zum Gebrauch und Ergötzen des Menschen geschaffen habe."[13]

Die Fragwürdigkeit des sogenannten Schöpfungsauftrags bzw. des Kultur- und Technikauftrags im biblischen Schöpfungsbericht führte vielerorts zu der bereits erwähnten Konkurrenzvorstellung: Nur durch die Herabstufung von Gott und Mensch sei die Aufwertung der nichtmenschlichen Natur zu erreichen. Richtig daran ist zumindest, daß die ethische Frage eine fundierte oder abgeleitete ist, die uns daher drängt, nach den ihr zugrundeliegenden Vorstellungen zu fragen. Auf hohem theologischen Niveau wurde die Gegenüberstellung von dem Naturbegriff auf der einen und dem Gottes- bzw. Menschenbild auf der anderen Seite noch einmal von zwei Theologen aufgenommen, die mit der Baseler Versammlung in einem engen Zusammenhang standen: Jürgen Moltmann und – in Deutschland freilich weniger bekannt – der Norweger Per Lønning.

In demselben Jahr wie die Basler Versammlung veröffentlichte Lønning eine Studie, die aus einem Projekt des Straßburger Instituts für ökumenische Forschung hervorging: „Die Schöpfung – eine ökumenische Fragestellung?"[14] In differenzierter Weise vergleicht der Autor die Schöpfungstheologien der verschiedenenen christlichen Konfessionen, um sie auf ihre jeweiligen Stärken und Schwächen – und damit verbunden auch auf ihre gebotene Komplementarität – hin zu prüfen. Neben einer zunehmenden Annäherung allgemeiner Auffassungen werden auch charakteristische Sonderpositionen und Sonderprobleme festgestellt. Für seine Darstellung der römisch-katholischen Theologie stützt sich Lønning vor allem auf die im Rahmen des Straßburger Projekts 1983 vorbereitete Expertise von Karl Lehmann zu dem vorgegebenen Thema „Natur und Übernatur: Dimensionen der Schöpfung".[15] Mit Lehmann, aber auch über ihn hinausgehend hebt Lønning die große Bedeutung der Natur auch für die vor dem 19. Jahrhundert ausgearbeitete Theologie im römisch-katholischen Bereich hervor. Besonders bei Thomas von Aquin meint der

Autor einer wenig starren Naturvorstellung zu begegnen, da der Naturbegriff am Modell des Organischen von der Teleologie, also von einem noch nicht realisierten Ziel her verstanden worden sei. „Das Naturseiende ist nicht das, was es zunächst ‚ist' – eben Dinge ohne jeden Zusammenhang –, sondern das, was es in einer – noch nicht erreichten – universalen Harmonie sein sollte."[16] Die systematische und vor allem die ethische Festlegung des Naturbegriffs im ausgehenden 19. wie im 20. Jahrhundert führte aber zu einer für den Autor gut verständlichen Reaktion, die in Annäherung an personalistische Ansätze wie dann auch an die heilsgeschichtliche Theologie Karl Barths eine zunehmende Anthropozentrik für die gesamte Theologie mit sich brachte. So verständlich diese Reaktion gewesen sei, stellt der Verfasser zum Schluß fest: „Die heutige ökologische Herausforderung mag ein Indiz dafür sein, daß die neuere Anthropozentrik für die Schöpfung weniger hilfreich sein dürfte als eine revidierte Version der älteren kosmologischen Orientierung. Die Frage sollte jedenfalls gestellt werden."[17] Diese Frage, wie im Anschluß an das ältere Erbe das kosmologische Gewicht wieder in den Schöpfungsbegriff zu bringen wäre, stand dann allerdings außerhalb des Rahmens von Lønnings Studie.

Das Urteil der für die Basler Versammlung maßgeblichen Analyse Jürgen Moltmanns fällt zwar anders aus, läßt aber die gleiche Spannung zwischen dem Nachdenken über die Natur einerseits und dem Fokus auf Mensch/Gott andererseits erkennen. In seiner „ökologischen Schöpfungslehre", die von der ökologischen Krise her, aber über den moralischen Kontext hinaus eine umfassende Schöpfungstheologie entwickelt, sieht Moltmann ein Mißverständnis nicht in den biblischen Texten selbst angelegt, wohl aber in der früheren theologischen Auslegung der Texte. „Die *anthropozentrische Weltanschauung*, nach der Himmel und Erde nur um des Menschen willen geschaffen sind und der Mensch ‚die Krone der Schöpfung' ist, wird zwar von ihren Vertretern wie von ihren Kritikern als ‚biblische Tradition' ausgegeben. Sie ist aber unbiblisch, denn nach biblischen, jüdischen und christlichen Traditionen hat Gott die Welt aus Liebe um seiner Herrlichkeit willen geschaffen, und die ‚Krone seiner Schöpfung' ist nicht der Mensch, sondern der *Sabbat*."[18]

Moltmann weist darauf hin, daß die Beschreibung des Menschen als „Krone der Schöpfung" nicht in der Bibel vorkommt (auch nicht in *Ps* 8, übrigens aber auch kaum in der vorneuzeitlichen Theologie). Entgegen einer bis vor kurzem dominanten und heute noch vertretenen Deutung der christlichen Theologie als dezidierter Anthropozentrik[19] erweist sich Moltmanns Vorschlag insofern als richtungsweisend, als durch die Wiedergewinnung der theozentrischen Dimension der Schöpfungslehre eine einseitige Anthropozentrik mit der daraus folgenden Irrelevanz der Natur für die Theologie korrigiert werden kann. Eine gewisse Theozentrik erlaubt es uns, dem Menschen doch eine qualifizierte Sonderstellung im Kosmos einzuräumen, ohne ihm damit einen Freibrief für jedweden Umgang mit der Natur auszustellen, aber auch ohne dem anderen Extrem einer synkretistisch-mystizierenden Kosmozentrik (wie etwa in jüngerer Zeit bei Matthew Fox[20]) zu verfallen, für die der „kosmische Christus" gemäß einer remythologisierenden „Schöpfungsspiritualität" nun mit der „Mutter Erde" oder einem umweltbewußteren, nach neuer Sinnlichkeit strebenden Zeitgeist zu identifizieren ist. Der popularisierende Rückgriff auf locker miteinander verknüpfte, mythische Kosmologien „wäre nichts anderes als die Auflösung des spezifisch jüdisch-christlichen Schöpfungsglaubens in die allgemein-religiöse Überhöhung einer gegenwärtig verhandelten Weltanschauung".[21]

Die neue Kosmozentrik, wie sie auch im christlichen Umfeld der New-Age-Bewegung vertreten wird, spürt das Unvermögen einer exklusiven Anthropozentrik (einschließlich deren Gottesbildes), in praktisch-ethischer sowie in kognitiv-theoretischer Hinsicht auf das nichtpersonale Sein (bzw. auf ein Sein, das nicht nur in personalen Kategorien zu erfassen ist) adäquat einzugehen. Ob indes mit der Relativierung der Sonderstellung des Menschen und konsequenterweise auch seiner Verantwortung vor Gott viel für Umwelt und Gerechtigkeit gewonnen ist, läßt sich bezweifeln.[22] Gerade die einer europäischen Tradition verpflichtete Romantisierung von „Naturvölkern", die sich für sie nur noch als edle Wilde ohne jede Entfremdung von der Natur interessiert, scheint erst recht eine eurozentrische Aneignung des Anderen zu sein, ohne ihn als historisches Subjekt ernst zu nehmen. Häufig werden sogenannte „Naturvölker" als Billigimporte für das seelische Wohlbefinden der technologisch entwickelten bzw. enggeführten Welt funktionalisiert. Der ungleich vielzitierte Häuptling Seattle z.B. bleibt heute nur noch in Erinnerung, insofern der ihm von Nichteingeborenen angedichtete Spruch wiederum von Nichteingeborenen zur eigenen Selbstkorrektur zitiert wird. Eine eingehende Studie mythischer und kultischer Texte, z.B. jener der kalifornischen Yurok- und Karok-Stämme beim alljährlichen Aufbau des Staudamms zum Lachsfang, könnte viele Beispiele anführen, welche zur Maximierung des Fangs einst der Götter gedachten, kaum welche dagegen, die auf eine Einschränkung des Fangs zwecks der Konservierung des den Göttern Vorenthaltenen drängten.[23] Die religiösen und weltanschaulichen Faktoren sind nicht die einzigen, die den schonenden Umgang der Eingeborenen mit der Natur verstehen lassen, genausowenig wie die religiösen Vorstellungen ihrer europäischen Eroberer den Hauptgrund für deren schonungslose Ausbeutung von Natur und Mensch darstellen. Der heutige Trend zur Remythologisierung verfehlt im allgemeinen den im eigenständig geschichtlichen Kontext situierten Mythos und bleibt an der dem Abendland überkommenen Alternative „Mensch oder Natur" haften, selbst wenn zwischen beiden hin- und hergeschwankt wird.[24] Die von Moltmann vertretene Theozentrik hingegen hat den prinzipiellen Vorteil, daß mit Gott zusammen auch seine Werke zu achten seien, solange Gott selbst nicht zum Konkurrenten seiner Schöpfung gemacht wird. Über die gegensätzlichen Forderungen Anthropozentrik, Kosmozentrik oder Theozentrik hinausgehend ist aber festzuhalten, daß sich die anthropozentrischen, theozentrischen und kosmozentrischen „Kreise" überschneiden und ergänzen müssen. Insofern das Ineinander der drei Kreise im eschatologischen „Sabbat" vollendet wird, könnten gerade in ihm – im Anschluß an die Überlegungen Moltmanns – das Ziel und der Gipfel der Schöpfungstat gesehen werden.

Zugleich wäre die Frage an Moltmann zu richten, ob es nicht ein Ausweichen vor dem Problemgehalt der biblischen und theologischen Tradition sei, wenn gesagt wird: „Die konkrete biblische Vorstellung vom ‚Untertanmachen der Erde' hat gar nichts mit jenem Herrschaftsauftrag zu tun, den die theologische Tradition jahrhundertelang als das *dominium terrae* gelehrt hat, sondern ist ein Speisegebot: Die Menschen sollen zusammen mit den Tieren von dem leben, was *die Erde* durch Pflanzen und Bäume an Früchten hervorbringt."[25] Allerdings wird dann doch eingeräumt: „Ein Auftrag zum ‚Herrschen' findet sich nur *Gen* 1,26: ‚Und

Gott sprach: Laßt uns Menschen machen, ein Bild, das uns gleich sei, die da herrschen über die Fische im Meer und die Vögel unter dem Himmel und über das Vieh und über die ganze Erde'."[26] Zweifellos ist dieses Herrschen (übrigens selbst jenes von *Gen* 1, 28 und 9, 1ff.) „an jene Entsprechung der Menschen zu Gott, dem Schöpfer und Erhalter der Welt, gebunden, die mit Gottebenbildlichkeit bezeichnet wird";[27] gerade dies aber wirft die Frage nach der Sonderstellung des Menschen als einzigartiges Bild Gottes auf. Die Frage ist nicht allein mit dem Verweis auf das jahwistische Bild vom „bebauenden und bewahrenden Tun eines Gärtners"[28] zu lösen, zumal die Erschaffung des Menschen hier noch vor der sonstigen Schöpfung erzählt wird. Das Vieh, die Vögel und die wilden Tiere im jahwistischen Garten werden dem Menschen noch unmittelbarer zugeordnet als in der priesterschriftlichen Erzählung. Die Einschränkung des Herrschaftsauftrages auf eine nicht-tyrannische, eher treuhänderische Herrschaft ist durchaus grundgelegt, doch dies gilt auch für den Umgang des Menschen mit seinesgleichen, ja selbst mit seinem „eigenen" Leben. Ist der Mensch nicht von Anfang an direkter beteiligt und betroffen als ein angestellter Gärtner oder ein „Friedensrichter"?[29] Der priesterschriftliche Bericht vom Noach-Bund (*Gen* 9) wiederholt einige der kontroversen Stellen des Schöpfungsberichts und wirft neue Probleme auf (etwa in bezug auf die „Furcht und Schrecken" von *Gen* 9, 2), die sich nur zum Teil aus der infralapsarischen Situation erklären. Andererseits sind gerade im priesterschriftlichen Bericht Ansätze enthalten, die für ein im Licht der ökologischen Krise vertieftes Verständnis der Schöpfungslehre von großem Belang wären. Dazu gehört die relative Eigenzwecklichkeit der Tiere, die in der Noach-Erzählung[30] und im „Gutheißen" der Schöpfung durch ihren Schöpfer (vor allem *Gen* 1, 31) impliziert ist.[31] Neben solchen normativ gemeinten Aussagen sind auch noch Aitiologien des Faktischen in der Schrift zu erkennen (was zum Vergleich von *Gen* 9, 2 mit dem „Gewalttätigsten" des berühmten Chorlieds aus der Antigone von Sophokles, v. 332–375, berechtigt).[32] Zudem muß eine fundierte Hermeneutik biblischer Aussagen jene Ungleichzeitigkeit mitbedenken, die den gegenwärtigen Kontext des „Untertanmachens der Welt" von der geschichtlichen Situation vor 2000 bzw. 3000 Jahren unterscheidet.

Gegenüber Moltmanns Kritik am theologiegeschichtlichen Verständnis der biblischen Aussagen ist aber doch einzuräumen, daß bis in die jüngste Zeit es immer wieder zu theologisch motivierten Mißdeutungen der Vorstellung vom Menschen als der Krone der Schöpfung gekommen ist. Solche theologischen Fehlinterpretationen sind nicht immer theoretisch geblieben. Man denke etwa an die Kontroverse um James Watt, den Innen- und Umweltminister der Vereinigten Staaten in den Jahren 1981–1983. Watts Äußerungen erweckten bei seinen Kritikern den Eindruck, die christliche Überzeugung des freikirchlichen Protestanten in bezug auf den Schöpfungsauftrag (Untertanmachung und Okkupation der Erde) und die Naherwartung des wiederkehrenden Christus würde ihn in seiner umwelt- und wirtschaftspolitischen Ansicht nur bestärken, die Ressourcen der Erde energisch und ohne besondere Zurückhaltung zu beanspruchen.[33] Moltmann selbst schränkt seine Kritik an der Theologiegeschichte insofern ein, als er die Fehldeutung biblischer Texte vor allem als Folge der anthropozentrischen Wende zu Beginn der Neuzeit betont. So kann er auf die neuzeitliche Zweckbestimmung der Naturwissenschaft hinweisen, welche unter Berufung auf den Schöpfungsauftrag bei Descartes zur besitzenden Herrschaft über die Natur, bei Francis Bacon geradezu zur „Versklavung" der Natur führen sollte.[34] Die in der Renaissance und der frühen Neuzeit anzutreffende „Wiederentdeckung" des Schöpfungsberichtes, welche die Hoheit und die Autonomie des Menschen gegenüber der Natur mit bisher unbekanntem Nachdruck unterstrich, grenzte sich bewußt von der früheren theologischen Tradition ab, die nun als zu pessimistisch und passivistisch in bezug auf die Stellung des Menschen im Kosmos eingeschätzt wurde.[35]

Wie schon Fr. Gogarten[36] setzt auch Wolfhart Pannenberg die bedenklichste Phase des Wandels noch später an: „Erst seit dem 18. Jahrhundert wurde aus dem Auftrag an den Menschen zur Repräsentation der Herrschaft Gottes in der Schöpfung ein Anspruch auf unumschränkte Verfügungsgewalt des Menschen über die Natur, in einer Zeit also, als sich das Selbstverständnis des neuzeitlichen Menschen von der Bindung an den biblischen Schöpfergott ablöste. Es ist darum nicht zutreffend, die westliche Christenheit pauschal mit dieser Verkehrung seiner treuhänderischen Funktion zu belasten. Erst durch die Emanzipation des neuzeitlichen Menschen von der biblischen Offenbarung wurde aus dem biblischen Herrschaftsauftrag eine Unterwerfung der Natur aus eigener Machtvollkommenheit und zu beliebigem Gebrauch."[37] Die Verbreitung der hier beschriebenen Auffassung im 18. Jahrhundert bestätigt die Aussage Kants, der mit expliziten Hinweisen auf den biblischen Schöpfungsbericht schrieb: „Der vierte und letzte Schritt, den die, den Menschen über die Gesellschaft mit Tieren gänzlich erhebende, Vernunft tat, war: daß er (wiewohl nur dunkel) begriff, er sei eigentlich der Zweck der Natur, und nichts, was auf Erden lebt, könne hierin einen Mitbewerber gegen ihn abgeben."[38] Jene Eigenzwecklichkeit, die den sonstigen irdischen Lebewesen bzw. dem inorganisch Seienden abgesprochen wird, scheint nunmehr neben der Beherrschung der Natur ein zweites Merkmal der gängigen neuzeitlichen Vorstellung von der Krone der Schöpfung zu sein. Wie die beiden Aspekte eine Einheit bilden können, zeigt etwa Goethes Brief an Eckermann vom 20. Februar 1831: „Es ist dem Menschen natürlich, sich als Ziel der Schöpfung zu betrachten und alle übrigen Dinge nur in bezug auf sich und insofern sie ihm dienen und nützen."

Unabhängig von der Frage, inwiefern die zur gegenwärtigen Krise beitragende Fehldeutung der Mensch-Krone-Vorstellung durch Schrift und Tradition vorbereitet wurde, wären eingehende Untersuchungen der älteren Texte aus zwei Gründen zu wünschen: erstens um festzustellen, ob uneingelöste Traditionen der Mensch-Krone-Problematik zu entdecken sind, die zum angemessenen Verständnis des biblischen Schöpfungsauftrages beitragen können, sowie zweitens, um nach jenen biblischen Texten zu suchen, die im Licht der ökologischen Krise den geeigneten Ansatz zu einer „Revision" der Schöpfungslehre bieten könnten. Im Rahmen dieser Ausführungen sind nur zwei kleine „Stichproben" möglich, zuerst zur mittelalterlichen Theologie der Stellung des Menschen im Kosmos der Schöpfungszwecke, sodann zur innerbiblischen Auslegung des *Ps* 8, wo die Mensch-Krone-Vorstellung am deutlichsten ausgesprochen und die eschatologische Dimension der Frage sichtbar wird.

3. Die Schöpfungszwecke nach Petrus Lombardus, Bonaventura und Thomas von Aquin

Die Frage nach dem Zweck der Schöpfung wurde für das Mittelalter dadurch unüberhörbar, daß *Petrus Lombardus* (†1160) sie in sein Sentenzenbuch aufnahm. Petrus, der bei anderen Themen wie beispielsweise der Prädestination theozentrische Überlegungen in den Vordergrund gestellt hatte, schlug in diesem Kontext eine betont anthropozentrische Lösung vor („homo in medio").[39] Im Rahmen der Frage, warum der Mensch nach dem priesterschriftlichen Bericht erst nach dem sonstigen Geschöpf erschaffen worden sei, faßt Petrus die Mensch-Krone-Vorstellung lapidar zusammen: Der Mensch war, wie der Herr und Besitzer, allem anderen vorzuziehen („homo tamquam dominus et possessor; qui et omnibus praeferendus erat").[40] Die Ausführungen zur ersten Distinktion des zweiten Buches schwächen die Aussagen nur wenig ab.[41] Mensch und Engel seien wegen der Güte Gottes erschaffen (*propter bonitatem eius*) sowie dazu (*ad quid*), ihn zu loben, ihm zu dienen und sich an ihm zu freuen. Dieses wird als Doppelzweck (*quare vel ad quid)* beschrieben: „Wegen der Güte Gottes und zum eigenen Vorteil". Ihm zu dienen und sich an dem zu freuen, dem zu dienen eben regieren heißt (nach Gregor dem Großen), komme dem Diener, nicht dem Gedienten zunutze.[42] Wenn aber unmittelbar anschließend Petrus feststellt, daß das sonstige Geschöpf dem Menschen genauso dient wie der Mensch Gott, so wäre zu erwarten, daß dieser Dienst ebenfalls dem dienenden Geschöpf selbst und nicht dem damit gedienten Menschen zugute kommt. Doch Petrus sieht (wie auch Hugo von St. Viktor) beide Dienste als eine Förderung des „Menschen, der in den Mittelpunkt gestellt wurde".[43] „Gott wollte sich vom Menschen dienen lassen, damit durch diesen Dienst nicht Gott, sondern dem dienenden Menschen geholfen wird; und er wollte ebenfalls, daß die Welt dem Menschen dient, damit dadurch in gleicher Weise dem Mensch geholfen wird."[44] Die Anthropozentrik der Position wird nochmals deutlich, wenn mit Bezug auf Gott und die Engel erklärt wird, „wieso alles unser ist", d.h. zum Wohl der Menschen.[45] Es bedeutet nur eine begrenzte Abschwächung dieser Anthropozentrik, wenn Petrus feststellt, daß die Engel „schon jetzt unsere" sind, weil sie zu unserem Nutzen da sind, aber nur wie die Sachen der Herrschaften auch Sachen der Dienstboten heißen, nicht von der Herrschaft her (*non dominio*), sondern weil sie zu ihrer Benutzung da sind.[46]

Bonaventuras (†1274) Kommentar zum zweiten Sentenzenbuch des Lombarden übernimmt zwar den Gedanken, daß die Güte Gottes – hier als Grund der Schöpfung – keine Eigennützlichkeit des Schöpfers besagt. Jedoch ist Bonaventura bemüht, die Engführung aller Zwecke auf den Menschen zu vermeiden. Das geschieht nicht zuletzt durch die Betonung des Herrlichkeitsbegriffs. Die Schöpfung sei „wegen der göttlichen Herrlichkeit (*propter suam gloriam*) erfolgt, was aber nicht heißt zur Vermehrung dieser Herrlichkeit, sondern zum Sichtbarmachen dieser Herrlichkeit und zu ihrer Mitteilung. In der Sichtbarmachung der göttlichen Herrlichkeit und in der Anteilnahme an ihr ist nämlich auch die höchste Nützlichkeit für das Geschöpf zu sehen, d.h. auch seine Verherrlichung oder Beglückung."[47] Daß Bonaventura neben der Glückseligkeit, die immer personalen Charakter hat, auch noch an der „glorificatio creaturae" als Zweck der Schöpfung festhält, erlaubt ihm, dem nicht vernunftbegabten Geschöpf eine relative Letztzwecklichkeit einzuräumen. Es dürfte im gewollten Widerspruch zum Lombarden sein, wenn Bonaventura beschreibt, was es heißt, daß der Mensch das sonstige Geschöpf „beherrschen" soll: „Weil nämlich der Mensch der Vernunft fähig ist, daher hat er auch die Wahlfreiheit und ist zur Beherrschung („dominari") der Meeresfische usw. (*Gen* 1, 26) geboren, d.h. weil durch die Ähnlichkeit (mit Gott) er auch dazu geboren ist, unmittelbar auf Gott hin zu neigen, eben deshalb ist das ganze nicht-vernünftige Geschöpf auf ihn zugeordnet, damit durch seine Vermittlung die anderen Geschöpfe zum letzten Ziel hingeführt werden („in finem ultimum perducantur").[48] Die Antwort auf den ersten Einwand unterstreicht die Eigenständigkeit der Zwecke bei der nicht-menschlichen Schöpfung gegenüber ihrer praktischen Nützlichkeit für den Menschen.[49] Selbst wenn Bonaventura an der Rede von der Nützlichkeit der sonstigen Schöpfung für den Menschen (neben der schon erwähnten Selbstzwecklichkeit) festhält, so ist diese „Brauchbarkeit" nicht von der Art, die heute problematisch erscheint. So soll z.B. die Vielfalt der Arten den Menschen an die vielschichtige Weisheit Gottes erinnern. Lebensräume mit Tieren sind schöner als die mit Pflanzen allein. Der

Mensch soll sich am Geschöpf ein Beispiel natürlicher Neigung nehmen können. Auch die giftigen Tiere dienen dem Menschen zur verdienten Bestrafung. Selbst die ständige Abfolge von Geburt und Verenden dient „zur Verschönerung des Universums, sowie das schönste Lied, in dem ein Vers dem anderen folgt."[50]

Die Tendenz, die bei Bonaventura zu beobachten ist, setzt sich bei *Thomas von Aquin* (ebenfalls †1274) fort. Auch bei ihm wird die Theozentrik jener allzu vordergründigen Anthropozentrik des Lombarden entgegengestellt und zur Begründung einer gewissen Kosmozentrik entfaltet. Zwei verschränkte Gedankengänge stehen dabei im Vordergrund: erstens die Transparenz der als Zweck aller Geschöpfe bestimmten Güte Gottes auf das je eigene Sein und auf die jeweilige Vollendung der einzelnen Geschöpfe; und zweitens der Vorzug eines in sich vielfältigen und ontologisch gestuften Universums vor jeder Einzelspezies (einschließlich der menschlichen) als Ort des reflektierten und mitgeteilten Gutseins Gottes.

Zur Vertiefung der ersten Einsicht weist Thomas nach, warum das Gutsein Gottes in einem primären Sinn Ziel der Schöpfung ist, während der Mensch ein solches Ziel nur im abgeleiteten Sinn darstellen kann. Die Güte Gottes ist Ziel der Schöpfung, insofern sie mitgeteilt und abgebildet wird.[51] Gott ist *implizit* das Ziel aller Schöpfung, gerade insofern diese wiederum *explizit* auf die Vollendung des eigenen Seins zielt.[52] Im Schöpfungsbericht sieht Gott das Gutsein seiner Geschöpfe in ihrem Sein selbst.[53] Das Ziel, das als Gottes Gutsein ein dem Selbstvollzug des Geschöpfs *externes* Ziel benennt, soll angeeignet werden, gerade indem das göttliche Gutsein mitgeteilt und – immanent geworden – repräsentiert wird.[54] Jenes Gutsein, das als Ziel des Anderen primär in Frage kommt, muß eine vollkommen freigiebige, uneigennützige Güte sein; daher ist Gott, nicht aber der Mensch als die letzte Zielursache der Schöpfung zu nennen.[55] Die Geschöpfe sind in prinzipieller Weise auf das sich schenkende Gutsein Gottes hingeordnet, während sie dem Nutz der Menschen nur in zweiter Linie zugeordnet sind.[56] Thomas schränkt die Anthropozentrik der Engellehre des Lombarden ein, indem er die Krone-Vorstellung nun umkehrt: Der Engel ist „wegen des Menschen" nur so, wie der König wegen des Bauern und zur Sicherung von dessen Frieden ist.[57]

Darüber hinaus faßt Thomas selbst die sekundäre Nützlichkeit des Mitgeschöpfs für den Menschen im weitesten Sinne auf. Wenn gewisse Tiere infralapsarisch dem Menschen giftig geworden sind, so sind sie nicht nur zu seiner Demütigung oder Bestrafung da, sondern auch dazu, daß er im Sichtbaren die Herrlichkeit und Weisheit Gottes betrachten kann.[58] Dies gilt selbst für jene Wesen, von denen er nur eine sehr vage oder allgemeine Kenntnis hat.[59] Der Mensch kann grundsätzlich von jedem Geschöpf „profitieren", weil er einerseits vernunftbegabt, andererseits mit dem Geschöpf seinsmäßig verbunden ist. Gerade sein Abstand vom sonstigen materiellen Geschöpf ermöglicht ihm eine eigentümliche Nähe dazu, die zum Selbstvollzug der eigenen Natur gehört. „Der Mensch ist nicht Ziel jedes Geschöpfs im Sinn einer letzten Absicht eines jeden Geschöpfs, sondern weil allein dem Menschen ein Nutzen von jedem Geschöpf zukommen kann; dies kommt wiederum nur wegen seiner Anteilhabe an jedem Geschöpf vor."[60] Krone der Schöpfung kann der Mensch also nur sein, weil er seinsmäßig ein immanenter Teil der Schöpfung ist.

Die im göttlich-externen Zweck begründete Eigenzwecklichkeit des Einzelseienden sowie die nichtpragmatischen Arten des menschlichen Nutzens der Schöpfung haben zur Folge, daß das Einzelseiende mehrere Zwecke zugleich haben kann. „Ein Nahziel schließt ein Letztziel nicht aus. Daß das materielle Geschöpf in irgendeiner Weise wegen des geistigen Geschöpfs gemacht wurde, schließt daher nicht aus, daß es wegen des Gutseins Gottes sei."[61] Thomas nennt fünf solche ineinander übergreifende Ziele. Im Makrokosmos ist jedes Geschöpf zunächst wegen des eigenen Tätigseins und der eigenen Vollkommenheit geschaffen. Erst dann sind einige Einzelseiende anderen zugeordnet, wie das Unorganische dem Lebendigen, die Pflanzen dem Animalischen und das materiell Seiende insgesamt dem Menschen. Sämtliche Einzelgeschöpfe sind aber wegen der Vollkommenheit des gesamten Universums. Schließlich ist dann auch das gesamte Universum mit sämtlichen Einzelteilen auf Gott hingeordnet wie auf ein Ziel, gerade insofern in den Geschöpfen zur Herrlichkeit Gottes die göttliche Güte durch eine gewisse Nachahmung repräsentiert wird.[62] Die Perichorese von Kosmozentrik, Anthropozentrik und Theozentrik ist unverkennbar. Der Weg, der vom nicht vernünftigen Einzelgeschöpf über den Menschen und den Kosmos zu Gott führte, kehrt hier wieder zum repräsentierenden Geschöpf zurück. Dieses Ineinander der Ziele besteht, „obwohl die vernunftbegabten Geschöpfe in einer einzigartigen Weise auch noch darüber hinaus Gott zum eigenen Ziel haben, das sie in ihrem Tätigsein durch Erkenntnis und Liebe erreichen können."[63] Die besondere Vorsehung, die der Einzelmensch wegen seiner selbst genießt, dürfe nicht zum Fehlschluß verleiten, daß „die Individuen nicht vernünftiger Geschöpfe etwa nicht unter der unmittelbaren Vorsehung Gottes stünden".[64] Selbst wo die Fürsorge Gottes um sein Geschöpf mit anderen vernünftigen Geschöpfen geteilt wird, also auch dort, wo dem Menschen eine Mitverantwortung für das Mitgeschöpf aufgetragen wird, verringert sich die unmittelbare Vorsehung Gottes nicht.[65] Der Mensch aber zeigt in sich als Mikrokosmos ein dem Makrokosmos analoges Ineinander und eine Zuordnung von Zielen, in seinen Einzelorganen sowie zwischen ihnen in der Zuordnung auf den Gesamtorganismus, in den Seinsprinzipien und im Selbstvollzug des Menschen wie auch in seiner Hinordnung auf Gott.[66] Die höheren Ziele berechtigen nicht zur Verachtung der niedrigeren. Die Natur zu mißbrauchen wäre daher mit der Selbstverstümmelung vergleichbar.

Die Betonung der Vielfalt der Spezies und der vorzüglichen Stellung des Kosmos – auch im Vergleich zum Menschen als Teil davon – wird von Thomas noch einmal mit Bezug auf das Gutsein des Schöpfers unterstrichen. Dieses kommt gerade durch die Vielfalt und Unterschiedlichkeit der Spezies zum Ausdruck. „Er bringt die Dinge ins Sein hervor, um sein Gutsein mit den Geschöpfen zu teilen und es durch sie repräsentieren zu lassen. Weil aber sein Gutsein durch kein einzelnes Geschöpf allein angemessen repräsentiert werden kann, bringt er viele und verschiedenartige Geschöpfe hervor, damit das, was dem einen zur Repräsentation des göttlichen Gutseins fehlt, durch das andere ergänzt werden kann; denn das Gutsein, das in einfacher, einheitlicher Weise in Gott ist, ist in den Geschöpfen vielfach und zerstreut. Daher hat das Gesamtuniversum einen vollständigeren Anteil am göttlichen Gutsein als irgendein Einzelgeschöpf."[67] Fehlten die nicht-vernünftigen Spezies, wäre das Universum unvollendbar.[68] „Das Gutsein der Art geht über das Gutsein des Einzelwesens hinaus (...). Zum Gutsein des Universums fügt also die Vielheit der Arten mehr hinzu als die Vielheit der Einzelwesen in einer einzigen Art. Zur Vollkommenheit des Universums gehört also nicht allein, daß es viele Einzelwesen gibt, sondern daß es auch verschiedene Arten der Dinge gibt und folglich auch verschiedene Stufen in den Dingen."[69] Eine Krone der Schöpfung kann es nur solange geben, als die Vielfalt der unteren Spezies bewahrt bleibt. „Es wäre also keine vollkommene Ähnlichkeit mit Gott im Universum, wenn es nur eine einzige Stufe aller Seienden gäbe."[70] Dieser Sachverhalt erklärt für Thomas (wie vor ihm für Augustinus), warum Gott am Ende des Sechstagewerks sieht, daß die Schöpfung nicht nur gut, wie vorher nach den Werken der einzelnen Tage, sondern sehr gut sei („valde bona"). „Das aber, was im höchsten Maße in den verursachten Dingen gut ist, ist das Gute der Ordnung des Alls, das im höchsten Maß Vollkommene, wie Aristoteles sagt. Damit stimmt die Hl. Schrift überein, wenn es in *Gen* 1, 31 heißt: ‚Gott sah alles, was er gemacht hatte, und es war sehr gut', obwohl er von den einzelnen Werken einfach (nur) gesagt hatte, daß es ‚gut war'. Also ist das Gute der (gesamten) Ordnung der von Gott verursachten Dinge das, was Gott besonders gewollt und verursacht hat."[71]

4. Die Krone der Schöpfung in der Spannung vom Schon-Jetzt, Nicht-Mehr und Noch-Nicht

Die mittelalterliche Rede vom Valde-bona-Urteil über die Gesamtschöpfung wirft die Frage nach den hamartiologischen und eschatologischen Dimensionen der Schöpfungslehre auf. Während der eschatologische Aspekt der Schöpfungslehre im Mittelalter bei einigen wenigen Themen in den Blick trat, etwa bei der Ablehnung jeder Vernichtung der Welt durch Gott[72] oder bei der Frage, inwiefern die verschiedenen Arten nicht-vernünftiger Geschöpfe vollendbar seien,[73] blieb die Gesamtproblematik eher im Hintergrund. Die Frage, ob die Schöpfung aufgehört habe, sehr gut zu sein, bzw. ob sie erst so zu werden habe, wurde im Mittelalter kaum thematisiert. Dagegen hat neuerdings J. Moltmann das bestehende Gutsein der Schöpfung massiv in Frage gestellt: „Es ist für eine biblisch bestimmte christliche Theologie nicht möglich, den gegenwärtigen Zustand der Welt als reine ‚Schöpfung' Gottes anzusehen und in das ursprüngliche Urteil des Schöpfers einzustimmen: ‚Siehe, es war alles sehr gut‘ (*Gen* 1, 31). Für den *gegenwärtigen Zustand der geschaffenen Welt* gilt vielmehr die Erkenntnis des Paulus von dem ‚ängstlichen Harren‘ und der ‚Sehnsucht‘ der Kreatur, ‚die der Nichtigkeit unterworfen ist, ohne ihren Willen, sondern um dessen willen, der sie unterworfen hat, auf Hoffnung hin‘ (Röm 8, 19–21).“[74] Damit stellt sich die Frage, ob das „Seufzen“ der gegenwärtigen Kreatur ihr Gutsein ausschließt bzw. in welcher Beziehung die Schöpfung zu ihrer eigenen Vollendung steht.

Die Unsicherheit in bezug auf das fortbestehende Gutsein der Schöpfung entspricht dem Streit über die Imago-Dei-Lehre; in beiden zeigen sich Elend und Ehre der jetztigen Welt in der Spannung zwischen dem, was war, und dem, was sein wird. Nach der Darstellung W. Pannenbergs[75] war die reformatorische Theologie, welche die Gottebenbildlichkeit als aktuelle Gottesbeziehung aufgefaßt hatte, zuerst vom Verlust der Gottebenbildlichkeit, seit Herder aber eher vom reinen Zukunftscharakter eines allererst zu erhoffenden, allenfalls bereits schon im Werden begriffenen Bildes Gottes im Menschen ausgegangen. Dagegen orientierte sich die katholische Theologie an der von Irenäus bis ins Mittelalter dominierenden Unterscheidung zwischen der infralapsarisch noch erhaltenen Ebenbildlichkeit Gottes im Menschen einerseits (*imago Dei* als Grundstruktur des Menschen) und der sündhaft eingeschränkten Gottähnlichkeit andererseits, welche es wiederherzustellen gilt (*similitudo* als eine zu aktualisierende Gottesbeziehung). Die enge Beziehung der Mensch-Krone-Vorstellung zur *Imago-Dei*-Lehre und zur Gutheit der Schöpfung wirft daher die engverwandte Frage auf, ob der Mensch noch immer die Krone der guten Schöpfung sei, oder ob er diese vielleicht nur einst gewesen sei bzw. ob er sie allererst werden müsse.[76]

Pannenbergs Studien zur Anthropologie haben aber zugleich gezeigt, daß die unterschiedlichen Auffassungen nicht so weit auseinanderliegen, wie es beim ersten Blick erscheinen mag. Die eschatologische Dimension fehlt in der einen Tradition sowenig wie die gegenwärtige Bestimmung zum Ebenbild Gottes in der anderen. So darf das Urteil des katholischen Theologen Leo Scheffczyk mit einem über die konfessionellen Grenzen hinausgehenden Konsens rechnen: „Bedeutsam ist ferner aber auch die Tatsache, daß am Schluß des priesterschriftlichen Berichtes die

Gesamtheit der Dinge und die Fülle der göttlichen Schöpfungswerke als ‚sehr gut' bezeichnet werden (*Gen* 1, 31), wie um nochmals zu unterstreichen, daß alles von Gott Geschaffene das unauslöschbare Siegel seiner Güte in sich trägt. Darüber hinaus deutet der Bericht am Ende in dem Hinweis auf den Schöpfungssabbat auch an, daß die Güte der Dinge auf eine Vollendung ausgerichtet ist, die im Eingehen in die Ruhe des siebenten Tages erreicht werden wird. So findet sich die Güte der Dinge hier zugleich als geltende Wahrheit wie auch als noch höhere Zukunftsverheißung ausgesagt."[77] Daß Scheffczyk die eschatologische Dimension der Schöpfungslehre hervorhebt, dürfte für die ökumenische Lage der heutigen Schöpfungstheologie bezeichnend sein. Dabei hebt der Autor hervor, daß die *Schicksalsgemeinschaft* zwischen Mensch und Kosmos, welche „die Erlösung der Menschen in die Verwandlung des Kosmos und in die Erschaffung ‚eines neuen Himmels und einer neuen Erde' (*Jes* 65, 17) fortsetzt", ebenfalls „die Schicksalsgemeinschaft von Mensch und Kosmos in bezug auf das in der Protologie reflektierte Unheil umfaßt".[78]

Lebt die Theologie insgesamt in der Spannungseinheit von *via positiva* und *via negativa*, so ist dieser Grundzug aller Theologie selten so deutlich wie in der Eschatologie. Die paradox erscheinende Tatsache, daß Paulus zunächst die Gemeinde in Korinth vor einem anschaulichen Denken der Auferstehungswirklichkeit warnt, um unmittelbar danach selbst anschauliche Analogien dafür vorzuschlagen, ist lange bekannt, wenngleich über die Bedeutung dieses widersprüchlich anmutenden Verhaltens kein einheitliches Urteil besteht.[79] So unbefriedigend solche positiven Deutungsversuche bleiben (was dazu führt, daß sie immer wieder einer Kritik unterzogen werden müssen), so muß auch fraglich erscheinen, ob eine ausschließliche *via negativa* dem Geheimnis angemessener gegenübersteht als eine duale Methode. Auch Scheffczyk verweist auf die Spannung zwischen den Möglichkeiten und den Grenzen eschatologischer Rede. Einerseits läßt sich feststellen, „daß in der Parusierede niemals von einer gänzlichen Zerstörung der Welt die Rede ist, obgleich dort allerdings auch eine Verklärung der materiellen Welt noch nicht erwähnt ist".[80] Noch positiver wird gesagt, daß für die neutestamentliche Christologie „die Verwandlung der Schöpfung im Bereich des Menschlich-Gnadenhaften beginnt und sich von hier aus auf die ganze Welt fortpflanzt".[81] Das bedeutet „eine Weltverklärung durch das Kommen Christi, die bei der Menschheit beginnt und sich auf die außermenschliche Schöpfung ausweitet".[82] Vor dem Hintergrund der Schicksalsgemeinschaft des Menschen mit der sonstigen Schöpfung besagt die Auferstehung Christi, daß „die Menschheit und der ganze Kosmos von diesem Ereignis bis in die Wurzeln ergriffen und verwandelt werden".[83] Andererseits läßt sich bei „der nicht leicht zu entscheidenden Frage, ob diese Bilder (etwa des neuen Himmels und der neuen Erde) realistisch oder rein spiritualistisch zu deuten sind",[84] keine nahtlos erwachsende Eschatologie ohne apokalyptische Überbietung denken. „Über den Modus dieser vollendeten Kosmizität und erfüllten Geschichte der Welt kann das anschauliche Denken freilich keine distinkten Aussagen machen."[85] Die sehr irdischen Bilder der Vollendung bedürfen einer negativen Eschatologie, die davor warnt, über das Grundsätzliche hinaus gesicherte Aussagen machen zu wollen.

Die Mensch-Krone-Vorstellung wird in der Heiligen Schrift wohl am ehesten in *Ps* 8 angedeutet. „Du hast den Menschen nur wenig geringer gemacht als Gott, hast ihn mit Herrlichkeit und Ehre gekrönt" (V. 6). Diese Krönung wird in Beziehung zum Schöpfungsauftrag gesetzt: „Du hast ihn als Herrscher eingesetzt über das Werk deiner Hände, hast ihm alles zu Füßen gelegt: All die Schafe, Ziegen und Rinder und auch die wilden Tiere, die Vögel des Himmels und die Fische im Meer, alles, was auf den Pfaden der Meere dahinzieht" (V. 7–9). Das Bild des Menschen als eines herrlich-ehrenvoll gekrönten Herrschers über das Getier wird aber durch mehrfache Hinweise des Psalmisten wieder in Frage gestellt.[86] Zu Beginn und am Ende des Liedes wird auf den Herrn „unseren Herrscher" hingewiesen, auf seine Vollgewalt auf Erden und seine Hoheit über den Himmel (V. 2; 10). Gottes Macht würde es ihm erlauben, seine Feinde nur mit der Hilfe des Geschreis der Säuglinge verstummen zu lassen (V. 3). Doch nicht nur im Vergleich zu Gott, sondern auch beim Anblick der Himmelskörper kommt sich der Mensch klein vor: „Was ist der Mensch, daß du an ihn denkst, des Menschen Kind, daß du dich seiner annimmst?" (V. 5). Der Vergleich mit *Ps* 144, 3 zeigt, daß Martin Bubers Übersetzung genau den Sinn von *Ps* 8, 5 trifft: „Was ist das Menschlein, daß du sein gedenkst?"[87] Die Spannung zwischen Hoheitsgefühl und Demut, zwischen Hoffnung und Selbstzweifel zeigt sich auch an der Parallelstelle *Ijob* 7, 17, wo allerdings die Akzentsetzung umgekehrt ist. Dort besteht die fast verzweifelte Spannung zwischen einem Niedrigkeitsgefühl und der verlangten Rechenschaft bzw. der auferlegten Prüfung: „Was ist der Mensch, daß du groß ihn achtest und deinen Sinn auf ihn richtest, daß du ihn musterst jeden Morgen und jeden Augenblick ihn prüfst? Was tat ich dir, du Menschenwächter? Warum nimmst du mein Vergehen nicht weg? Dann könnte ich im Staub mich betten; suchtest du mich, wäre ich nicht mehr da."

Das Unvermögen dieser alttestamentlichen Texte, ohne Qualifizierung den Menschen zur Schöpfungskrone zu deklarieren, wurde vom Neuen Testament insofern anerkannt und gebilligt, als alle drei Zitate des Textes innerhalb des Neuen Testaments nicht im deskriptiv-anthropologischen, sondern im christologisch-eschatologischen Kontext stehen: *I Kor* 15, 27, *Eph* 1, 22 und *Hebr* 2, 6–8. Nicht vom Menschen im allgemeinen, sondern von dem Christos ist die Rede, dem alles unter die Füße gelegt wurde, damit er alles in allem sei, Haupt der Kirche, seines Leibes und seiner Vollgestalt (*Eph* 1, 22). Auch er wird zuletzt diese Herrschaft an den Vater zurückgeben (*I Kor* 15, 27). Der *Hebräerbrief* verbindet den Hinweis auf die Auferstehung Christi und seine Vollendung der Welt mit dem Gedächtnis des „Todesleidens", als er „für kurze Zeit unter die Engel erniedrigt wurde" (*Hebr* 2, 6–8).

Die eschatologische Ausrichtung der biblischen Mensch-Krone-Vorstellung wirkte sich auf die Patristik aus. Tertullian hat in seinem Werk *De corona* die Vielfalt der Kranzbräuche in der Antike und den Werdegang des Kronensymbols kritisch behandelt, um die christologische und eschatologische Verwandlung des Kronensymbols apologetisch zu betonen.[88] Durch seine Dornenkrone habe der *rex Iudaeorum* eine neue Dimension des Symbols freigelegt und uns dadurch vor seinem Gott und Vater zu Königen gemacht.[89] Durch das Werk werden uns zugleich seltene Auskünfte über gerade jene Bräuche übermittelt, die der afrikanische Kirchenvater verdrängen wollte. Abgesehen von den eher privaten Anfängen des Brauchtums, wo geflochtene Kränze aus Blumen und Pflanzen als Liebesbezeigungen oder Brautkränze dienten, begegneten die Kränze zuerst im kultischen Bereich. Die Pflanzenkränze variierten in ihrem Material je nach der Gottheit, deren Priester, zum Teil aber auch deren Opfer sie trugen. Erst später wurden sie zum Symbol des sportlichen oder militärischen Sieges („Lorbeer- und Ölkränze"), dann zuletzt zum Symbol des Herrschers als des endgültigen und göttlichen Triumphators. Die Krone ahmte den Kranz (z. T. aber auch die Sonne) im Edelmetall nach. Die Bedeutung der untersuchten Texte für unsere Frage läßt sich thesenartig formulieren, wobei diese geschichtliche Entwicklung nun umgedreht wird.

Erstens, zum Symbol der Krone: Die Eschatologie zeigt in ihrem apokalyptischen Moment die Herrschaft des Menschen als eine untergeordnete Dimension der Mensch-Krone-Vorstellung. In welchem Maß der Unvollkommenheit es dem Menschen am Ende gelungen sein wird, seinem Auftrag als Hüter und Bebauer der Schöpfung nachzukommen, läßt sich noch nicht sagen. Daher kann die Theologie den Streit zwischen Technikfreunden und Technikfeinden nicht schlichten. Sicher ist nur, daß der Mensch für die Zeit seiner Verwaltung Rechenschaft abzulegen hat. Das Schicksal der Schöpfung und die irdische Geschichte ihres Verwalters haben beide eine ewige Bedeutung, die über das Ende des Schöpfungsauftrages hinausreicht. Daß der Mensch hier jene Unsicherheit am eigenen Leib mitspürt, die auch in seiner Umwelt sichtbar wird, und daß er sich oft eher in jener Spottkrone, der Dornenkrone, wiedererkennt, ist sachlich nur angemessen. Als Dornenkrone der Schöpfung hält der Mensch mit der sonstigen Schöpfung zusammen und auch für sie Ausschau nach dem Heil, das sie sich nicht herstellen und nicht aus immanenten Kräften heraus entwickeln kann.

Zweitens, zum Bild des Siegerkranzes. Ob sich das Ende der Welt eher harmonisch oder gewaltsam vollzieht, wird uns selbst in den Parusiereden der Evangelien oder in der *Offenbarung des Johannes* nicht eindeutig mitgeteilt. Im auferstandenen Christus hat Gott sich endgültig des Menschen und – *zumindest* in Gemeinschaft mit ihm – des Kosmos angenommen. In der unsicheren Zukunft von Mensch und Umwelt zeigt sich nochmals ihre Schicksalsgemeinschaft. In bezug auf das Siegen und das Besiegtwerden bleibt für beide noch vieles offen. Fest steht allerdings, daß Sieg und Niederlage des Menschen nach dem Maß beurteilt werden, wie es ihm gelingt, das Seinige zur Bewahrung der Vielfalt als primärer Schöpfungsabsicht beizutragen. Vor die Alternative gestellt, neue Möglichkeiten zu entwickeln oder die bereits gegebene Vielfalt zu bewahren, muß das Zweite den Vorrang erhalten.

Zuletzt zum Bild der ersten Anfänge des Kranzes. Der Vorschlag, im Sabbat selbst die Krone der Schöpfung zu sehen,[90] wirkt zunächst als Widerspruch zum Wort Jesu, der Mensch sei Herr des Sabbats, nicht umgekehrt. Als göttlicher Sabbat aber, als göttliches Empfinden des „Valde bona" in bezug auf die gesamte Schöpfung, entbehrt der Vorschlag keineswegs einer eigenen Plausibilität, solange der Sabbat seinen Reflex im Menschen und im außermenschlichen Geschöpf findet. Nicht nur das Tun der Schöpfung, sondern auch (und ursprünglicher) das, was an ihr getan wird, macht sie zu dem, was sie ist. Die Schöpfungswahrheit besagt gerade, daß es Gottes Liebe ist, die jenen Freiraum öffnet, der die Existenz und der Selbstvollzug des Nicht-Göttlichen ist. Inwieweit die Schöpfung zuletzt von ihrem Gott geliebt wird, liegt nicht primär an ihr. Diese Liebe macht sie vielmehr mit zu dem, was sie ist und sein wird. Als leibseelische Person, die sowohl das „Seufzen" der Kreatur als auch das „Valde bona" mitzusprechen vermag, spielt der Mensch eine besondere Rolle bei der Bekränzung der Schöpfung. Es ist uns keineswegs selbstevident oder sicher, aber es ist die Hoffnung der geschenkten Frohbotschaft für die ganze Kreatur: Der Mensch lebt aus der Hoffnung, *Kranz* der Schöpfung zu sein.

Johannes Merck

Nachhaltig handeln
Die Umwelt- und Gesellschaftspolitik des OTTO Versand

Der OTTO Versand ist die weltweit größte Versandhandelsgruppe mit einem Umsatz von 40 Mrd. DM und rund 75 000 Mitarbeitern. Die 84 Gesellschaften der OTTO Handelsgruppe operieren auf drei Kontinenten: in Europa, Amerika und Asien.

Als Repräsentant eines Unternehmens vertrete ich freilich nicht eine Fakultät, weder die betriebs- noch die volkswirtschaftliche und schon gar nicht die philosophische Fakultät. Ich kann zu dem mir gestellten Thema nur aus der Sicht eines umsetzungsverantwortlichen Managers sprechen, der an den praktischen Ergebnissen seines Handelns gemessen wird. Einen philosophischen Diskurs kann ich daher nicht in Aussicht stellen. Dennoch möchte ich einige Gedanken darüber äußern, auf welchem philosophischen oder auch moralischen Grundverständnis das Engagement von OTTO basiert, wenn wir über nachhaltige Wirtschaftsweise sprechen.

Ein entscheidendes Ereignis war vor 11 Jahren die sogenannte „Wende“. Ihr deutlichstes Symbol war der Fall der Berliner Mauer am 9. November 1989. Dieses Datum markiert einen politischen Wandel. Aber mit diesem politischen Wandel wandelte sich gleichermaßen die Grundlage wirtschaftlichen Handels. Mit dem Ende der Ost-West-Teilung der Welt – der politischen und wirtschaftlichen Liberalisierung in den Staaten des ehemaligen Ostblocks – vollzieht sich zeitgleich eine rasante Entwicklung der Informations- und Kommunikationstechnologie. Praktisch sind jetzt sowohl die politischen wie auch die technischen Möglichkeiten gegeben, weltweit vernetzt zu arbeiten, zu produzieren, zu entwickeln, zu denken. Alles drei zusammengenommen – nämlich politischer, wirtschaftlicher und technologischer Wandel – markiert den Beginn einer neuen Zeit: die Ära der Globalisierung. Dieses Zeitalter gilt es nun nicht nur über sich ergehen zu lassen, sondern aktiv zu gestalten.

Die Gefahren der Globalisierung sind vielfach beschrieben worden. Von der „Globalisierungsfalle“ beispielsweise ist die Rede oder von der „Endstation Globalisierung“. Diese negativen Szenarien gehen davon aus, daß im Zuge der Globalisierung die Reichen immer reicher und die Armen immer ärmer werden, daß die Umweltzerstörung fortschreitet und der Frieden auf der Welt durch die Verteilungskämpfe dauerhaft gefährdet bleibt. Die Unternehmen, insbesondere die weltweit agierenden sogenannten „Global Player“, spielen in diesen Szenarien eine entscheidende Rolle. Denn diese internationalen Konzerne, so lautet die Befürchtung, werden mit ihren Produktionsanlagen immer dort hingehen, wo Arbeit am billigsten zu haben ist, also dorthin, wo Umwelt- und Sozialstandards das Profitstreben nicht beeinträchtigen. In diesem Standortwettbewerb werden dann stets diejenigen das Nachsehen haben, die Rücksicht nehmen auf Mensch und Natur.

Diese Sorgen sind in Teilen sicherlich berechtigt, und deswegen besteht Handlungsbedarf; denn wir entscheiden heute, ob diese Gefahren eintreten oder nicht.

Wenn wir das Sorgenkreuz Ost-West und Nord-Süd sehen, dann ist, wie bereits angesprochen, der Ost-West-Balken in friedlicher Form aufgelöst worden. Der Nord-Süd-Pfahl aber besteht in unveränderter und eher wachsender Problematik fort. Unsere gemeinsamen Anstrengungen müssen deshalb darauf gerichtet sein, eine Vertiefung der ökonomischen, ökologischen und sozialen Kluft zwischen den reichen und den armen Ländern zu verhindern. Hierfür gibt es gute Chancen, nicht zuletzt weil es Anzeichen gibt, daß die Weltgemeinschaft sich wieder stärker auf einige moralische Werte besinnt. Als Unternehmensvertreter verdichten sich für mich diese moralischen Werte, die die Grundlage wirtschaftlichen Handelns bilden, am griffigsten in den Grundzügen des Sustainability-Prinzips – dem Prinzip des nachhaltigen Handelns.

Es kommt meines Erachtens nicht von ungefähr, daß sich die Weltgemeinschaft 1992, also zeitgleich mit dem Aufbruch in ein neues Zeitalter, auf der Konferenz von Rio auf die Einhaltung der Prinzipien des nachhaltigen Wirtschaftens geeinigt hat. Demnach, so heißt es, muß sich wirtschaftliches Wachstum an den verfügbaren Ressourcen orientieren, muß immer auch dem Menschen dienen und darf der Umwelt nicht schaden. Mit anderen Worten: Wirtschaftliches Handeln darf sich zukünftig nicht mehr nur am ökonomischen Nutzen orientieren, sondern muß gleichermaßen ökologischen Schaden abwehren und sozialen Gewinn anstreben.

Nun werden sicherlich manche denken: Ja, das Prinzip ist schön und gut, aber wie sieht es denn damit in der Praxis aus? Nehmen wir als Beispiel die in Rio beschlossenen CO_2-Reduktionsziele: Um bis zu 25% sollten die CO_2-Emissionen der Industrieländer – allen voran Deutschland – bis zum Jahr 2005 gesenkt werden, um den heute bereits spürbaren Treibhauseffekt einzudämmen. Aber was ist bis jetzt daraus geworden? 5% lautet das Reduktionsziel für die Weltgemeinschaft nach der Rio-Folgekonferenz in Kyoto noch, und selbst das ist fraglich.

Dieser Fall ist symptomatisch: Es mangelt uns nicht an guten Vorsätzen, nachhaltig zu handeln, Rücksicht zu nehmen auf Mensch und Natur und damit die Zukunftsfähigkeit unserer Gesellschaft zu sichern. Es mangelt uns nicht an moralischen Werten, die uns darin leiten könnten, uns richtig zu verhalten und für andere und anderes einzustehen als nur für uns selbst und unsere kurzfristigen Interessen. Die bestehenden moralischen Werte müssen jedoch konsequent zur Anwendung kommen. Die Unternehmen und die Führungskräfte der Wirtschaft haben hier unter den Bedingungen der Globalisierung natürlich eine ganz besondere Verantwortung. Nur der Unternehmer, der sich seiner Verantwortung auch gegenüber Mitarbeitern, Kunden und Geschäftspartnern und weiterhin gegenüber der Gesellschaft und der Umwelt bewußt ist und diese glaubwürdig wahrnimmt, kann meines Erachtens langfristig erfolgreich sein. Dabei kommt es entscheidend darauf an, daß die Umwelt- und Sozialverantwortung integraler Bestandteil unternehmerischer Entscheidungen ist. Es wird uns nichts nützen, und die Entwicklung einer nachhaltig organisierten Gesellschaft wird nicht gelingen, wenn wir im Grundsatz „business as usual“ machen und darin nur ab und an ein paar Brocken Umwelt- und Sozialverantwortung einstreuen.

So sollte beispielsweise die Weltbank nicht ungeprüft Riesensummen in Entwicklungsprojekte stecken, die keinen ökologischen oder sozialen Mehrwert erbringen; Unternehmen dürfen nicht durch den Handel mit Produkten aus Tropenholz, das durch Raubbau gewonnen wurde, die Vernichtung von Regenwäldern fördern, und trotz aller gebotener Effizienz in der Lebensmittelproduktion sollten uns auch in der Nutztierhaltung grundsätzliche ethische Gesichtspunkte leiten. Aber auch hier gibt es eine im Grundsatz positive Entwicklung mit dem Ziel, Politik und Wirtschaft in die Pflicht zu nehmen. Dafür sorgen heute schon, und zukünfig sicherlich in zunehmenden Maße, die gesellschaftlichen Kräfte, die sich in den sog. „Nicht-Regierungs-Organisationen" bündeln.

Diese landläufig NGO's (Non Governmental Organizations) genannten Kräfte haben eine ganz wichtige Kontroll- und Korrektivfunktion übernommen in den Bereichen, in denen gesetzliche Regelungen nicht sinnvoll, praktikabel oder durchsetzbar sind. Ob Greenpeace, WWF, NABU oder B.U.N.D. im Umweltbereich oder beispielsweise auch von „Brot für die Welt", Miseror u.a. getragene Initiativen im Sozialbereich – diese Organisationen verfügen häufig über ein besonderes Know-how und über eine hohe Glaubwürdigkeit in der Gesellschaft. Deshalb können sie Fehlverhalten aufdecken und öffentlich machen. Das ergibt gesellschaftlichen Druck und womöglich die Korrektur nicht nachhaltiger Politik- oder Wirtschaftspraxis. Die von den NGOs getragenen Aktivitäten haben die Kenntnisse und das Engagement der Verbraucher in den Industrieländern in den vergangenen Jahren enorm verstärkt. Damit leisten sie einen wichtigen Beitrag dafür, daß viele unserer Konsumenten nicht mehr nur den Preis eines Produktes im Auge haben, wenn sie ihre Kaufentscheidung treffen, sondern ebenso dessen ökologische und soziale Qualität – eine wichtige Voraussetzung, um diese Faktoren im Wechselspiel von Angebot und Nachfrage weiter zu stärken. Die zunehmende Bedeutung der Nichtregierungsorganisationen in der Gesellschaft macht es jedoch erforderlich, daß auch sie moralisch verantwortlich handeln – daß auch sie verantwortlich mit den ihnen gegebenen Möglichkeiten umgehen. Leichtfertig geäußerte Anschuldigungen oder gezielte Desinformation zur Erzeugung öffentlicher Aufmerksamkeit sollten der Vergangenheit angehören.

OTTO vertraut darauf und berichtet deshalb mit großer Offenheit über das, was das Unternehmen im Bereich Ökonomie, Ökologie und Sozialverantwortung leistet – und wo noch Handlungsbedarf besteht. Neben unserem klassischen Geschäftsbericht, in dem OTTO, wie fast alle großen Unternehmen, über den monetären Gewinn und Verlust eines Geschäftsjahres berichten, legt das Unternehmen bereits seit Anfang der neunziger Jahre regelmäßig auch einen Umweltbericht vor. Und um die zunehmend von uns erwartete Transparenz unserer Geschäftspolitik auch in den Fragen der Sozialverantwortung zu schaffen, haben wir diesen Aspekt in unsere aktuelle Berichterstattung mit aufgenommen. Seit kurzem liegt deshalb unser erster „Nachhaltigkeits-Report" vor, der umfassend über alle Aspekte unseres unternehmerischen Handelns berichtet mit Blick auf dessen ökonomische, ökologische und soziale Relevanz. Wo liegt nun diese ökologische und soziale Relevanz unseres unternehmerischen Handelns?

Die Unternehmen der OTTO-Handelsgruppe verkaufen Konsumgüter nicht nur weltweit, sondern nutzen auch die Möglichkeiten des Imports von Konsumgütern aus den Regionen der Welt, in denen besonders günstig produziert werden kann. Dies ist heute eine unabdingbare Voraussetzung, um wettbewerbsfähig zu sein und zu bleiben. Dabei kommen wir jedoch häufig auch in die Länder, in denen Umwelt- und Sozialstandards nicht die gleiche Beachtung finden wie in den westlichen Industrienationen. Aber das Falscheste wäre es sicherlich, den Handel nur auf solche Staaten zu begrenzen, wo wir eben diese Standards vorfinden; denn wir müssen vielmehr gerade dort Handel treiben, wo es für die Menschen von lebenswichtiger Bedeutung ist, wo allerdings auch Handlungsbedarf besteht. Denn Handel bringt die Möglichkeit, den Lebensstandard zu erhöhen. Und wir wissen heute, daß erst mit dem wachsenden Wohlstand sich dann auch Umwelt- und Sozialstandards angemessen breit durchsetzen können. Durch die Verknüpfung des Imports von Waren und Konsumgütern mit dem Export von Umwelt- und Sozialstandards können wir eine nachhaltige Entwicklung fördern. Das ist die Rolle, die wir als ein Handelshaus im Wechselspiel von Angebot und Nachfrage spielen können. Und zu dieser Verantwortung bekennen wir uns.

Das Thema Umwelt ist für uns bereits seit Anfang der achtziger Jahre ein ausdrückliches Unternehmensziel. Seit dieser Zeit wurde eine Vielzahl von Maßnahmen durchgeführt, um das Sortiment in Richtung auf mehr Umweltverträglichkeit zu entwickeln, die logistischen Systeme zu optimieren und die durch die Standorte verursachten Umweltbelastungen zu reduzieren. Und das erfreulicherweise mit Erfolg! So ist OTTO heute beispielsweise in

Europa mit Abstand Marktführer im Angebot von Produkten aus Öko-Baumwolle. Diese Baumwolle aus kontrolliert biologischem Anbau ist deshalb so wichtig, weil im konventionellen Baumwollanbau durch den Einsatz von Pestiziden oder künstlichem Dünger eine Unmenge an Schadstoffen in den Boden gelangen und das Grundwasser oder die umliegenden Gewässer stark belasten. Besonders deutlich zeigt das die ökologische Tragödie, die sich am Aral-See in Zentralasien vollzogen hat, wesentlich verursacht durch den intensiven Baumwollanbau. Wir wollen deshalb unser Angebot aus Öko-Baumwolle zügig weiter ausbauen und schon im nächsten Jahr mit einem Verbrauch von 1000 Tonnen in diesem Segment weltweit die Nr. 1 sein. Das setzt Maßstäbe, und der Wettbewerb muß nachziehen. Deshalb wollen wir es mit dem Angebot von Möbeln aus nachhaltiger Forstwirtschaft genauso halten. Auch hier sind wir in Deutschland Marktführer und wollen das Angebot weiter ausweiten. Denn Wälder – insbesondere die letzten tropischen oder nordischen Urwälder – sind ein sensibles und vor allem sehr artenreiches Öko-System. Kahlschläge oder andere Formen des Raubbaus werden wir daher für unsere Produkte auch in Zukunft nicht akzeptieren. Auch bei der Reduktion der durch unsere Warentransporte verursachten CO_2-Emissionen wollen wir uns messen lassen. Seit 1993 konnten 30% pro Jahr eingespart werden. Bis zum Jahr 2005 sollen es 45% werden.

Das Verständnis von Verantwortung, das sich für OTTO mit dem Prinzip des nachhaltigen Wirtschaftens verbindet, schließt neben der Verantwortung für die eigenen Mitarbeiter auch die Verantwortung für die mittelbar von unserer Geschäftspolitik abhängigen Menschen mit ein. Deshalb wollen wir auch einen Beitrag dafür leisten, daß dort, wo für unsere Kunden produziert wird, angemessene soziale Mindeststandards gelten. Das können wir aber auf Dauer alleine nicht erreichen. Unsere Strategie umfaßt daher unmittelbar wirksame Maßnahmen und Bemühungen, eine breite Allianz in der Wirtschaft für dieses entwicklungspolitische Ziel zu etablieren. Wie sieht diese Strategie im einzelnen aus? Sie umfaßt drei Stoßrichtungen:

1. Die Unterstützung von Entwicklungsprojekten. Hier geht es uns darum, Projekte mit hochinnovativem Charakter zu unterstützen und damit deren Breitenwirkung zu fördern. In dieses

Maßnahmenbündel gehört die Unterstützung der Rugmark-Initiative ebenso wie unsere Kooperation mit der gepa, der Gesellschaft zur Förderung der Partnerschaft mit der Dritten Welt. Während wir „Rugmark“ – ein Garantiesiegel für den Ausschluß von Kinderarbeit in der indischen und nepalesischen Teppichindustrie – dadurch fördern, daß wir es als erste im deutschen Versandhandel seit 1995 für alle unsere entsprechenden Importprodukte verlangen, unterstützen wir die gepa durch die Plazierung ihrer Produkte in einem unserer auflagenstärksten Kataloge. Damit sammeln wir und die gepa gemeinsam Erfahrungen, wie sogenannte „Fair-Trade“-Produkte, die sonst nur in der Nische der sogenannten „Weltläden“ angeboten werden, erfolgreich im Massenmarkt plaziert werden können.

2. Die Durchführung eines eigenen Qualifikations- und Entwicklungsprogramms für alle unsere Lieferanten, insbesondere in den Märkten Süd- und Südostasiens. Diese Maßnahmen basieren auf unserem 1997 verabschiedeten Code of Conduct, der sich an den einschlägigen Regelungen der International Labour Organization orientiert. Alle unsere Lieferanten werden demnach vertraglich darauf verpflichtet, bei der Produktion ihrer Produkte beispielsweise keine Kinder zu beschäftigen, die Arbeitszeit- und Lohnregelungen einzuhalten, die Sicherheit der Arbeiter zu gewährleisten oder keine Diskriminierung nach Geschlecht, politischer Überzeugung oder ethnischer Herkunft zuzulassen. Mit der vertraglichen Verpflichtung allein ist die Einhaltung dieser Regelungen jedoch nicht zu gewährleisten. Dafür sind die kulturellen, politischen oder wirtschaftlichen Barrieren zu groß. Wir müssen also Verständnis für die Notwendigkeit dieser Regelungen erzeugen und ihre Einhaltung kontrollieren. Dies erfolgt nach unserem Prinzip: Kooperation und Partnerschaft – nicht etwa nach der Prämisse: Räuber und Gendarm. Unserem Auditprogramm ist daher ein Schulungsprogramm vorgeschaltet. In Workshops werden den Lieferanten die Anforderungen des Code of Conduct nahegebracht, die Rahmenbedingungen des Handels in Deutschland erläutert und ihre Mitmachbereitschaft zur Einhaltung des Code of Conduct erzeugt. In einem zweiten Schritt erfolgt das Audit, als dessen Grundlage die rechtlichen und auch kulturellen Rahmenbedin-

gungen der verschiedenen Länder ermittelt werden mußten. Denn Kinderarbeit, Arbeitsschutz, Mindestlöhne etc. sind fast überall unterschiedlich geregelt. Umfassende Interpretationshilfen – die sogenannten „Guidance Documents" – garantieren die sachgerechte Durchführung der Audits, an deren Ende eine Vereinbarung steht, wie die Verhältnisse in einer bestimmten Fabrik ggf. weiterentwickelt werden müssen. Nach einer angemessenen Frist, in der wir dem Lieferanten unterstützend und beratend zur Seite stehen, wird die Produktionsstätte, die im ersten Durchgang nicht alle Regelungen des Code of Conduct erfüllen konnte, erneut auditiert. Erst wenn wir keine positive Entwicklung feststellen können, müssen wir uns von einem Lieferanten trennen. Die bisherigen Erfahrungen zeigen, daß auf diesem Weg Erhebliches für die Verbesserung der Verhältnisse vor Ort geleistet werden kann. Zunächst ist festzustellen, daß die meisten der bisher von uns auditierten Lieferanten die Regelungen des Code of Conduct einhalten konnten. Bei einer Minderheit bestand Nachbesserungsbedarf, bei einer kleineren Minderheit erheblicher Nachbesserungsbedarf. Aber viel wichtiger noch sind unsere Erkenntnisse aus den Re-Audits: daß nämlich auch erheblicher Nachbesserungsbedarf dann abgearbeitet wird, wenn die Kooperation und Mitmachbereitschaft des Lieferanten ausreichend angesprochen wird.

3. Die Durchsetzung sozialer Mindeststandards. In Ergänzung zu diesen erfolgreichen Maßnahmen unterstützen wir – auch durch Mitarbeit in Gremien – nachdrücklich die Initiative, die vom Social Accountability International, einer US-amerikanischen Nichtregierungsorganisation, gestartet wurde und die das Ziel verfolgt, einen weltweiten zertifizierungsfähigen Sozialstandard zu entwickeln und zu etablieren. Warum? Zunächst weil die kritischen Stakeholder unternehmerischen Maßnahmen, wie ich sie gerade für OTTO kurz skizziert habe, ihre alleinige Wirksamkeit absprechen. Darauf gründen sie ihren Anspruch auf Partizipation. Das akzeptieren wir. Darüber hinaus bietet ein internationaler Standard, der im Zuge eines sogenannten „Third Party Audits", d.h. von akkreditierten, unabhängigen Auditoren in einem Betrieb überprüft wird, zahlreiche Vorteile, die auch unserem Unternehmen direkt zugute kommen.

Nämlich erstens: Die Vorlage eines von verschiedenen gesellschaftlichen Gruppen erarbeiteten und in der Gesellschaft breit akzeptierten Standards ermöglicht es, die Marktkräfte auf diesen einen Standard zu bündeln und damit die Durchsetzung der Normen in den relevanten Märkten deutlich zu beschleunigen. Zweitens: Maßnahmen einzelner Unternehmen, die isoliert durchgeführt werden und die deshalb teilweise ineffizient sind, werden sukzessive überflüssig. Darüber hinaus muß ein Produzent nur ein allgemein anerkanntes Audit über sich ergehen lassen und nicht unterschiedliche Audits von verschiedenen importierenden Unternehmen. Damit spart er Zeit und Kosten. Drittens: Durch das hiermit in Verbindung stehende Zertifikat weist das Unternehmen adäquate Arbeitsbedingungen nach und kann sich damit einen Wettbewerbsvorteil erarbeiten. Dies stimuliert zusätzlich die Marktkräfte und fördert seine rasche Verbreitung. Viertens: Der Gesamtprozeß verfügt über Transparenz und damit über Glaubwürdigkeit.

Die öffentliche Debatte über das Zertifizierungssystem mit dem Namen SA 8000 hat bereits begonnen. OTTO hat die ersten Testaudits nach diesem Standard durchgeführt und wird die Diskussion über dieses System aktiv unterstützen. Unseres Erachtens kann die Wirtschaft mit der Verständigung auf dieses System insgesamt einen wichtigen Beitrag leisten, um dort, wo es nötig ist, Verbesserungen zu erreichen.

Sie kann damit einen Beitrag leisten, um die weiterhin unbedingt erforderlichen Initiativen der verantwortlichen Regierungen und der supranationalen Organisationen zu flankieren. Sie kann damit Sicherheit erlangen über die Herstellungsweise ihrer Produkte und so ihren Kunden die Sicherheit geben, mit ihrer Kaufentscheidung eine Wirtschaftsweise zu unterstützen, die langfristig auf die Angleichung der Lebensverhältnisse weltweit zielt und nicht auf die Vertiefung sozialer Gräben.

Gerhard de Haan

Bildung für eine nachhaltige Entwicklung als Voraussetzung für gesellschaftlichen Wandel

1. Keine nachhaltige Entwicklung ohne Bildung

Die Idee einer „nachhaltigen Entwicklung" wurde bereits 1987 mit dem Bericht der Weltkommission für Umwelt und Entwicklung „Unsere gemeinsame Zukunft" im breiteren politischen Rahmen populär gemacht. Das Dokument ist unter dem Titel „Brundtland-Bericht" – benannt nach der damaligen norwegischen Ministerpräsidentin und Kommissionsvorsitzenden Gro Harlem Brundtland – bekannt geworden.[1] Wie der Name dieser Kommission bereits vermuten läßt, werden hier umwelt- und entwicklungspolitische Stränge zusammengeführt. Der Ursprung dieses Denkens ist ebenso im Nord-Süd-Dialog wie auch in der Wahrnehmung der ökologischen Krise zu sehen.

Die Konferenz der Vereinten Nationen für Umwelt und Entwicklung in Rio de Janeiro 1992 greift die Idee der nachhaltigen Entwicklung auf. Ihr Abschlußdokument, die Agenda 21, stellt einen entsprechenden Handlungskatalog der Unterzeichnerstaaten für das 21. Jahrhundert dar. Ihr Ausgangspunkt ist die Überlegung, daß die Tragfähigkeit der Ökosphäre wie auch die Ressourcenvorräte der Erde eine Ausdehnung der industriegesellschaftlichen Lebens- und Wirtschaftsweise auf alle Teile der Erde wie auch in die Zukunft hinein nicht erlauben. In der Agenda 21 geht es darum, globale Gerechtigkeit mit dauerhafter Umweltverträglichkeit und einer wirtschaftlichen Entwicklung, die auch späteren Generationen Handlungsspielräume gewährt, zu verknüpfen. Partizipation aller wichtigen gesellschaftlichen Gruppen ist ein zentrales Prinzip der Agenda 21.[2]

Globale Gerechtigkeit, eine dauerhafte, umweltverträgliche und eine zukunftsfähige wirtschaftliche Entwicklung kennzeichnen mithin das Zielpaket der Nachhaltigkeit.

Den Industriestaaten kommt bei dem von der Agenda 21 geforderten Umorientierungsprozeß eine Vorreiterrolle zu: Sie sind als erste gefordert, neue Muster des Konsums und der Produktion zu entwickeln und dabei den Material- und Energieaufwand mindestens um den Faktor Vier zu verringern. Gefragt sind dabei nicht rückwärtsgewandte Lösungsansätze, sondern Modernisierungsszenarien, die sich an der Wechselwirkung zwischen Sozialem, Ökonomie und Ökologie – am sogenannten Dreieck der Nachhaltigkeit – orientieren.

So muß beispielsweise die Ökonomie durch den Einsatz neuer Technologien und effizienterer Produktionsverfahren Antworten auf Globalisierung und zunehmenden internationalen Konkurrenzdruck finden, die sozial und ökologisch verträglich sind.

Im Feld der Ökologie gilt es, Schadstoffeinträge und Ressourcenverbrauch so zu reduzieren, daß weder die ökonomische Handlungsfähigkeit aufs Spiel gesetzt wird noch soziale Härten, etwa durch mehr Arbeitslosigkeit, entstehen.

Schließlich ist es eine zentrale Frage des Sozialen, Ansprüche an Gerechtigkeit so umzusetzen, daß auch angesichts steigender Weltbevölkerung und Verstädterung die ökologischen Belastungen sinken und die Stabilität der Volkswirtschaften beachtet wird.

Damit wird erstens die globale Perspektive, zweitens die Vorstellung vom Ausgleich zwischen geringer und umfänglicher Wohlfahrt deutlich, drittens aber auch die Intention erkennbar, über Modernisierungsprozesse – und nicht nur reaktiv – nachhaltige Entwicklungen systematisch voranzubringen. Von daher stehen alle zentralen Sektoren, die von der Agenda 21 genannt werden, unter Innovationsdruck:

Im Bereich der *Ökonomie* vollzieht sich eine Internationalisierung der Warenströme und Produktionsstandorte. Dieses erhöht noch die allenthalben gegebene Notwendigkeit der Effizienzsteigerung in der Nutzung von Rohstoffen, Produktions- und Distributionsabläufen wie in der Nutzung von Wissen und Arbeit. Zugleich aber steht die Ökonomie vor der Forderung, konsistente Wirtschaftsstrukturen zu entwickeln, also so zu produzieren, distribuieren und Dienstleistungen zu realisieren, daß sie mit den sozialen und ökologischen Notwendigkeiten in Einklang stehen.

Im Bereich des *Sozialen* wird die Diskrepanz zwischen Arm und Reich vor dem Hintergrund wachsender Einsichten in die sozialen Ungleichheiten immer stärker kritisiert. Zugleich erleben wir national wie international ein wachsendes Interesse an Partizipation; Demokratisierungsbestrebungen und -forderungen sind

Ausdruck gewachsenen Selbstbewußtseins und Indikatoren für einen globalen Prozeß der Individualisierung, des Interesses an immateriellen Gütern und Selbstbestimmung. Zugleich sind wir mit einem stetigen globalen Bevölkerungswachstum konfrontiert und müssen erkennen, daß die zukünftige Lebensform eine (groß)-städtische sein wird. Wir erleben daher einen starken Innovationsdruck in Hinblick auf Gerechtigkeit und Möglichkeiten individueller Lebensgestaltung bei intensivierter Mitsprache in allen Entscheidungen.

Schließlich sind das Wirtschaften, der Konsum und generell die Formen menschlicher Lebensführung begleitet von riskanten Schadstoffeinträgen in die Natur, von der Übernutzung von Ressourcen und deren Reduktion. Auch hier, im *ökologischen* Bereich, ist ein Innovationsdruck in Hinblick auf Situationsanalysen für nachhaltige wie nicht-nachhaltige Entwicklungen, für die substantielle Bearbeitung der Problemlagen nicht zu übersehen.

Zusammengefaßt: Mit der Debatte um eine nachhaltige Entwicklung verbinden sich durchgängig Modernisierungsszenarien, die die traditionellen Bedrohungsszenarien, wie wir sie aus ökologischen und entwicklungspolitischen Debatten kennen, ablösen.

Wie sehen nun die Strategien aus, mit denen sich ein globales gutes Leben und die Möglichkeiten des Planeten in Einklang bringen lassen?

Als Strategien des Wirtschaftens, des Konsums und der Mobilität, für den Umgang mit Ressourcen und dem Nutzen von Natur, für den Ausgleich zwischen den reichen und armen Ländern dieser Welt werden immer wieder vier Konzepte offeriert. Sie sind mit den Termini *Effizienz, Konsistenz, Permanenz und Suffizienz* erfaßt:

Effizienz heißt im wesentlichen eine Steigerung des Input-Output-Verhältnisses beim Ressourceneinsatz, erzielt durch technische und logistische Innovationen.

Konsistenz zielt auf die Verbesserung der Umweltverträglichkeit von Stoff- und Energieströmen, z.B. durch Stoff-Substitution oder Nutzung nachwachsender Rohstoffe, ab.

Permanenz meint eine Erhöhung der Dauerhaftigkeit von Produkten und Materialien, beispielsweise durch Modulsysteme, Nutzungskaskaden oder den Kauf von Dienstleistungen statt Produkten etc.

Suffizienz setzt auf einen Wandel der Einstellungen, der Konsum- und Verhaltensmuster, auf die Herausbildung und Verbreitung von ressourcensparenden und umweltschonenden Konsum- und Verhaltensmustern.

Es wird vielfach angenommen, Effizienzsteigerungen seien das beste und hinreichende Vehikel für den Weg in eine nachhaltige Gesellschaft.

Wie wichtig und wie begrenzt zugleich die Wirkung von Effizienzsteigerungen ist, sieht man am Beispiel des Benzinverbrauchs des motorisierten Individualverkehrs, der trotz effektiverer Motor- und Antriebstechnik nicht gesunken, sondern weiter angestiegen ist. Ähnliche Beobachtungen lassen sich auch in anderen Handlungsfeldern machen. Einsparungen durch Effizienzgewinne werden in aller Regel durch Mehrverbräuche mehr als aufgezehrt. Klassisches Beispiel dafür ist die Waschmaschine, ist der Bedarf an Energie für das Beheizen von Wohnräumen, sind die Energiemengen, die Fernsehgeräte verschlingen etc.

Es ist also nicht vielversprechend, allein auf technologische Lösungen zu vertrauen, wenn sich nicht auch die Einstellungen und Verhaltensmuster der Menschen verändern.

Kurz gesagt: Eine nachhaltige Entwicklung wird ohne Suffizienz, ohne Verhaltensänderungen und Mentalitätswandel nur schwer erreicht werden. Klar ist zudem, daß administrative Maßnahmen wie Steuerreformen, Gesetze und Erlasse ebenso die Akzeptanz und Befürwortung der Bevölkerung benötigen. Und auch um diese zu ermöglichen, ist eine positive Einstellung zu diesen Maßnahmen Voraussetzung für Politik.

Die vier genannten Strategien für eine nachhaltige Entwicklung sind aus dem Geist der Ökologie geboren. Ihr Fokus liegt auf den Ressourcenverbräuchen und Schadstoffeinträgen. Mit einem anderen Blickwinkel, eher von der Seite der Entwicklungsthematik her gedacht, wird eine fünfte Strategie erkennbar, von der wir denken, daß sie die Effizienz-, Permanenz- und Konsistenz- sowie Suffizienzstrategie sinnvoll ergänzt. Es ist dies das Konzept des *Solidarischen Zusammenlebens*. Es umfaßt die Bereitschaft und Fähigkeit zur Hilfe und Unterstützung auf der Ebene der kleinen Gemeinschaften (Partnerschaft, Nachbarschaft, Schule und Arbeitsplatz, Patenschaften) wie das Engagement in sozialen

Diensten, im Bereich kollektiver und anonymer Solidarität. In allen Feldern geht es um die Absicherung oder Schaffung humaner, durch Wohlbefinden charakterisierter Lebenssituationen.

Der Wandel ist alles andere als marginal oder von punktueller temporärer Notwendigkeit. Entsprechend ist das Kapitel 36 der Agenda 21 der Konferenz der Vereinigten Nationen in Rio de Janeiro (UNCED) 1992 in seiner Bedeutung kaum zu überschätzen: „Um wirksam zu sein, soll sich eine umwelt- und entwicklungsorientierte Bildung/Erziehung sowohl mit der Dynamik der physikalischen/biologischen und der sozioökonomischen Umwelt als auch mit der menschlichen (evtl. auch einschließlich der geistigen) Entwicklung befassen, in alle Fachdisziplinen eingebunden werden und formale und nonformale Methoden und wirksame Kommunikationsmittel anwenden", heißt es dort.

Die Enquête-Kommission des Deutschen Bundestages „Schutz des Menschen und der Umwelt" vergleicht die notwendigen Veränderungen „mit den grundlegenden Prozessen des Wandels von Mentalitäten zu Beginn der Moderne sowie während der industriellen Revolution".[3]

Wenn man einmal zusammenträgt, was aus der Agenda 21 der Studie „Zukunftsfähiges Deutschland"[4] sowie den derzeit kursierenden Analysen zur nachhaltigen Entwicklung herauszulesen ist,[5] wird deutlich, in welch starkem Maße sich Bildungsveranstaltungen bisher außerhalb jener Felder bewegt haben, die aus der Perspektive der Nachhaltigkeit von entscheidender Bedeutung sind.

Nach den vorliegenden Studien zur Nachhaltigkeit lassen sich einige entscheidende Felder benennen, die in Zukunft zu den Aufgabenfeldern der allgemeinen Bildung werden müßten, möchte man sich der Idee des Sustainable Development verpflichten.[6]

Aus den vorliegenden Studien heraus haben folgende eher *technische und ökonomische* Felder Priorität:

- *Energie*, insbesondere die Formen der Energiegewinnung und des Verbrauchs bzgl. des Heizens;
- *Verkehr*, insbesondere das Mobilitätsverhalten im Freizeitbereich und der Gütertransport;
- *Gesundheit und Ernährung, Landwirtschaft und Lebensmittel*, insbesondere die Fleischproduktion und die industrielle Bearbeitung von Lebensmitteln;
- *Wohnen*, insbesondere Wohnformen und Baustoffe.

Die Agenda 21 insistiert aber nicht nur auf ein ressourcenschonendes Wirtschaften und Leben auf der nationalen und lokalen Ebene. Aus der Gerechtigkeitsprämisse heraus gerät die Frage nach dem sozialen Ausgleich zwischen Arm und Reich, zwischen den hochindustrialisierten und den Entwicklungsländern in den Blick. Für die soziale Seite, insbesondere aber für die Thematik „Eine Welt" bzw. den Zusammenhang zwischen Umwelt und Entwicklung, existieren keine in dem Maße eindeutigen Prinzipien, Themenschwerpunkte etc., wie sie z.B. zwischen Ökologie und Ökonomie, zwischen den Lebensstilen in Deutschland und den Ressourcenverbräuchen etc. gestiftet wurden. Daher sind folgende eher *soziale und ökonomische* Themenfelder nur als Orientierung zu betrachten:

Globalisierung: die Verbreitung des industriellen Wirtschaftssystems und die Aufwertung des Unternehmenssektors gegenüber den anderen Sektoren mit den Folgen für Produktion, Arbeit, Distribution und Verteilung von Macht und Einfluß.

Multikulturalität: insbesondere die Neugier und Offenheit wie das Verstehen von und Verständnis für andere Kulturen.

Eine Welt: die Diskrepanz in der nationalen wie internationalen Verteilung zwischen den Einkommen, von Gütern, Wohlstand, Wohlbefinden, Partizipationschancen, Lebenserwartung und Gesundheitsrisiken.

Urbanisierung: die wachsende Bedeutung des Lebens in städtisch verdichteten Regionen als Notwendigkeit und Problemlage.

Die Thematiken machen deutlich, wie sehr mit der Nachhaltigkeit die Notwendigkeit selbstreflexiven Denkens und Handelns in den Vordergrund rückt. Denn ohne den Bezug auf die Lebensstile, die Wunschprojektionen der Bürger und die Rückbeziehung dieser Projektionen auf die Selbstbilder der Schüler, auf die Visionen von Nachhaltigkeit, wird man eine Anschlußfähigkeit der Umweltbildung im Kontext von Sustainable Development gegenüber den Intentionen der Lernenden wohl nur schwer erreichen können.

2. Bildung für eine nachhaltige Entwicklung im Trend I: Die Delphi-Studien

a) Das Wissenschafts- und Technikdelphi

Es soll an dieser Stelle eine Argumentation für die Bildung für eine nachhaltige Entwicklung vorgetragen werden, die gerade nicht aus der Umwelt- und Entwicklungsdebatte selbst stammt, sondern aus der ganz allgemein formulierten Frage resultiert, wohin sich Deutschland als Industrienation in bezug auf Wissenschaft und Technik und als Wissensgesellschaft künftig entwickeln wird.

These ist, daß die beiden großen Delphi-Studien, die das BMB+F in Auftrag gegeben hat, nämlich die vom Fraunhofer-Institut durchgeführte „Studie zur globalen Entwicklung von Wissenschaft und Technik"[7] sowie die von Prognos und Infratest Burke realisierte Delphi-Befragung „Potentiale und Dimensionen der Wissensgesellschaft – Auswirkungen auf Bildungsprozesse und Bildungsstrukturen",[8] ein ganzes Bündel an Argumenten für eine feste Etablierung der „Bildung für nachhaltige Entwicklung" in schulischen Lehr- und Lernprozessen liefern.

Das Wissenschafts- und Technikdelphi fragte in einem komplexen Verfahren mehr als 2000 Experten nach den Zukunftsrichtungen von Wissenschaft und Technik. Von diesen Erhebungen sind insbesondere drei Fragen für den Kontext der hier formulierten Expertise interessant, da sie künftige Schwerpunkte von Wissenschaft und Technik markieren:

- Gefragt wurde nach den Innovationsgebieten, auf denen in den nächsten Jahren markante Fortschritte zu erwarten seien,
- gefragt wurde nach Maßnahmen, die Deutschland in der internationalen Konkurrenz eine ausgezeichnete Position in Wissenschaft und Technik sichern bzw. eintragen könnten,
- schließlich wurde erhoben, innerhalb welcher Zeiträume die Experten mit entscheidenden Durchbrüchen im Hinblick auf Innovationen in differenten Wissenschafts- und Techniksektoren rechnen.

Schaut man sich die Liste der Innovationsfelder an, von denen nach Expertenmeinung gesagt werden kann, sie seien für Gesellschaft und Wirtschaft in Zukunft besonders bedeutungsvoll, dann ergibt sich folgende Liste, in der jene Innovationsfelder *kursiv* gekennzeichnet sind, von denen die Experten meinen, daß sie überdurchschnittlich viel zur Lösung ökologischer Probleme beitragen können.

Ø Information und Kommunikation	siehe Agenda 21, Kap. 34, 35, 40
Ø *Dienstleistung und Konsum*	siehe Agenda 21, Kap. 4, 30, 31
Ø Management und Produktion	siehe Agenda 21, Kap. 29 bis 32
Ø *Chemie und Werkstoffe*	siehe Agenda 21, Kap. 19, 31
Ø Gesundheit und Lebensprozesse	siehe Agenda 21, Kap. 2 bis 8
Ø *Landwirtschaft und Ernährung*	siehe Agenda 21, Kap. 6, 14
Ø *Umwelt und Natur*	siehe Agenda 21, Kap. 9 bis 22
Ø *Energie und Rohstoffe*	siehe Agenda 21, Kap. 9 bis 18
Ø *Bauen und Wohnen*	siehe Agenda 21, Kap. 7
Ø *Mobilität und Transport*	siehe Agenda 21, Kap. 7, 13
Ø Raumfahrt	
Ø Großexperimente	

Die Innovationsfelder sind selbstverständlich nicht losgelöst von großen globalen Entwicklungen bzw. Trends zu betrachten. Sie sind vielmehr in diese eingebettet. Nimmt man die großen Megatrends, die in den nächsten Jahrzehnten die Entwicklung von Wissenschaft und Technik bestimmen werden, dann sind unter den acht wichtigsten, von denen mehr als die Hälfte der Experten überzeugt ist, daß sie die Zukunft der nächsten 30 Jahre bestimmen, alleine vier, die einen direkten und engen Bezug zur Agenda 21 aufweisen: Man rechnet damit, daß

- der technische Fortschritt zur globalen Umverteilung von Arbeitsplätzen zu Ungunsten der entwickelten Industrieländer führt (74% Zustimmung),
- die Weltbevölkerung die 10-Milliarden-Marke überschreiten wird (72% Zustimmung),
- die fossilen Brennstoffe sich dermaßen verknappen, daß es zu Rationierungen in privaten Haushalten kommt (54% Zustimmung),
- wachsende Umweltprobleme die Gesundheit der meisten Menschen der Erde beeinträchtigen (53% Zustimmung).

Diese Trends decken sich mit den Szenarien, die im Kontext der Nachhaltigkeitsdebatte allenthalben entwickelt werden, und signalisieren zunächst, daß die Forschungen im Kontext der Agenda-Thematik nicht zu pro domo formulierten Resultaten führen. Fachwissenschaftler und andere Experten aus allen Wissenschafts-

und Technikbereichen sind sich in der Mehrheit darin einig, daß in den kommenden 30 Jahren von den acht wichtigsten Trends vier dem Komplex Ressourcen, Bevölkerungswachstum, Umwelt und Gesundheit sowie globalem Wandel in Wirtschaft und Produktion zugerechnet werden müssen.[9]

Vergleicht man die Innovationsfelder, die sich aus dem Delphi ergeben, mit den Innovationsfeldern, die die Agenda 21 nahelegt, ergeben sich zahlreiche Überschneidungen zwischen den Themenfeldern einer nachhaltigen Entwicklung und den Innovationsfeldern von Wissenschaft und Technik nach der Delphi-Studie. Dies legt es nahe, um so mehr für eine intensivierte „Bildung für nachhaltige Entwicklung" einzutreten. Die Entwicklung von Wissenschaft und Technik ergänzt die Perspektiven der Agenda 21 und die Idee einer zukunftsfähigen globalen Gerechtigkeit: Mit der Bildung für nachhaltige Entwicklung lassen sich, so von der Parallelität der Themenfelder her zu vermuten, außerordentliche Synergieeffekte erzeugen, da die für die nachhaltige Entwicklung entscheidenden Thematiken zugleich solche sind, denen eine erste Priorität in der Weiterentwicklung von Wissenschaft und Technik in Deutschland zukommt. Insofern kann man auch sagen, daß *„Bildung für nachhaltige Entwicklung" den Wissenschafts- und Technikstandort Deutschland* gerade durch die Konkordanz der Themen nachhaltiger Entwicklung und wissenschaftlich-technischer Innovationsfelder *weiterentwickeln hilft.*

Synergieeffekte lassen sich aber auch erwarten, wenn man die konzeptionelle Struktur der Bildung für nachhaltige Entwicklung mit den Resultaten des „Wissens- und Bildungsdelphis" parallelisiert.

b) Das Wissens- und Bildungsdelphi des BMB+F

Die Studie konstatiert zunächst die wachsende Bedeutung von Wissen als dritter Ressource neben Kapital und Arbeit für wirtschaftliche und gesellschaftliche Entwicklung. Wissen wird dabei nicht als verfügbare Information definiert, sondern als Fähigkeit, geordnete Aussagen über Fakten und Ideen zu machen und zu übermitteln sowie im Kontext bewußten sozialen Handelns gestaltend einzusetzen. Damit ist einerseits die individuelle Verfügbarkeit von Wissen als entscheidendes Kriterium (in Differenz zur

Information) herausgestellt, andererseits darauf hingewiesen, daß Wissen der Reflexion, Verständigung, Problemlösung und Veränderung dient. Dem entspricht der Ersatz des gängigen Begriffs der „Informationsgesellschaft" durch den der „Wissensgesellschaft".

Im Wissens- und Bildungsdelphi wurde erhoben, „wie sich die Produktivkraft Wissen entfaltet und welche Wissensgebiete (...) gegenwärtig und in absehbarer Zukunft von besonderem Gewicht" sind. Ferner wurde erhoben, in welchen Wissensgebieten Interdisziplinarität von großem Gewicht sein wird und was „in 25 Jahren zum Wissen eines gebildeten Menschen gehören" sollte. Als Zeithorizont wurde das Jahr 2020 gewählt.

Innerhalb der abgefragten Großfelder des Wissens (vom Wissenskomplex „Leben" über „Naturwissenschaft und Technik" sowie „Sinnfindung" und „soziales Zusammenleben" bis zur „Organisation von Gesellschaft" reichend) lassen sich sechs besonders dynamische Wissensgebiete ausmachen, die einerseits für die Weiterentwicklung der Gesellschaft entscheidend sind und gleichzeitig zur Vermutung Anlaß geben, daß es zu erheblichen Wissenszuwächsen kommen wird. Als besonders dynamisch wurden von den Experten rund 15% aller Wissensgebiete eingestuft. Diese sind:

- Informationstechnik und Medien;
- Neue Technologien;
- Medizin, menschlicher Körper;
- Umwelt, Umweltschutztechnik;
- Internationale Wirtschaft und Arbeitswelt;
- Gesellschaftlicher Wandel und Wissensmanagement.

Man erkennt leicht, daß innerhalb dieser Wissensgebiete etliche Felder zu identifizieren sind, die einen unmittelbaren Bezug zur nachhaltigen Entwicklung aufweisen. Dies läßt sich etwa für den Bereich „Neue Technologien" über die Felder „Biotechnologie", „Werkstoffoptimierung", „Intelligente Materialien", „Maßgeschneiderte Materialien" sagen sowie über das gesamte dynamische Wissensgebiet „Umwelt – Umweltschutztechnik". Auch im Wissensgebiet „Wirtschaft und Arbeitswelt" sind etliche Felder zu identifizieren („neue Infrastrukturen im Bereich Verkehr, Ver- und Entsorgung", „Internationalisierung der Märkte"), die einen direkten Bezug zu Kernbereichen der Agenda 21 aufweisen.

Zudem wird in dem Wissensdelphi eine Verschiebung im instrumentellen Charakter des Wissens konstatiert: Es wird mehr und mehr zum universellen Instrument für Problemlösungen mit dem Effekt, daß schon bei der Entstehung von Wissen nach der Kapazität für Problemlösungen gefragt wird. Zudem sind bei Problemlösungen Einzeldisziplinen kaum in der Lage, adäquates Wissen zur Verfügung zu stellen. Der Interdisziplinarität gehört daher die Zukunft. Fragt man nun, welche Wissensgebiete insbesondere von Interdisziplinarität gekennzeichnet sind bzw. sein werden, so wird allen voran der Komplex „Umwelt" mit den Feldern Ökosysteme, Rohstoffe und Energie, Erdatmosphäre und Klima, globale Risiken, Umwelt und Gesundheit genannt.

Zusammenfassend gesagt: Hohe Dynamik wird in Zukunft dem Umweltwissen zugeschrieben. Es ist zudem das herausragende Exempel für jene moderne Form des Wissens, die auf die Lösung drängender Probleme zielt. Zudem ist der Wissenskomplex „Umwelt" jener, der am ehesten Querschnittsthemen verhandelt, die einen hohen Bedarf an vernetztem Wissen ausweisen; und der Interdisziplinarität, so sagen die Experten, gehört die Zukunft.

Das *Wissensdelphi* legitimiert mithin nicht nur die Bildung für nachhaltige Entwicklung. Das Wissensdelphi macht sie vielmehr zur Leitdisziplin für den Wandel in der Gesellschaft und damit zum prädestinierten Aufgabenfeld für die Schule der Zukunft.

In Hinblick auf die Ergebnisse des *Bildungsdelphis* ist insbesondere die Frage nach dem „Allgemeinwissen" von Interesse, da es sich in erster Linie auf das individuelle Wissen konzentriert und nicht das gesellschaftlich bedeutsame Wissen im Vordergrund steht. Als Allgemeinwissen wird jenes Wissen bezeichnet, das folgende Funktionen erfüllt:

- Es ist Basis für allgemeine Verständigung und Voraussetzung für soziales Handeln.
- Es bietet Schlüsselqualifikationen für den Einstieg ins Spezialwissen.
- Es hilft, sich in der Informationsflut zu orientieren.

Das Allgemeinwissen wird in dem Bildungsdelphi ausdifferenziert nach

- methodischen Kompetenzen (allgemeine Grundlagen und Kulturtechniken; Umgang mit Informationstechniken),
- personalen Kompetenzen (persönliches Erfahrungswissen und persönliche Fähigkeit zum Umgang mit Wissen),

- sozialen Kompetenzen (kommunikative Kompetenzen und soziale Verantwortung),
- inhaltlichem Basiswissen (Wissen über aktuelle Probleme und inhaltliche Grundlagen aus den Wissenschaften).

Personale wie soziale Kompetenzen sind ebenso wie aktuelle Themen, so konstatiert es das Bildungsdelphi, im Bildungssystem bisher unterrepräsentiert. Auf die persönlichen und sozialen Kompetenzen kommt es künftig aber – insbesondere wenn es um die Verwirklichung der Agenda 21 geht – besonders an. Dieses jedenfalls betont schon die Agenda 21 selbst, betonen aber auch Fachwissenschaftler, die sich mit der Frage beschäftigen, wie ein Wandel hin zur nachhaltigen Entwicklung initiiert werden kann: Hier wird, wie oben beschrieben, mehr und mehr darauf gedrängt, auf veränderte mentale Strukturen, Einstellungen und Wertehaltungen zu setzen, da gesetzgeberische und wissenschaftlich-technische Innovationen ansonsten ins Leere laufen würden.

Wenn man bezüglich der Aufgabenfelder und Angebotsprofile von Bildungseinrichtungen künftig erwartet, daß sie

- internationalisiert ausfallen,
- durchlässiger sind,
- sich durch Kooperationen auszeichnen und sich für andere Lebenswelten öffnen,
- durch die Pluralisierung von Lernorten und
- durch Virtualisierung

ausgezeichnet sind, dann gelten insbesondere die Aspekte Internationalisierung, Ausbau von Kooperation, Öffnung für andere Lebenswelten und Pluralisierung von Lernorten, also drei von fünf, auch für die Bildung für nachhaltige Entwicklung.

Insgesamt gesehen bieten das Wissenschafts- und Technikdelphi wie auch das Wissens- und Bildungsdelphi mehr als eine erweiterte Legitimation der Förderung der Bildung für nachhaltige Entwicklung. Die beiden großen Expertenbefragungen, völlig unabhängig von einer vorgängigen Fokussierung auf die Agenda 21, auf nachhaltige Entwicklung oder Ökologie durchgeführt, haben zum Resultat, daß eines, ja insgesamt gesehen *das* entscheidende Aufgabenfeld schulischer Bildung in Zukunft in den Lehr- und Lernfeldern zu suchen ist, die in diesem Gutachten unter dem Begriff „Bildung für nachhaltige Entwicklung“ gebündelt werden.

Darin ist mehr als eine starke Begründung für ein Förderprogramm „Bildung für nachhaltige Entwicklung" zu identifizieren: Das Förderprogramm ist – nach Durchsicht der Expertendelphis – generell der Innovation in der schulischen Bildung in hohem Maße dienlich.

3. Bildung für eine nachhaltige Entwicklung im Trend II: Die Politik

Von daher verwundert es nicht, wenn alle zentralen politikberatenden Kommissionen und politischen Gremien, die sich mit nachhaltiger Entwicklung befassen, Bildung und Erziehung für einen entscheidenden Wegbereiter in eine nachhaltige Gestaltung der Gesellschaft halten. Bildung wird in den Verlautbarungen von Politikberatung und Politik nicht als eine additive Maßnahme verstanden. Vielmehr stehen wir vor der neuen Situation, daß einhellig alle politikberatenden Gremien in der Bildung und Erziehung die Voraussetzung für das Gelingen einer nachhaltigen Entwicklung sehen. Hier einige Beispiele aus den letzten Jahren:

Das *Umweltgutachten 1994 des Rates von Sachverständigen für Umweltfragen* greift dieses Konzept auf und versucht es für die Bildung für nachhaltige Entwicklung in Deutschland zu konkretisieren. „In diesem so genannten ‚Sustainability-Ethos' geht es darum, die ökonomische und soziale Entwicklung des Menschen mit den ökosystemaren Mechanismen der Natur und ihrer Eigenschaften dauerhaft in Einklang zu bringen. Das Schlüsselprinzip dieses umweltethischen Ansatzes ist das der ‚Retinität' (...), mit dem die Gesamtvernetzung der Kulturwelt mit der Natur gekennzeichnet wird."[10]

Die Vorschläge und Empfehlungen für alle Bildungsbereiche werden in ihrer Bedeutung schon früh unterstützt durch einen *Beschluß des Deutschen Bundestags „Umweltbildung und Umweltwissenschaften" vom 23.6.1994*, in dem er die Bundesregierung auffordert, über alle Einzelmaßnahmen und Modellversuche hinaus „mit den Ländern in der BLK ein abgestimmtes Gesamtkonzept Umweltbildung zu vereinbaren, das einen klaren Arbeitsplan zur Umsetzung enthält".[11]

Der *Wissenschaftliche Beirat der Bundesregierung Globale Umweltveränderung* (WBGU) betont im *Jahresgutachten 1995* im Rahmen der Analyse der gesellschaftlichen Voraussetzungen zur Lösung globaler Umweltprobleme, daß die Bildung als integraler Bestandteil von Umweltpolitik ein stärkeres Gewicht erhalten müsse.[12]

1996 stellt die *SPD-Fraktion* des Bundestages eine *Große Anfrage zur Umweltbildung* an die Bundesregierung.[13] Darin wird insbesondere auf die Frage abgehoben, in welchem Maße die Agenda 21 zur tiefgreifenden Veränderung der Umweltbildung zwingt und welche bildungspolitischen Aktivitäten zur Förderung der Umweltbildung, des Umweltbewußtseins und der Umweltkommunikation die Regierung unternommen hat. *1997* wird die „*Antwort der Bundesregierung auf die Große Anfrage zur Umweltbildung*" veröffentlicht.[14]

Im *Programm der Bundesregierung „Forschung für die Umwelt" von 1997* wird nicht nur die Konzentration der Umweltforschung auf die nachhaltige Entwicklung zum Prinzip erhoben, vielmehr wird der Umweltbildung (gemeint ist jedoch: Bildung für nachhaltige Entwicklung) in diesem Programm – erstmals in einem Dokument der Bundesregierung zur Umweltforschung überhaupt – ein eigenständiger Programmpunkt gewidmet. Forschung und Bildung sollen einander ergänzen.[15]

Der 1997 vorgelegte erste *Umweltbildungsbericht der Bundesregierung*[16] bilanziert nicht nur den Stand der Umweltbildung, sondern entwickelt vielmehr – ganz im Sinne der vorausgegangenen, vom BMB+F in Auftrag gegebenen Studie „Umweltbildung als Innovation" – aufgreifend auch die Perspektive einer intensiv geförderten Bildung für nachhaltige Entwicklung.

Die *Enquête-Kommission „Schutz des Menschen und der Umwelt"* schließt 1998 mit der Veröffentlichung vom „Konzept Nachhaltigkeit. Vom Leitbild zur Umsetzung" ihre Tätigkeit ab. In diesem Bericht betont die Kommission, daß Innovation im Sinne der nachhaltigen Entwicklung neben technischen, wirtschaftlichen und institutionellen auch gesellschaftliche und kulturelle Neuerungen mit sich bringen müsse. In diesem Kontext wird der Bildung ein hoher Stellenwert eingeräumt.

Die von den Vereinten Nationen einberufene „*Commission on Sustainable Development*"[17] entwickelte in den letzten Jahren

Indikatorensätze für die einzelnen Kapitel der Agenda 21. Die Bundesrepublik Deutschland wird beauftragt, die Indikatoren für das Kapitel 36 (Bildung und Erziehung) weiterzuentwickeln.

Die mit Beschluß der *Kultusministerkonferenz vom 25.10.1996* eingesetzte Empfehlung *„Interkulturelle Bildung und Erziehung in der Schule"* benennt die Vermittlung interkultureller Aspekte als fächerübergreifende Querschnittsaufgabe der Schule.[18]

1998 verabschiedet die *Kultusministerkonferenz* den *Beschluß zu „Eine Welt/Dritte Welt in Unterricht und Erziehung"* in seiner endgültigen Fassung. Der Beschluß enthält erstaunlicherweise keinen ausgewiesenen Bezug zur Agenda 21 oder zur Umweltbildung bzw. Bildung für nachhaltige Entwicklung, ist aber in diesem Kontext zu verstehen, denn zu den Problemlagen, die in diesem Beschluß genannt werden, gehören die Klimaproblematik, die Differenz zwischen Arm und Reich, die Bevölkerungsexpansion etc.

Die Liste ließe sich fortsetzen: Die *Ministerpräsidentenkonferenz* äußert sich im Dezember 1995 zur Umweltbildung, und die *Umweltministerkonferenz* betont im Juni 1996 und Juni 1997 die Bedeutung der Umweltbildung,[19] jeweils im Rahmen des Leitbilds der nachhaltigen Entwicklung. Internationale Gremien, die Europäische Union, Länderkommissionen und -konferenzen, die Bundesländer und ihre Ministerien, der Städtetag, der Städte- und Gemeindebund, andere Organisationen von Kommunen, Nicht-Regierungs-Organisationen und Forschungseinrichtungen haben seit 1992 die Bedeutung der Bildung für eine nachhaltige Entwicklung herausgestellt. Eine besondere Form der Systematisierung der Umweltbildung bieten Bayern in der Landes-Agenda und Nordrhein-Westfalen im „Handlungskonzept Umwelterziehung in der Schule – ein Beitrag auf dem Weg zur nachhaltigen Entwicklung".

Auf einige weitere bildungspolitische Verlautbarungen weist der *„Orientierungsrahmen Bildung für eine nachhaltige Entwicklung" der BLK von 1998* hin.[20] Der im November 1998 von den Regierungschefs verabschiedete Orientierungsrahmen resümiert den Stand der Umweltbildung, geht auf das neue Leitbild „nachhaltige Entwicklung" ein und formuliert Leitvorstellungen für eine Bildung für nachhaltige Entwicklung.

Die Fülle der entsprechenden Empfehlungen und Verlautbarungen gipfelte 1998 im Beschluß des Orientierungsrahmens „Bildung für eine nachhaltige Entwicklung" durch die Bund-Länder-Kommission für Bildungsplanung und Forschungsförderung und in dem Beschluß, ein Förderprogramm „Bildung für eine nachhaltige Entwicklung" aufzulegen. Daran beteiligen sich seit August 1999 insgesamt 14 der 16 Bundesländer. Das Programm wird vom BMB+F sowie den Ländern gemeinsam mit 25 Mio. DM gefördert. Es endet im Juli 2004.

Inzwischen liegt eine weitere Beschlußvorlage dem Deutschen Bundestag vor. Es handelt sich um einen Antrag der Fraktion der SPD und der Fraktion BÜNDNIS 90/Die Grünen.[21] In diesem noch nicht (1. Juli 2000) verabschiedeten Antrag zur „Bildung für eine nachhaltige Entwicklung" wird einmal mehr die Bedeutung von Erziehung und Bildung für die Nachhaltigkeit betont. In diesem Antrag wird ferner deutlich auf die Relevanz des Entwicklungsaspektes und mithin auch der entwicklungspolitischen Bildung für einen forcierten Agenda-Prozeß hingewiesen.

4. Gestaltungskompetenz als zukunftsfähiges Bildungsziel

Es sollte deutlich geworden sein: Die notwendige Veränderung – das ist politisch weitgehend unumstritten – kann nicht als zentral gesteuerter Wandlungsprozeß mit einer „Top-down"-Strategie erfolgen, sondern verlangt „das Engagement und die echte Beteiligung aller gesellschaftlicher Gruppen" und damit „neue Formen der Partizipation", wie sie im Kontext von Zivilgesellschaften generell notwendig sind. Den Bürgern werden dabei erhebliche Kompetenzen bei der Beteiligung und Selbstorganisation von Verständigungs- und Entscheidungsprozessen abverlangt (z.B. eigenständige Aneignung und Bewertung von Informationen, Kommunikations- und Kooperationsfähigkeit, vorausschauendes Planen in vernetzten Systemen).

Als Bildungsziel läßt sich ein ganzes Bündel von kognitiven, sozialen und emotionalen Kompetenzen identifizieren, die allesamt unter den Oberbegriff „Gestaltungskompetenz" subsumierbar sind.

a) Gestaltungskompetenz

Gestaltungskompetenz bezeichnet das „Vermögen, die *Zukunft* von Sozietäten, in denen man lebt, in aktiver Teilhabe im Sinne nachhaltiger Entwicklung modifizieren und modellieren zu können."[22] Der Terminus „Gestaltungskompetenz" wurde in den Kontext der Bildung für nachhaltige Entwicklung neu eingeführt, um zu signalisieren, daß unter „nachhaltiger Entwicklung" die Notwendigkeit zu *Modernisierungsmaßnahmen* eine hohe Priorität besitzt.

Gestaltungskompetenz zu erwerben bedeutet, über Fähigkeiten, Fertigkeiten und Wissen zu verfügen, das *Veränderungen* im Bereich ökonomischen, ökologischen und sozialen Handelns möglich macht, ohne daß diese Veränderungen immer nur eine Reaktion auf vorher schon erzeugte Problemlagen sind. Denn eine „nachhaltige *Entwicklung* bedeutet nicht Stabilisieren oder Zurückschrauben des Status quo, sondern signalisiert einen komplexen gesellschaftlichen Gestaltungsauftrag, in dem sich globale und lokale Dimensionen der *Zukunftsgestaltung* verbinden".[23] Die Zukunft selbstbestimmt gestalten zu können setzt bei *allen* Bürgern erhebliche Fähigkeiten voraus, sich bei der Beteiligung an Verständigungs- und Entscheidungsprozessen überhaupt beteiligen zu können (z.B. vorausschauendes Planen, eigenständige Informationsaneignung und -bewertung sowie neue Anforderungen in Bezug auf Kommunikation und Kooperation, z.B. in LA 21-Initiativen; die Fähigkeit, sich auch politisch gegen Strukturen durchzusetzen, die Partizipation ver- oder behindern).

Mit der Gestaltungskompetenz kommt die offene Zukunft, die Variation des Möglichen und aktives Modellieren in den Blick. Darin sind ästhetische Elemente ebenso aufgehoben wie die Frage nach den Formen, die das Wirtschaften, der Konsum und die Mobilität annehmen können und sollen, oder nach der Art und Weise, wie künftig Freizeit und Alltag verbracht werden, wie sich Kommunalpolitik oder auch die internationalen Beziehungen ausgestalten sollen.

Die Notwendigkeit, den Erwerb von Gestaltungskompetenz zu ermöglichen, läßt sich sowohl bildungstheoretisch als auch aus der nachhaltigen Entwicklung heraus begründen. Denn diese Kompetenz zielt nicht allein auf unbestimmbare zukünftige Lebenssituationen ab, sondern auf die Fähigkeit zum Modellieren dieser Zukunft durch das Individuum in Kooperation mit anderen. Es sollten mithin solche Themen gewählt, solche Methoden und Organisationsstrukturen favorisiert werden, die Gestaltungskompetenz in diesem Sinne in hohem Maße befördern helfen.

Daß „Gestaltungskompetenz" das verbindende generelle Ziel in der Bildung für eine nachhaltige Entwicklung sein kann, mag auch an dem „Sektorkonzept" des Bundesministeriums für wirtschaftliche Zusammenarbeit (BMZ) zur Förderung der Grundbildung in Entwicklungsländern kenntlich werden. Dort heißt es, daß zum Erwerb von Elementartechniken zur Grundbildung das „Erwerben von Grundkenntnissen und -fertigkeiten [gehört], die Menschen brauchen, um ihre Lebensbedingungen zu verbessern und ihre Fähigkeiten zu entwickeln, und die sie in die Lage versetzen, die Entwicklung der Gesellschaften, denen sie angehören, zu verstehen und mitzugestalten.[24] Dazu gehört auch die Motivation und Fähigkeit zur Selbsthilfe, zur Gestaltung der Umwelt und zum sorgfältigen Umgang mit natürlichen Ressourcen."[25]

Gestaltungskompetenz umfaßt vor diesem Hintergrund erstens vorausschauendes und -planendes Denken, das sich auf mögliche Formen von Zukunft richtet, die ebenso auf Simulationen, Prognosen, Delphi-Studien und Risikoabschätzungen basiert. Sie umfaßt lebendiges, komplexes, interdisziplinäres Wissen, um zu Problemlösungen zu gelangen, die nicht nur auf eingefahrenen und bekannten Bahnen basieren. Genauer betrachtet ist damit die Kompetenz zum Modellieren von Zukunft in einem doppelten Sinn gemeint: auf der einen Seite verstanden als Fähigkeit des Selbstentwurfs und der Selbsttätigkeit im Kontext einer Gesellschaft, deren Trend zur Individualisierung ungebrochen ist; auf der anderen Seite verstanden als Fähigkeit, in Gemeinschaften partizipativ die Nahumwelt gestalten und an allgemeinen gesellschaftlichen Entscheidungsprozessen kompetent teilhaben zu können.

Gestaltungskompetenz umfaßt zweitens utopisches Denken, das gekoppelt ist mit Phantasie und Kreativität. Hier ist nicht das künftig Machbare gefragt, sondern das Gewünschte, zu dem sich vielleicht noch kein pragmatischer Zugang gewinnen läßt. Nicht allein das, was wahrscheinlich sein wird, sondern auch, was gewünscht wird, ausdrücken zu können, steht im Fokus dieser Seite der Gestaltungskompetenz.

Gestaltungskompetenz ist aber weit mehr als nur eine Fähigkeit zum vernetzten Denken und planerischen Handeln. Sie umfaßt die Fähigkeit zur Solidarität mit den Armen, Schwachen, Unterdrückten, all jenen also, die unter freien Umständen von sich sagen, daß sie leiden. Allein schon dieses setzt die Kompetenz für transkulturelle Verständigung und Kooperation voraus.

Gestaltungskompetenz verweist aber nicht allein auf Zukunftsentwürfe und den Umgang mit anderen, sondern auch auf das Individuum selbst: Sie umfaßt auch die Fähigkeit, sich und andere motivieren zu können, sich überhaupt mit dem Konzept der Nachhaltigkeit zu befassen, es lebendig werden zu lassen und daraus alltagstaugliche, befriedigende Lebensstile zu schöpfen.

Dies wiederum setzt die Kompetenz zur distanzierten Reflexion über individuelle wie kulturelle Leitbilder voraus. Aber das ist immer schon Anspruch und Idee von Bildung: sich zu sich selbst und zur eigenen Kultur ins Verhältnis setzten zu können.

Das Maß, in dem Gestaltungskompetenz sich umsetzen läßt, kann man anhand der Antworten bemessen, die auf folgende Fragen gegeben werden können:

Vorausschauendes Denken
Wird über die Gegenwart hinausgegriffen? Werden mögliche Entwicklungen für die Zukunft entworfen und werden Risiken von aktuellen und künftigen, auch unerwarteten Entwicklungen thematisiert? Werden Entwürfe und Anregungen geboten, die es erlauben, selbst und mit anderen positive Szenarien technischer, sozialer, ökologischer und ökonomischer Veränderungen zu entwerfen? Wird gelehrt, auch in uneindeutigen Situationen handlungsfähig zu sein?

Interdisziplinäres Herangehen
Werden mehrere Fächer, Denkweisen, unterschiedliche Zugänge (wissenschaftliche, ästhetische z.B.) sinnvoll miteinander verknüpft, so daß bei den Lernenden Einsichten in die Multiperspektivität der Probleme und die Komplexität ihrer Bearbeitung gegeben werden? Wird dabei auf Phantasie, Kreativität, forschendes Lernen Wert gelegt?

Vernetztes Denken
Werden die Wechselbezüge zwischen einzelnen Bereichen der Problemkonstellationen und ihren Lösungen hergestellt, so daß etwas gelernt werden kann hinsichtlich Rückkopplungen, Spätfolgen, Zeitverzögerungen, Bearbeitung von Komplexität für innovative Strategien der Zukunftsbewältigung? Wird das dazu notwendige Methodenrepertoire angeboten? Wird eine Vernetzung von Lernorten in ihrer Bedeutung und ihrem Nutzen einsichtig gemacht?

Fähigkeit zur Partizipation und Solidarität
Werden Kompetenzen zur kooperativen Teilhabe an Planungs-, Umgestaltungs- und Entscheidungsprozessen vermittelt? Wird also die Fähigkeit angesprochen, sich gewaltfrei verbal und/oder gestaltend artikulieren zu können? Wird dazu befähigt, daß im Rahmen der Zielsetzung, eine gerechtere Welt zu erreichen, für andere Unterstützung geleistet wird, wenn es erforderlich ist?

Kompetenz für transkulturelle Verständigung und Kooperation
Werden Probleme aus der Perspektive unterschiedlicher Kulturen, Lebensstile und Sinnbezüge so dargestellt, daß die Perspektiven anderer Menschen verständlich werden und eine Verständigung über den eigenen alltäglichen Horizont hinaus möglich wird? Werden die Beziehungen zwischen globalen und lokalen Situationen und Phänomenen einsichtig gemacht? Wird die Vermittlung von Kompetenz zur Kooperation auf der Basis von Kriterien wie Gerechtigkeit, Humanität und Toleranz angeboten?

Die Fähigkeit, sich und andere motivieren zu können
Wird dafür Sorge getragen, daß die eigenständige Beschäftigung mit dem jeweiligen Themenkomplex wahrscheinlich wird? Sind Elemente eingebaut, die motivierend wirken, um sich und auch andere zu veranlassen, sich über die jeweilige Unterrichtssituation hinaus mit dem Thema weiter zu befassen, es in den Alltag so einfließen zu lassen, daß die Lernenden selbst zu Multiplikatoren werden?

Kompetenz zur distanzierten Reflexion über individuelle wie kulturelle Leitbilder
Wird dazu angeleitet, über die eigenen Denk- und Handlungsmuster, Lebensstile und Gewohnheiten nachzudenken? Wird dazu

befähigt, auf die für die Agenda 21 wesentlichen Grundlagen der eigenen Gesellschaft (Konsummuster; Mobilitätsinteressen; Denken in Kategorien des Wachstums und der Knappheit, Geschlechterdifferenzen, demokratische Strukturen, Interessenausgleich zwischen Arm und Reich, zwischen heute lebenden und künftig lebenden Generationen) zu reflektieren? Werden Möglichkeiten an die Hand gegeben, die eigenen Handlungsabsichten, Zukunftsentwürfe, die gemeinsamen Projekte und Aktivitäten zu evaluieren und Rückschlüsse daraus zu ziehen?

b) Themen und Inhalte: Die Frage nach der Relevanz

Nimmt man an, daß sich die Selektion der Inhalte aus den Relevanzzuschreibungen innerhalb des Diskurses um die nachhaltige Entwicklung ergibt (und es lassen sich, anders als in den Debatten um die entwicklungspolitische Bildung oder Umweltbildung vor noch einigen Jahren, durchaus gute Kriterien für die Selektion auffinden, wie man den WBGU-Gutachten, sorgfältigen international anerkannten Studien und nationalen Fachdiskursen entnehmen kann), dann lautet die Frage, wie man diese Inhalte thematisiert. Was man an Inhalten auswählt, sollte, so der Vorschlag, durch die folgenden Kriterien hinsichtlich seiner unterrichtlichen Thematisierung geprüft werden, die sich partiell an jene anlehnen, die der WBGU vorschlägt, um zu selektieren, mit welchen Problemen man sich im Kontext nicht-nachhaltiger Entwicklungen primär befassen sollte:[26]

Relevanz für die eigenen Sozietäten
Sozietäten sind die Gemeinschaften, in denen man lebt. Die Relevanz soll sichern, daß das Thema resonanzfähig ist – oder gemacht wird. Was nicht auf Interesse stößt oder so interessant gemacht werden kann, daß es in den Gemeinschaften der Lernenden auch über den engen Unterricht hinaus kommuniziert wird, ist kaum als zu thematisierender Inhalt im Sinne der Agenda 21 zu verstehen. Hier sollte eine nüchterne Einschätzung erfolgen.

Längerfristige Bedeutung
Wenn man den Gedanken ernst nimmt, daß Bildung mehr sein soll als die Bewältigung von aktuellen Alltagsproblemen (dafür gibt es Ratgebersendungen genug), dann sollten Inhalte favorisiert

werden, die ein gewisses dauerhaftes Problem oder eine dauerhafte Aufgabe darstellen. Bauen und Wohnen, Ernährung und Gesundheit, Armutsbekämpfung, Mobilität, wachsender Konsum, die Syndrome nicht-nachhaltiger Entwicklung z.B. sind zentrale Themen in den Studien zum „nachhaltigen Deutschland".

Differenziertheit des Wissens
Es ist wichtig, daß ein differenziertes Wissen über das Thema existiert und daß dieses auch in den Materialien sichtbar wird. Wenn es nur eine schmale Spur des Wissens zu einem Thema gibt oder nur eine Fachwissenschaft dazu etwas beiträgt, so sollte man andere Themen favorisieren. Das verhindert Esoterik, Dogmatik und Rechthaberei, läßt zudem erwarten, daß eine gewisse Pluralität in der Bearbeitung zu erwarten ist. Auch das Nicht-Wissen, die fehlenden Kenntnisse zum Beispiel bezüglich eines besonderen Aspekts, der Tragfähigkeit der Lösungsvorschläge für Probleme sollten kenntlich gemacht werden können.

Engagement und Solidarität
Engagement dient der Motivation und ist Ausdruck einer Identifikation mit dem Thema sowie dem Aufgabenfeld nachhaltiger Entwicklungen. Solidarität ist wohl eine unverzichtbare Größe, wenn die Maxime der Agenda 21, eine gerechtere Welt schaffen zu sollen, ein Fundament haben soll. Zu fragen ist also, ob die Thematik Engagement zuläßt und befördert und/oder ob sie Solidarität zuläßt oder befördert. Auch hier sollten nüchterne Einschätzungen nicht zu übertriebenem Optimismus bei der Beurteilung führen.

Handlungsmöglichkeiten
Die Agenda 21 ist ein Modernisierungskonzept. Es wird erwartet, daß man die Lage der Welt nicht nur beschreibt, bedauert und kritisiert, sondern zeigt, was man anders machen könnte. Zu fragen ist damit aus pädagogischer Perspektive: Werden Handlungsmöglichkeiten für den einzelnen und/oder die Sozietät und/oder die Betroffenen für die Politik, Wirtschaft sowie Wissenschaft und Technik aufgezeigt? Wenn ein Problem gar keine auch nur sich andeutende Lösung zuläßt und/oder den einzelnen nicht einbinden kann, so scheint es pragmatisch sinnvoll, sich den Themen

zuzuwenden, wo Handlungsmöglichkeiten vorliegen, aber noch nicht genutzt werden oder aber entwickelt werden können.

c) Lehr- und Lernmethoden und Organisation des Lernarrangements

Als geteilte Prinzipien der Unterrichtsorganisation und des Lernarrangements schlage ich vor:

Interdisziplinarität
Problemfelder nicht nachhaltiger Entwicklung, Perspektiven zukunftsfähiger Veränderungen sind heute nicht mehr aus einer Fachwissenschaft oder einem singulären Denkmuster heraus zu bearbeiten. Sie lassen sich nur noch durch die Zusammenarbeit vieler Fachwissenschaften, unterschiedlicher kultureller Traditionen und ästhetischer wie kognitiver und anderer Herangehensweisen gewinnen. Sehr deutlich wird dieses an dem Konzept „Syndrome des globalen Wandels" des Wissenschaftlichen Beirats Globale Umweltveränderungen[27] und des Potsdamer Instituts für Klimafolgenforschung.[28] Klimaveränderungen z.B. mag man naturwissenschaftlich exakt belegen können. Sie sind aber, so die Meinung der meisten Wissenschaftler, anthropogen verursacht. Will man sie verhindern, so wird man von der Historischen Anthropologie über Soziologie und Politikwissenschaft bis hin zur Ökonomie und Marketingforschung sowie Umweltpsychologie etliche Disziplinen bemühen müssen, um das Phänomen angemessen zu erfassen und Veränderungen ermöglichen zu können. Insofern ist die Frage zu stellen: Werden mehrere Fächer, Denkweisen, unterschiedliche Zugänge (wissenschaftliche, ästhetische z.B.) sinnvoll miteinander verknüpft?

Partizipation
Schon in der Agenda 21, mehr aber noch in den nachfolgenden politischen Verlautbarungen, in fachwissenschaftlichen und gutachterlichen sowie politikberatenden Stellungnahmen wird die Bedeutung der Partizipation aller Bürger bei der Entwicklung hin zu einer nachhaltigen Gesellschaft betont. Der Hintergrund ist oben beschrieben worden: Ohne veränderte Mentalität, ohne veränderte Handlungskompetenzen, so sagen etliche Analysen,

werden nachhaltige Wirtschafts- und Lebensformen nicht etabliert werden können. Partizipation ist ein zentrales Leitbild des Agenda-Prozesses. Ohne Teilhabe an Entscheidungsprozessen für eine nachhaltige Entwicklung, ohne veränderte Lebensstile und das Interesse an globaler Gerechtigkeit, so wird immer wieder betont, sei die Nachhaltigkeit nicht zu realisieren. Da die Agenda 21 eben nicht nur ein Konzept für optimierten Umweltschutz darstellt, sondern die Vision einer sozial gerechter gestalteten Welt in den Vordergrund stellt, ist die Befähigung zur Partizipation eine entscheidende Größe der Bildung für nachhaltige Entwicklung.

Den Erwerb von *Kompetenzen zur Partizipation* muß man nicht als apodiktische Forderung verstehen, die sich die Befürworter der nachhaltigen Entwicklung ausgedacht haben. Partizipation liegt im Trend. Sie ist ein Phänomen moderner Gesellschaften. Mit dem Prozeß der Individualisierung, wie wir ihn seit nunmehr einem Jahrhundert beobachten können, erweitern sich die Entscheidungsmöglichkeiten und Notwendigkeiten der Individuen.

Daran kann die Schule als gesellschaftliche Einrichtung, die das Individuum befähigen muß, in dieser Gesellschaft – sie gestaltend – leben zu können, nicht vorbeigehen. Insofern ist es gar nicht progressiv, wenn Schulen verstärkt auf Partizipation abstellen, sondern nur ein Schritt in die gesellschaftliche Normalität, der damit unternommen wird.

Ohne Teilhabe an den Gestaltungsprozessen, die in den Bildungsinstitutionen stattfinden, wird in Hinblick auf eine dauerhafte umfängliche Sensibilisierung und Aufklärung für Umweltbelange nicht viel erreicht. Wenn sich schon Grundschulkinder mit Stadtplanung beschäftigen und ihr Interesse an sicheren Schulwegen, Spielplätzen und einer wohnlichen Lebenswelt entwickeln und begründen können, so ist dies ein entscheidender Schritt in Richtung der Partizipation an kommunalen Agenda-Prozessen.

Lassen sich, so wäre zu fragen, die Inhalte in den angestrebten Lehr- und Lernprozessen mit partizipativen Methoden verbinden? Zum Beispiel: Projektunterricht, der den Kindern und Jugendlichen Entscheidungen zuspricht, Szenariotechnik, Planspiele, Mind Maps, Zukunftswerkstätten etc.?

Innovative, auf Kooperation basierende Strukturen
Nachhaltigkeit basiert auf Kooperation, auf der Zusammenarbeit zwischen unterschiedlichen Akteuren und Institutionen. Eine Bildungseinrichtung, die sich nicht zur Kommune hin öffnet, die die lokale Agenda gleichgültig läßt oder Möglichkeiten der außerschulischen Bildung von den Umweltzentren über entwicklungspolitische Initiativen, im Umweltschutz aktiven Firmen bis hin zu Aktionen zum Fairen Handel außer acht läßt, die eigenen Stoffströme nicht kontrolliert und keine Kontakte zu anderen Einrichtungen in Europa oder generell im Global Village sucht, wird in Zukunft Schwierigkeiten haben, ihre Qualität im Sinne der Unterstützung von nachhaltiger Entwicklung belegen zu können. Von daher sollte gefragt werden: Wird ein Bezug zur Kommune, zur lokalen Agenda 21, zu Umweltzentren, entwicklungspolitischen Initiativen, zu Schulen und Initiativen in der Dritten Welt, zu Firmen oder ähnlichem hergestellt oder gefordert?

Die hier vorgestellten Kriterien hinsichtlich der Ziele, Inhalte, Methoden und Organisationsformen sollten, so der Vorschlag, bestimmen, was wie und mit welcher Intention aus dem umfänglichen Nachhaltigkeits-Diskurs im Bildungsbereich unter pädagogischer Absicht aufgegriffen wird.

Insgesamt ist ausgezeichnet belegbar, welcher zentrale Stellenwert der Bildung im allgemeinen und der Bildung für eine nachhaltige Entwicklung im besonderen für die Zukunft der Gesellschaft zukommt. Eine Gesellschaft, die zunehmend als Wissensgesellschaft verstanden werden muß, findet in der Bildung für nachhaltige Entwicklung ein ausgezeichnet dazu passendes, ja paradigmatisches Konzept: Es kann von den Zielsetzungen, Inhalten und Methoden her und durch die Verbindung von Ökonomie, Ökologie und Sozialem als ausgesprochen zukunftsfähiges Konzept gelten.

Michaele Hustedt

Sind wir zu viele? Über das Verhältnis von Weltbevölkerung und Umweltzerstörung

1. Umweltzerstörung heute: Wir, die Menschen in den Industrienationen sind zu viele

Die Tragfähigkeit[1] des Planeten Erde und damit die Zahl der Menschen, die die Erde nachhaltig bzw. dauerhaft ernähren und beherbergen kann, ist nicht fest vorgegeben. Sie ergibt sich vielmehr daraus, wie wir mit unseren Ressourcen, wie Wasser, Luft, Vegetation, Boden und nicht-regenerativen Rohstoffen, umgehen und haushalten. Unter den Bedingungen des archaischen Wanderfeldbaus war die Tragfähigkeit auf einer bestimmten Fläche äußerst gering und erreichte gerade einmal ein Einwohner pro Quadratkilometer. Durch landwirtschaftliche Innovationen, wie Drei-Felder-Wirtschaft und andere Anbaumethoden und -technologien, Düngemittel und Pflanzenzucht, ist es in Europa nach dem Bevölkerungskollaps im 14. Jahrhundert gelungen, die Tragfähigkeit erst schrittweise, ab dem 19. Jahrhundert mit der industriellen Revolution sprunghaft zu erhöhen. Die Verbesserungen in der Medizin taten ihr übriges, und so erlebte der alte Kontinent bis etwa zur Mitte des letzten Jahrhundert ein gewaltiges Bevölkerungswachstum. Erst in den letzten Jahrzehnten hat der sogenannte demographische Übergang bewirkt, daß sich die Schere zwischen Geburten- und Sterbeziffer wieder geschlossen hat und die Bevölkerung in Staaten wie Deutschland, England oder Frankreich sich auf hohem Sockel stabilisiert, ja sogar leicht abnimmt, sofern man die Migrationen nicht berücksichtigt.

Das unter Bevölkerungswissenschaftlern trotz seines deskriptiven Charakters beliebte Modell des Demographischen Übergangs veranschaulicht diese Dynamik: In Phase 1 (in Großbritannien bis Mitte des 18. Jahrhunderts) sind Geburtenziffer und Sterbeziffer bei leichter Fluktuation in etwa gleich. Die Bevölkerung wächst erst mit Phase 2, wenn die Sterbeziffer aufgrund besserer Medizin bei gleichbleibend hoher Geburtenziffer abnimmt. Erst in Phase 3 beginnt auch die Geburtenziffer zu sinken, um schließlich, mit der Wohlstandsphase der Nachkriegszeit, wieder wie in der vorindustriellen Zeit, nur auf niedrigerem Niveau, in etwa in Höhe der Sterbeziffer zu liegen. Die Bevölkerung stabilisiert sich dabei auf hohem Niveau. Eine hohe Bevölkerungszahl und Bevölkerungsdichte, wie sie heute in Mitteleuropa besteht, übt schon an sich einen hohen Druck auf natürliche Ressourcen aus. Die Natur wird extrem beansprucht, was man sich beispielsweise an Wochenenden in stadtnahen Erholungsgebieten vor Augen führen kann. Hinzu kommen die Luxusbedürfnisse unserer heutigen Gesellschaft: Die Bewohner der westlichen Hemisphäre verlangen nach Autos, Kühlschränken, Fernsehern, geräumigen Wohnungen und anderen energie- und materialintensiven Gütern.

Bei der Herstellung und Verwendung dieser Güter entstehen negative *externalties*, unbeabsichtigte Abfallprodukte, wie etwa Kohlendioxid. Parallel zum Wirtschaftswachstum während der Industrialisierung stiegen die Emissionen des CO_2 und anderer Gase, von denen wir seit den 1970er Jahren wissen, daß sie das Klima des Planeten Erde verändern.[2] Vor der Industrialisierung betrug die CO_2-Konzentration in der Atmosphäre 280 ppm (parts per million), heute ist sie auf 350 ppm angestiegen.

Die Erde kennt wie jedes Ökosystem negative Rückkopplungen, die dafür sorgen, daß Eingriffe an einer bestimmten Stelle des Systems zunächst einmal ausbalanciert werden. Unter Klimawissenschaftlern ist aber zusehends unstrittig, daß die klimatologische Absorptionsfähigkeit des Ökosystems Erde und bestimmter Regionen mittlerweile überschritten ist. Die Folgen sind immer mehr meß- und sichtbar: Die globalen Durchschnittstemperaturen veränderten sich während der gesamten Erdgeschichte ziemlich parallel zum CO_2-Gehalt in der Lufthülle. Gegenüber der vorindustriellen Zeit hat sich die Erde um 0,5 Grad erwärmt, der Meeresspiegel ist um 10–20 cm angestiegen. Damit einher geht eine Verschiebung der Klimazonen und damit der landwirtschaftlichen Produktionsgebiete. Besiedelte, ökologisch sensible Regionen wie die Sahel-Zone werden trockener und können weniger Menschen tragen. Weder Mensch noch Flora und Fauna können sich schnell genug anpassen bzw. in fruchtbarere Regionen migrieren, die ja eventuell sogar vom Klimawandel „profitieren“. Der Temperaturanstieg führt auch zu einer Zunahme der sogenannten „vector borne diseases", Krankheiten wie der Malaria, die bislang nur in sehr warmen Gebieten verbreitet waren und sich nun vom Äquator aus weiter nach Norden oder Süden ausbreiten. Der Rückgang der Artenvielfalt wird durch den Klimawandel begünstigt, auch wenn die Ursachen andere sind. Mit zurückgehender Artenvielfalt wiederum sinkt die Stabilität eines Ökosystems. In Sibirien tauen die Permafrostböden, an den Polen kann es zum Auseinanderbrechen großer Eismassen kommen.

Die Folgen werden vor allem die Menschen in den armen Ländern der Welt tragen. Sie können keine Vorsorge treffen, und ein Sturm, eine Überschwemmung oder eine verlängerte Trockenzeit beraubt sie ihrer Lebensgrundlagen. Sie verhungern, verdursten und ertrinken.

Der Klimawandel ist vor allem dadurch hervorgerufen, daß der wohlhabende Norden die Grenzen der Naturverträglichkeit überschritten hat. Zu 50 Prozent ist das „Wohlstandsgas" CO_2, das wiederum zu 80 Prozent in den OECD-Ländern emittiert wird,[3] für den Treibhauseffekt verantwortlich, nur zu 20 Prozent das „Armutsgas" Methan, das etwa beim Naßreisanbau in Staaten der Dritten Welt entsteht. Dies zeigt, daß der Wohlstand, den wir in den letzten Jahrhunderten und besonders Jahrzehnten angesammelt haben, ein Wohlstand auf Pump ist. Wir haben zu seiner Finanzierung das „ökologische Konto" bis zum Anschlag überzogen. „Sachlich besteht daher kein Zweifel daran, daß jeder, der einen überhöhten Energiekonsum hat, mitverantwortlich sein wird für das Ertrinken von Menschen in flachen und warmen Ländern, auch wenn es vielleicht, um im Bilde zu bleiben, nur ein Eimer Wasser ist, den er auf den Ertrinkenden schüttet."[4]

Alle zehn Minuten stirbt auf der Welt eine Tierart aus, die Waldfläche nimmt jährlich um die Größe Tunesiens ab, Wüsten breiten sich aus, die schützende Ozonschicht wird immer dünner, das Ozonloch größer, und wir heizen unser Klima auf, der vom Menschen gemachte Treibhauseffekt wächst ungebremst. Wir sind nach wie vor dabei, unsere Lebensgrundlagen zu zerstören. In NRW fahren genauso viele Autos wie in Afrika. Holen China, Brasilien, Indien unser Wohlstandsniveau ein, ist dies für den blauen Planenten nicht mehr verkraftbar. Auf die Frage, ob er sich wünsche, daß Indien nach der Unabhängigkeit das gleiche

Wohlstandsniveau erlangt wie Großbritannien, entgegnete Mahatma Gandhi bereits 1908: „Wenn Britannien die Ausbeutung der halben Erdkugel benötigt, um das zu erreichen, was es ist, wie viele Erdkugeln würde Indien dann benötigen?"

Es geht in der heutigen Zeit nicht nur um Gerechtigkeit hier und jetzt, sondern um globale Gerechtigkeit zwischen Nord und Süd und um Gerechtigkeit gegenüber zukünftigen Generationen. Der einzige Maßstab dafür ist, daß der Pro-Kopf-Verbrauch jedes Erdenbürgers nicht höher sein darf, als die Natur in der Summe für alle Menschen verkraften kann. Das ist die hohe Ziellatte, die wir mittelfristig überspringen müssen. Laut Wuppertaler Institut bedeutet das eine Senkung des Ressourcenverbrauchs um 80 Prozent in den alten Industrienationen. Für diese Aufgabe sind die alten Industrieländer die Entwicklungsländer.

Den Ländern, die nun gerade mit ihrer Industrialisierung beginnen, nehmen wir damit die Möglichkeit, das zu tun, was wir getan haben, die Natur auszubeuten. Denn wenn sich die Entwicklungsstaaten verhalten wie wir, so heben wir mahnend den Zeigefinger, dann ist die globale Klimakatastrophe nicht mehr abzuwenden. Hunderte Millionen chinesischer und indischer Autofahrer kann das Weltklima nicht verkraften, sofern sie auf die von uns entwickelten Technologien zurückgreifen.

Die Treibhausgasemissionen sind die wesentliche direkte, von den Industriestaaten verursachte, global wirkende Umweltbeeinträchtigung. Indirekt hat das westliche Konsummodell aber noch andere Auswirkungen auf jene, die an ihm nicht oder nur am Rande teilnehmen.

Seit dem Zeitalter des Kolonialismus, vermehrt aber mit dem durch die Globalisierung hervorgerufenen Zusammenschrumpfen von Raum und Zeit, bestehen intensive Stoffkreisläufe zwischen den Ländern der nördlichen und der südlichen Hemisphäre. Hinsichtlich der Nahrungsmittelproduktion ist der Norden im Prinzip autark. Die europäischen Milchseen und Butterberge zeugen davon, daß unsere Landwirtschaft uns mehr als ernähren kann. Dennoch importieren wir einen erheblichen Anteil unserer Nahrungsmittel aus Staaten des Südens. 1991 stammten 30 Prozent der eingeführten landwirtschaftlichen Rohstoffe von dort. Damit verbunden sind teilweise erhebliche ökologische Probleme. Export-Nahrungsmittel, die sogenannten *cash-crops*, werden häufig auf eine intensive, nicht nachhaltige Weise angebaut und verschlechtern so die ökologischen Lebensbedingungen in ihren Herkunftsländern, auch wenn sie dazu beitragen, daß sich die ökonomische Situation zumindest einiger kurzfristig durchaus verbessert.

Ähnlich wie mit Bananen und Erdnüssen verhält es sich mit unseren Teak-Gartentischen. 1991 stammten 30 Prozent der Holzimporte aus Ländern des Südens. Ein Großteil kommt aus Afrika, wo das Holz meist nicht in Plantagen, sondern in tropischen Wäldern geerntet wird.

Auch der Abbau von Rohstoffen wie Uran, Eisenerz oder Mineralöl verwüstet ganze Landstriche und zerstört damit natürliche Lebensgrundlagen in Entwicklungsländern. Die Liste ließe sich fortsetzen. Deutlich wird: Norden und Süden sind im globalen Zeitalter so miteinander vernetzt, ja verkettet, daß unser lokales Handeln, etwa der Griff zu bestimmten Produkten im Supermarktregal, globale Auswirkungen hat, die zwar für sich minimal, in ihrer Summe aber erheblich sind. Die Forstwirtschaft hierzulande ist weitgehend nachhaltig, unsere Holzimporte sind es hingegen in der Regel nicht.

Es stellt sich somit die Frage, ob die zunehmenden Dürreperioden in der Sahelzone, der Raubau an den tropischen Regenwäldern oder die Öl-Verseuchungen in Nigeria ausschließlich den Entwicklungsländern zugeordnet werden können oder nicht auch eine Folge des Konsumstils der Industrieländer sind. Zusammenfassend kann ich Klaus-Michael Meyer Abich nur recht geben, wenn er auf die Frage „Sind wir zu viele?“ antwortet: „Wir, die Menschen mit dem hohen Wohlstandsniveau in den Industrienationen, wir sind zu viele für den Planeten Erde.“

2. Mehr Menschen, mehr Bedürfnisse

Die UN-Statisiker haben ausgerechnet, daß am 12. Oktober 1999 die Weltbevölkerung die Sechs-Milliarden-Grenze überschritten hat. Sie haben einen Jungen, der drei Minuten nach Mitternacht in Sarajevo geboren wurde, symbolisch zum sechsmilliardensten Erdenbürger erklärt. UN-Generalsekretär Annan hat Mutter und Kind im Krankenhaus besucht. Eine schöne Geste für diese geschundene Region. Allerdings mit einem ernsten Hintergrund:

Sechs Milliarden Menschen bedeutet eine Milliarde mehr als noch vor 12 Jahren. „Fast die Hälfte der heute lebenden Menschen ist jünger als 25 Jahre. Über eine Milliarde davon sind junge Menschen im Alter von 15 bis 24 Jahren – die Eltern der nächsten Generation."[5]

Mehr Menschen bedeutet auch mehr Bedürfnisse. Mehr Bedürfnisse bedeutet noch schnelleren Verbrauch der endlichen Ressourcen und noch mehr Abfallstoffe und Emissionen, die das ökologische System der Erde verkraften muß.

Am 13.7.2000 waren es 6043516397 Menschen auf diesem Planeten. Dies ist eine in der Historie einmalige Entwicklung, die erst im letzten Jahrhundert eingesetzt hat. Während grob gesagt bis zur industriellen Revolution die Weltbevölkerung mehr oder weniger konstant geblieben bzw. nur leicht gestiegen ist, ist sie danach exponentiell gewachsen. Es hat 123 Jahre von 1804 bis 1927 gedauert, um die Weltbevölkerung von einer Milliarde auf zwei Milliarden Menschen zu verdoppeln. Die nächste Milliarde hat nur 33 Jahre gebraucht (bis 1960). Dann ging es weiter in Schritten von 14, 13 und 12 Jahren, bis wir 1999 bei 6 Milliarden Erdenbürgern angelangt waren. Der letzte Verdopplungsschritt hat nur knapp 40 Jahre benötigt – von 1960 bis 1999.

Das Wachstum ist dabei nicht gleichmäßig verteilt. Es findet zu 98 Prozent in den Entwicklungsländern statt. Dort leben in diesem ersten Jahr des neuen Jahrtausends vier Fünftel der Menschen dieser Erde. Die Weltbevölkerung nimmt dabei pro Jahr um 78 Millionen Menschen zu. Das ist in etwa so viel wie die Einwohnerzahl von Deutschland. Aufgrund der unterschiedlichen Wachstumsraten (in Deutschland schrumpft sogar die Bevölkerungsrate und es droht eine Überalterung) wird schon bald kein Industrieland zu den zehn bevölkerungsreichsten Ländern der Welt zählen. Die USA sind die einzige Industrienation, für die Experten eine positive Bevölkerungsentwicklung voraussagen. Die Ursache ist aber nicht hausgemacht, sondern dadurch zu erklären, daß die Vereinigten Staaten immer noch ein Immigrationsland sind. Die Ursachen für die aktuelle Bevölkerungsentwicklung sind also in den weniger entwickelten Länder zu suchen.

Die Bevölkerungsprojektionen der Vereinten Nationen haben ergeben, daß die Weltbevölkerung von 6 Milliarden Menschen im Jahre 1999 auf 7,3 bis 10,7 Milliarden Menschen im Jahr 2050 anwachsen wird – wobei 8,9 Milliarden Menschen als am wahrscheinlichsten gelten. Allein die ausreichende Ernährung dieser Menschen würde die Verdoppelung des heutigen Kalorienkonsums erfordern. Vieles spricht dafür, daß dabei einige Länder eine ähnliche Entwicklung vollziehen wie Westeuropa Jahrzehnte zuvor. Staaten wie China oder Kuba nähern sich im Modell des Demographischen Übergangs dem europäischen Stadium an. Das Bevölkerungswachstum in den meisten Staaten der Dritten Welt nimmt bereits ab, nur eben nicht schnell genug.

Parallel dazu erleben wir ein erstaunliches Wirtschaftswachstum in einigen ehemaligen Entwicklungsländern. Zwar gibt es viele Länder auf der Welt, die immer noch ärmer werden, insbesondere auf dem sogenannten „lost continent" Afrika, aber in manchen Ländern der Welt erleben wir eine erstaunliche Aufholjagd. Insbesondere die sogenannten „Tigerstaaten" Südostasiens haben es – trotz der Asienkrise – geschafft, zu mächtigen Konkurrenten der Industriestaaten zu werden. In China z.B. betrug die jahresdurchschnittliche Zuwachsrate des Gesamtproduktionswertes im Inland von 1979 bis 1997 9,8 Prozent. China steht damit hinsichtlich seines Gesamtvolumens der Wirtschaft auf dem siebten Platz der Welt. China hat sein Bruttosozialprodukt von 1980 bis 1995 vervierfacht und hat sich im März 1996 im 9. Fünfjahresplan das ambitionierte, aber auch realistische Ziel gesetzt, bis 2010 das Bruttosozialprodukt abermals zu verdoppeln. Ich fasse zusammen: Sowohl in ihrer Bevölkerungsentwicklung als auch in ihrem wirtschaftlichen Wachstum kopieren diese Länder nur eine Entwicklung, die in Europa stattgefunden hat. Wer soll ihnen das verwehren? Warum sollen die Menschen in den Industriestaaten mehr Rechte an der Natur haben als die Menschen anderer Nationen? Jeder hat die gleichen Rechte auf Wohlstand und folglich auch den gleichen Anspruch auf Verschmutzung und auf Verbrauch der endlichen fossilen Energieträger. Um wieder China als Beispiel zu nehmen: Art und Umfang der Wirtschaftsentwicklung dort lassen vorhersehen, daß der Bedarf an natürlichen Ressourcen ständig zunehmen wird. Bis 2020 wird z.B. der Kohleverbrauch auf 160 bis 185 Prozent der heutigen Menge steigen. Auch die Zahl der PKW und LKW wird drastisch zunehmen. Das ist für unseren blauen Planeten nicht mehr verkraftbar. Noch einmal in aller Deutlichkeit:

Das Muster der Bedürfniserfüllung wie in den Industrienationen zerstört schon jetzt die Lebensgrundlagen. Ihre Übertragung auf die Menschen in den weniger entwickelten Staaten ist undenkbar. Wenn dann noch ein Bevölkerungswachstum hinzu kommt, das bisher noch nicht begrenzt ist, so ist das schlichter Selbstmord. Im Grunde machen wir ein naturwissenschaftliches Experiment mit der Erde. Nur sind wir dabei die weißen Mäuse, und wenn es schief geht, und dies ist äußerst wahrscheinlich, wenn wir nichts ändern, dann werden die Mäuse an diesem Experiment zugrunde gehen.

3. Die Globalisierung und ihre Folgen

Die Globalisierung ist eine sehr weitreichende, geradezu revolutionäre Veränderung. Sie hat weitreichende Auswirkungen für die Lösung der hier diskutierten Probleme. Sie ist unumkehrbar. Die Globalisierung wird viele Konsequenzen haben für die Betriebsgenauso wie für die Volkswirtschaft, für die einzelnen Nationen ebenso wie für jeden Menschen in der ganzen Welt. Hier soll nur die Frage aufgeworfen werden, inwieweit die Globalisierung Einfluß nimmt auf das Ziel einer nachhaltigen Entwicklung und ob der weltweite Handel den Entwicklungsländern neue Chancen bietet, ihre Probleme zu lösen.

Die neuen Computertechnologien und das Internet haben die Globalisierung erst ermöglicht, ähnlich wie die Erfindung der Dampfmaschine der Beginn des industriellen Zeitalters war und die Eisenbahn dann die notwendige Mobilität dazu ergänzte. Die Technologien, die zur Zeit die Welt verändern, sind noch lange nicht ausgereizt. Sie entwickeln sich in rasantem Tempo weiter. Die Entschlüsselung der menschlichen Gene z.B., mit allen den noch nicht gedachten Konsequenzen, zeigt, daß wir keine Zeit haben, innezuhalten und nachzudenken. Die Roboterforscher haben verkündet, daß ihr Ziel ist, daß im Jahre 2050 eine Robotermannschaft gegen eine Fußball-Weltauswahl nach den offiziellen Spielregeln antreten und gewinnen soll. Das hätte eher Unterhaltungswert, insbesondere wenn man an die deutsche Nationalmannschaft denkt. Aber ich glaube kaum, daß wir uns vorstellen können, wie diese Fähigkeiten z.B. die Arbeitswelt verändern werden und welche Auswirkung dies auf das Verhältnis der Staaten der Welt zueinander haben wird.

Vermehrter Welthandel mit just-in-time Produktion und e-commerce bedeutet auch vermehrte Transportleistung zu Wasser, Luft und Land, von Personen und Gütern. Und damit erhöht sich die CO_2-Belastung. Insgesamt führt die Globalisierung zu einer nochmals gesteigerten ökonomischen Entgrenzung und Beschleunigung und verkürzt damit den Zeitraum, in dem wir die Probleme in den Griff bekommen müssen.

Bill Joy, der zum Beraterstab von Bill Clinton gehörte, hat mit seinen vielleicht etwas zu spektakulären Thesen weltweit für Debatten gesorgt.[6] Seine These ist, daß mit der Kombination aus Informatik, Nanotechnologie und Gentechnik eine Gefahr heranwächst. Anders als bei der Atomtechnologie, wo das Wissen, wie man solche Waffen herstellt, nicht allen zugänglich gemacht wurde und zudem auch aufwendige Anlagen und seltene Rohstoffe zur Herstellung von Atomwaffen nötig sind, kann bei der Gentechnologie jeder an die Informationen via Internet kommen und sie in jeder Garage praktizieren. Jeder, das heißt auch gut ausgebildete Technospezialisten mit soziopathischen oder halluzinatorischen Tendenzen oder Terrorgruppen oder Diktatoren, die sich dieser Technologie bedienen können, um z. B. biologische Waffen mit tödlichen Viren zu konstruieren. Sind neue Technologien vielleicht sogar eine Gefahr für die gesamte Menschheit?

Aber es muß auch gesagt werden: Die neuen Technologien helfen uns dabei, die Probleme zu begreifen. Aktuelle Umweltprobleme kann man oft nicht sehen und nicht riechen, wie einen verunreinigten Fluß oder verschmutzte Luft. Die Folgen des Treibhauseffektes treten z. T. in anderen Kontinenten oder bei späteren Generationen auf. Und die Reaktionen des Ökosystems Erde sind außerordentlich komplex. Zur Simulation der Umweltprobleme sind neue Technologien eine unabdingbare Vorraussetzung. Und die Gentechnologie bietet natürlich auch Chancen, die wachsende Menschheit zu ernähren. Schon die von Ökologen vielkritisierte Grüne Revolution hat ja durchaus teilweise ihren Beitrag dazu geleistet, daß wir die 6 Milliarden Menschen, die wir heute haben, überhaupt halbwegs ernähren können.

Offen ist auch die Frage, ob Globalisierung und neue Technologien eine Chance für die Entwicklungsländer darstellen. Sicher, jeder kann jetzt theoretisch überall an alle Informationen gelangen. Für einen Menschen in einem Dorf in Afrika, das nicht an das Stromnetz angeschlossen ist und der nicht die Bildung hat, einen Computer zu bedienen, geschweige dann das Geld, um sich einen zu kaufen, ist der neue breite Zugang zur Information eine rein theoretische Option. Wahrscheinlich ist eher, daß er noch weiter von der entwickelten Welt abgehängt wird. Meine Erwartung ist, daß die Globalisierung zu einem noch stärkeren Auseinanderdriften von reichen und armen Regionen führen wird. Manche Länder können davon profitieren, andere werden noch weiter abgehängt. Die Städte und Küstenregionen werden reicher, die ländlichen Regionen ärmer. Dies kann auch zu großen Verwerfungen innerhalb von Ländern wie z.B. China führen.

Die Globalisierung könnte zu Ökodumping verleiten, weil die Entwicklungsländer sich für die „schmutzige Industrie" mit hohen Umweltbelastungen anbieten und Unternehmen somit durch Verlagerung von Teilen ihrer Produktion in Entwicklungs- und Schwellenländer die relativ hohen nationalen Umweltschutzstandards, wie sie in den Industriestaaten bestehen, unterlaufen können. Die neuen Verkehrs- und Kommunikationsstrukturen ermöglichen es so einem global agierenden Kapital, sich den lokalen Restriktionen und den nationalen Gesetzen zu entziehen. Es ist deshalb auch fraglich, ob wir von einem Übergang von der Industrie- zur Dienstleistungsgesellschaft mit weniger Materialaufwand sprechen können. Obwohl dies national gesehen sicher zutrifft, ist es bei globaler Betrachtungsweise eher so, daß schmutzige Industrien nicht etwa abgestorben sind, sondern auf der globalen Karte einfach an anderer Stelle angesiedelt wurden. Vielfach produzieren diese „schmutzigen Industrien" weiter für den westlichen Markt, nur daß wir sie nicht mehr sehen und riechen.

Andererseits ist nicht nur die Ökonomie zunehmend global. Die Umweltprobleme sind es erst recht. Treibhausgase kennen keine Grenzen. Nur eine Welt, die ökonomisch und politisch zusammenwächst, kann auch die Fähigkeit entwickeln, gemeinsame Antworten auf die globalen Umweltprobleme zu entwickeln.

Die neuen Rahmenbedingungen sind also komplex, und es ist notwendig, sie differenziert zu betrachten. Das Leitbild der Neoliberalen in der globalisierten Weltwirtschaft ist indes denkbar einfach: Jedes Unternehmen soll das Recht besitzen, an jedem Ort zu jeder Zeit was immer es will anzubieten. Die Welt als ein einziger Markt, auf dem sich die Marktkräfte völlig unbehindert entfalten können. Nationale Rechts-, Sozial- und Umweltordnungen stellen dafür nur ein Hindernis dar und sollen aufgelöst werden. Produktionsfaktoren sollen dort gekauft werden, wo sie am billigsten sind, und dort abgesetzt werden, wo sie den besten Preis erzielen. Die Vertreter dieser Richtung sind der Meinung, daß durch die freien Marktkräfte aus begrenzten Mitteln das Maximale rauszuholen ist. Durch mehr Effizienz, Kreativität und Dynamik. Nur eine solche Effizienzkur, so das Selbstverständnis der Globalisierer, kann die Basis für den Wohlstand in allen Ländern der Welt legen. Und sie haben nicht ganz unrecht. Der Markt kann viel. Er ist innovativ, kann Verkrustungen aufbrechen und, ja, er ist auch effizient. Deshalb überlebte die Marktwirtschaft die Planwirtschaft. Doch alle Aufgaben können damit nicht gelöst werden. Allein durch das Spiel der marktwirtschaftlichen Kräfte kann Zukunftsvorsorge nicht betrieben werden. Der Markt hat keine Richtung und ist niemandem Rechenschaft schuldig – schon gar nicht zukünftigen Generationen. Der Markt kennt nur das „hier und jetzt" aber nicht die Vorsorge. Seine Dynamik kann eine Dynamik der Zerstörung oder die einer zukunftsfähigen Entwicklung sein. Und die Natur hat keinen Preis. Sie ist kostenlos zu haben, und deshalb wird mit ihr auch nicht sparsam und effizient umgegangen, sondern verschwenderisch. Und deshalb ist es notwendig, daß wir ökologische Leitplanken einziehen. Umweltfreundliches Verhalten muß in der Wirtschaftsrechnung der Betriebe und Verbraucher belohnt werden. Es darf nicht der am besten fahren, der die Güter der Natur am schnellsten verbraucht. Ökopioniere müssen vom Markt belohnt werden. Und das geht nur, indem man auf allen Ebenen, auf nationaler, auf europäischer und auf internationaler Ebene, ökologische Rahmenbedingungen festlegt, die dafür sorgen, daß volkswirtschaftliche Interessen zu betriebswirtschaftlichen werden.

Das war der Grundgedanke der Weltkonferenz in Rio, auf der ein anderes, ein zukunftsfähigeres Leitbild für die Entwicklung der Welt begonnen wurde, als es die Neoliberalen anbieten: die nachhaltige Entwicklung.

Manche meinen nun trotzdem, daß der Umweltschutz warten soll, bis es uns wirtschaftlich wieder besser geht. Zuletzt hat Volker Rühe im Landtagswahlkampf in Schleswig Hostein eine zehnjährige Pause für den Umweltschutz versprochen, wenn er gewählt werden sollte. Es ist gut, daß er mit dieser Politik keinen Erfolg hatte. Denn das hieße, dem vermeintlichen Kampf um die Gegenwart die notwendige Vorsorge für die Zukunft zu opfern. Doch was wäre gewonnen, wenn der Staatshaushalt saniert ist, aber die ökologischen Folgekosten von Naturkatastrophen und Treibhauseffekt die Sanierungserfolge mittelfristig wieder auffressen? Ginge es uns wirklich besser, wenn zwar die Wachstumsraten der Wirtschaft stimmen, aber unsere Kinder, wie in Australien, nur noch mit Nackenschutz eine halbe Stunde am Tag draußen spielen dürfen? Lebensstandard definiert sich nicht nur ökonomisch. Nicht der Schutz der Lebensgrundlagen ist der Luxus, den wir uns nicht mehr leisten können. Umgekehrt: Wir leisten uns den Luxus einer im Ergebnis zerstörenden Wirtschaftsweise. „Wir sind in einer Entwicklungsphase, in der die Eigendynamik des Modernisierungsprozesses die Grundlagen der bisherigen Gesellschaft fragwürdig werden läßt (...). Sustainable Development meint nichts anderes als die Behauptung eines Widerspruches, nämlich Erhaltung und Entwicklung – zusammengezogen in einem Begriff.“[8] Die wirtschaftlichen, sozialen und Umweltprobleme müssen gleichzeitig gelöst werden. Es darf keinen Aufschub für den Umweltschutz geben. Das ist der Grundgedanke der Vision einer nachhaltigen Wirtschaftsweise.

Doch meine Erfahrung sagt mir auch, daß diese Argumentation bei vielen Managern, Politikern und Bürgern nicht ausreicht. Viel zu sehr ist Wohlstand gleichgesetzt mit wirtschaftlichem Wachstum. Deshalb muß man auch Überzeugung leisten, daß Umweltschutz für den Wirtschaftsstandort Deutschland eine Chance darstellt: Im Zentrum der kritischen Partnerschaft zwischen Industrie und Umweltbewegung steht die Einsicht, daß ökologische Innovationen ein riesiger weltweiter Zukunftsmarkt sind. Der Wirtschaftsstandort Deutschland muß sich vor allem im Innovationswettbewerb statt im Kostenwettbewerb zwischen den Ländern dieser Welt behaupten.

Alle Zukunftsmärkte sind unsicher, nur der Umweltmarkt nicht. Bei wachsender Bevölkerung, bei wachsender Industrieproduktion und begrenzter Aufnahmefähigkeit der Erde werden umweltfreundliche Innovationen einen garantierten Absatzmarkt finden. Die neue, sinnvolle Herausforderung heißt gerade auch für den gesättigten europäischen Markt: Wo lassen sich Innovationen finden, die zu einer nachhaltigen Gesellschaft führen?

Setzt man auf die Ökologiepolitik als Modernisierungsmotor, so wird das Argument gegen eine nationale Vorreiterposition obsolet, ja es verkehrt sich sogar ins Gegenteil: Wenn man es erst dann macht, wenn alle anderen es machen, sind es keine Innovationen mehr. Wettbewerb auf dem Innovationsmarkt ist Pionierverhalten von Unternehmen und in einer globalen Weltwirtschaft auch von Ländern. Die Länder müssen darum ringen, wie sie durch politisch intelligente Regulierung (die flexibler, kostengünstiger und wirtschaftlicher werden muß) Innovationen im eigenen Land anregen können. Es muß gerade angesichts des riesigen Zukunftsmarktes Ziel sein, Vorreiter zu sein. Das ist gute Umweltpolitik, das ist aber auch gute Wirtschaftspolitik.

Energiespartechniken für die Effizienzrevolution, Strom und Wärme durch Wind, Sonne und Biogas, die Brennstoffzelle, moderne Verkehrssysteme für Bus und Bahn, das 3-Liter-Auto, das Null-Emissions-Auto, das mit solar erzeugtem Wasserstoff fährt, neue Bau- und Werkstoffe, langlebige und reparaturfreundliche Produkte, neue Dienstleistungen und vieles mehr – all dies eröffnet einer kreativen Wirtschaft eine große Chance und kann Hunderttausende, wenn nicht Millionen Arbeitsplätze schaffen.

Wie das in der Praxis realisiert werden kann, zeigen wir gerade beim Einstieg in das Solarzeitalter. Die rot-grüne Regierung hat sich das Ziel gesetzt, den Anteil der erneuerbaren Energien von 6 auf 12 Prozent bis zum Jahr 2010 zu verdoppeln. Dafür hat sie inzwischen weltweit das ambitionierteste Instrumentarium geschaffen. Das 100000-Dächer-Programm, das Markteinführungsprogramm und insbesondere das neue Gesetz für den Vorrang erneuerbarer Energien haben in Deutschland eine dynamische Aufbruchstimmung geschaffen. Die Nachfrage von Bürgern nach Photovoltaikanlagen ist zur Zeit größer als das weltweite Angebot. Fast in jedem Dorf wird eine Biomasseanlage geplant. Die Bauern können zu den Energiewirten von morgen werden. Und die Windkraftbranche plant die neue Generation von Windparks. Vor der Küste entstehen Windkraftwerke, die den Vergleich mit fossilen Kraftwerken nicht scheuen müssen. Die Aktien dieser z.T. neuen Firmen sind inzwischen ein Geheimtip für Spekulanten. Und viele ausländische Unternehmen wollen in Deutschland investieren, weil hier das Weltzentrum für erneuerbare Energien entsteht. Zudem sind diese Technologien hervorragend für den Export geeignet. Gerade in Entwicklungsländer, die noch kein ausgebautes Stromnetz besitzen, rechnen sie sich im Vergleich zu großen Kraftwerken schon heute. China, Indien, die Ukraine und viele Länder mehr haben deshalb große Programme zum Ausbau der regenerativen Energien aufgelegt. In der Branche arbeiten schon jetzt 30000 Menschen. Mehr als in der Atomindustrie. Es können 100000, 200000 werden.

Eine Energieeinsparverordnung, die das Niedrigenergiehaus zum Standard macht, und ein Altbausanierungsprogramm können einen ähnlichen Boom auslösen. Beides will die Bundesregierung noch in diesem Jahr beschließen. Hier liegen Einsparpotentiale bei Neubauten von 30% und bei Altbauten sogar bei 60–80%. Zugleich bedeutet das eine Investitionsoffensive für die Baubranche. Das DIW hat ausgerechnet, daß dadurch 200000 neue Arbeitsplätze entstehen könnten.

Und auch die Technologien, um die fossilen Energieträger effizienter zu nutzen, sind solche Win-Win-Investitionen: Ein normales Kraftwerk nutzt den Energiegehalt der fossilen Energieträger, Kohle oder Gas, nur zu ca. 40% aus. Das hängt damit zusammen, daß die Wärme, die bei jeder Stromproduktion entsteht, nicht genutzt wird. Gleichzeitig wird an anderer Stelle die nötige Wärme erzeugt. Baut man die Stromerzeugungskraftwerke dort, wo die Wärme von der Industrie zur Produktion oder von den Bürgern zum Heizen der Wohnungen gebraucht wird, kann man den Ausnutzungsgrad auf 70 bis fast 90% steigern. Diese Anlagen nennt man Kraft-Wärme-Kopplungsanlagen. Die Bundesregierung hat sich vorgenommen, den Anteil an der Stromproduktion durch diese effizienten Anlagen bis zum Jahre 2010 von 12 auf 24% zu verdoppeln.

Einsparen, Solarzeitalter und Effizienzrevolution – das sind die drei Pfade auf dem Weg zu einer nachhaltigen Energiewirtschaft. Die Weichen sind dafür in Deutschland inzwischen gestellt. Die

Klimaschutzziele der Bundesrepublik Deutschland, so das Öko-Institut in seiner neuesten Studie, können so erreicht werden.[9]

Schwieriger ist dies im Verkehr. Das Auto ist des Deutschen liebstes Kind. Es übt eine Faszination aus, die eine substantielle Verkehrswende schon im Ansatz scheitern läßt. Doch auch hier gibt es vorsichtige Ansätze: Die ökologische Steuerreform regt zum Kauf verbrauchsärmerer Autos an. Eine Schwerverkehrsabgabe soll den Anreiz verstärken, Güter mit der Bahn zu transportieren. Die Mittel im Bundesverkehrswegeplan für Investitionen sollen schrittweise zu gleichen Anteilen in den Straßenbau und die Schiene gehen. Und die Bundesregierung unterstützt die Automobilindustrie bei der Entwicklung neuer Antriebstechnologien wie z.B. das Wasserstoffauto, das mit solar erzeugtem Wasserstoff fährt. Doch gerade die Diskussionen um die Ökosteuer und die Kampagnen der Bildzeitung gegen dieses vernünftige Instrument zeigen, daß wir noch viel mehr für die Akzeptanz für eine umweltverträgliche Mobilität tun müssen.

Deutlich wird dabei aber auch: Ob die technologische Revolution allein ausreicht, ist fraglich. Wahrscheinlicher ist eher, daß sich auch die Wertvorstellungen und die Lebenseinstellungen ändern müssen. Durch konsequentes Ausreizen aller Effizienzreserven und durch den Einsatz neuer, innovativer Techniken ist nur ein Teil der notwendigen Reduktion des Umweltverbrauchs zu schaffen. Ohne Suffizienzrevolution gibt es kein nachhaltiges Wirtschaften. Wie lernt die Gesellschaft, wie lernen die Menschen im Zeitalter der Beschleunigung das Sparen, das Begrenzen? Man kann die Frage auch so formulieren: Wie lernen wir wieder die inneren Werte genauso anzustreben wie die materiellen?

Voraussetzung dafür ist die Anerkennung der Begrenztheit aller Ressourcen. Ohne eine Änderung der Lebensstile und Lebenswerte wird es nicht gehen. Das Leitbild „Gut leben statt viel haben“ muß das alte Motto „Immer mehr, immer schneller“ ablösen. Denn in einer endlichen Welt ist immerwährendes Wachstum unmöglich. Die Reise nach innen kann befriedigender sein als die Reise in ferne Länder. Sich als Teil der Natur zu fühlen ist befriedigender als ein neuer Fernseher.

„Weniger ist mehr“ war eine der zentralen Einsichten, die bei der Entstehung der Umweltbewegung Pate standen. Sie rührt an den zentralen Nerv unserer Gesellschaft: Von den Staatsfinanzen über das Kreditsystem bis hin zu den Sozial- und Lebensversicherungen hängt alles von der Fortsetzung des ökonomischen Wachstums ab. Wir zappeln in der Wachstumsfalle. Gerät ohne Wachstum der soziale Frieden in Gefahr?

In jedem Fall gilt: Der alte Gesellschaftsvertrag trägt nicht mehr, und zwar im doppelten Sinne. Auch durch Wachstum erreichen wir keine Vollbeschäftigung mehr. Somit ist die Finanzierung unserer Sozialsysteme dauerhaft gefährdet. Zum anderen bedroht die Zerstörung der Umwelt die Zukunft jeglichen Wirtschaftens. Wir brauchen deshalb einen neuen Gesellschaftsvertrag.

„Keine weitere Haushaltsverschuldung", „Umstellung des Sozialsystems auf Bedarfsorientierung", „Teilung der verfügbaren Arbeit" müssen selbst dann unsere Antworten auf das Ende der fetten Jahre sein, wenn wir noch nicht die Anforderungen des nachhaltigen Wirtschaftens berücksichtigen. Sie weisen in die richtige Richtung. Wenn wir aber zu einer nachhaltigen Wirtschaftsweise kommen wollen, müssen wir diesen Weg noch entschiedener beschreiten.

Die Krise der Industriegesellschaft und die Krise der Ökologie fordern die gleiche Lösung: statt Wachstum um jeden Preis Verteilung – Verteilung der Arbeit, Verteilung der Einkommen, Verteilung der gesellschaftlichen Aufgaben. Notwendig ist dafür ein neues Verhältnis zur Arbeit und ein neues Verhältnis zur Zeit.

Wenn trotzdem immer wieder Wachstum gepredigt und dem totalen Wettbewerbsdenken Hosianna gesungen wird, so drängt sich ein fast schon psychopathologisches Erklärungsmuster auf: Die Vorstellung ewigen Wachstums als gigantische Negation der Endlichkeit ist der unreife Wunsch, das Paradies auf Erden zu verwirklichen. Es ist die kollektive Verdrängung des Todes, die ironischerweise zu letalen Konsequenzen führen muß: zum Zusammenbruch der Systeme, der ökologischen wie der sozialen. Ethische Grund- und politische Neuorientierung muß daher genau an der Bewußtmachung der verdrängten Endlichkeit ansetzen – ein Begriff, der neben der ökologischen auch eine philosophische und theologische Qualität hat: die Begrenztheit natürlicher Ressourcen einerseits, die Sterblichkeit menschlichen Lebens andererseits.

Eine ethisch reflektierte Wirtschaftspolitik wird allerdings nicht erfolgreich sein, wenn sie versucht, ökologisch und sozial erwünschtes Handeln der Menschen durch moralische Appelle herbeireden zu wollen. Sie muß die rationale Einsicht in die Endlichkeit der Ressourcen in eine politische Strategie einer Anreizethik umsetzen: Die politischen Spielregeln, die „Handlungsbedingungen" (Adam Smith), die in einer globalisierten und individualisierten Welt gelten sollen, müssen moralisches Handeln zu einem Wettbewerbsvorteil werden lassen. „Moralische Normen kommen in der modernen Gesellschaft im Windschatten individueller Anreize zur Geltung oder gar nicht."[10] Dies ist übrigens auch die Kernidee einer ökologischen Steuerreform.

Doch die Verbreitung moralischer Normen ist nicht in erster Linie Aufgabe der Politiker, sondern ganz sicher auch von anderen gesellschaftlichen Gruppen, den Kirchen, den Sportvereinen, Popgruppen und der Kulturszene.

Die Politik zumindest hat hier einen ersten Schritt getan: CSU-Finanzminister Waigel hat in seiner Amtszeit über eine Billion Schulden angehäuft. Und in der Kohlschen Amtszeit wurde in den achtziger Jahren die Neuverschuldung von 350 auf 490 Milliarden vergrößert. Die rot-grüne Regierung hat rigoros das Steuer umgedreht. Wenn schon jede vierte eingenommene Steuermarkt für die Zinsen verwendet werden muß, hilft nur eines: sparen, sparen, sparen. Begründet wird dieser Sparkurs auch explizit mit der Verantwortung gegenüber zukünftigen Generationen. Keine Schulden machen, damit unsere Kinder und Kindeskinder noch Gestaltungsspielräume haben – das ist eine nachhaltige Politik. Am Anfang diese Kurses gab es aus fast allen gesellschaftlichen Gruppen heftige Proteste aus Klientelinteressen heraus. Doch inzwischen hat die Gesellschaft den Sparkurs akzeptiert und unterstützt ihn.

Das zweite große Projekt in diesem Zusammenhang ist die Rentenreform. Auch hier muß ein neuer Generationenvertrag geschlossen werden. Es kann nicht länger angehen, daß die Jungen den Alten ein Leben in „Saus und Braus" finanzieren und dafür angesichts der Überalterung der Gesellschaft immer mehr zahlen müssen, selbst aber keine Chance auf eine ausreichende Rente erwerben. Auch hier sind wir auf dem richtigen Weg. Er muß noch viel konsequenter gegangen werden. Die Bildungs-, Sozial-, Steuer- und Wirtschaftspolitik sind weitere Felder einer nachhaltigen Politik.

5. Begrenzung des Bevölkerungswachstums

Bevor man Maßnahmen zur Begrenzung der Bevölkerung diskutiert, muß man Ursachenforschung betreiben: Die Position der UN ist inzwischen Allgemeinwissen, daß Bevölkerungsbegrenzung bei den Frauen ansetzen muß. Armut und Unterdrückung der Frauen führen dazu, daß die Frauen keine Berufsausbildung bekommen. Damit erwerben sie auch kein Anrecht auf ein Altersruhegeld. Viele Kinder sind die einzige Möglichkeit, sich abzusichern und zudem Achtung in der Gesellschaft zu erlangen. Viele Kinder in der Summe führen wiederum zu Armut. Ein Teufelskreis. Drei Faktoren werden im wesentlichen für die zukünftige Entwicklung der Weltbevölkerung verantwortlich sein: ungewollte Geburten, der Wunsch nach mehr als zwei Kindern pro Paar sowie die junge Altersstruktur. Alle drei sind beeinflußbar: Der Zugang zu adäquater Familienplanung kann Paaren helfen, ungewollte Schwangerschaften zu vermeiden. Weitere Anstrengungen zur Senkung der Kinder- und Säuglingssterblichkeit und vermehrte Bildungschancen und Beschäftigungsmöglichkeiten für Frauen können den Kinderwunsch erheblich beeinflussen. Gezielte Sexualaufklärung und der Zugang zur Familienplanung für Jugendliche, die Verzögerung der ersten Geburt etwa durch mehr Bildungschancen für Mädchen sowie eine Erhöhung des Heiratsalters können den Altersstruktureffekt abschwächen.

Es ist dabei nicht zu leugnen, daß auch ein auf bescheidenem Niveau verbessertes Gesundheitswesen und der Anstieg der Nahrungsmittelproduktion nach dem Zweiten Weltkrieg zu einer steigenden Lebenserwartung und zu einem Rückgang der Säuglingssterblichkeit geführt haben. Dieser Trend wird gebrochen durch die Volksseuche Aids. In manchen Gegenden Afrikas sind ganze Dörfer infiziert. Die Kinder stecken sich schon im Mutterleib mit Aids an. 50 Millionen Menschen haben sich bisher angesteckt, 16 Millionen sind bereits daran gestorben, 13 Millionen davon in Schwarzafrika. Das ist bekannt. Viele wissen aber nicht, daß auch in Indien 5,7 Millionen Menschen infiziert sind. Es betrifft schon lange nicht mehr die sogenannten Risikogruppen, sondern jeder, auch in den Dörfern und nicht nur in den Städten, ist gefährdet. In Afrika und in Indien wurde dies lange Zeit von der politischen und der religiösen Elite geleugnet und tabuisiert.

In Kenia etwa, wo 20 Prozent der Frauen infiziert sind, war Sexualkundeunterricht in den Schulen bis zum Anfang des Jahres 1999 verboten; Präsident und Kirchen erklärten Kondome für tabu. Doch langsam besinnt man sich eines besseren. Aufklärung und Vorbeugung sind dabei die Schlüssel zum Eindämmen der Aids-Epidemie. Dies anzuerkennen war auch der große Erfolg der diesjährigen Welt-Aids-Konferenz in Südafrika. Thailand, Senegal und Uganda gelten dabei als herausragende Beispiele einer Anti-Aids-Kampagne. In Uganda z.B. sind die Neuinfektionen in den letzten 10 Jahren um 75 Prozent zurückgegangen.

Es gibt Licht am Horizont. Das Bevölkerungswachstum verlangsamt sich. In den Entwicklungsländern ist die Fertilität seit 1969 um die Hälfte gesunken, von durchschnittlich fast sechs Kindern pro Frau auf unter drei Kinder. Dies ist aber keine zwangläufige Entwicklung. Sie wurde durch die Arbeit vieler Menschen in den letzten Jahrzehnten erst möglich gemacht. Ob sie sich fortsetzt und ob sie von zunehmender Lebensqualität oder zunehmender Belastung begleitet wird, hängt von den Entscheidungen und dem Handeln der nächsten Jahrzehnte ab.

Die Kairoer Weltbevölkerungskonferenz 1994 war ein wichtiger Meilenstein in der Bekämpfung des Bevölkerungswachstums: Es wurde ein Aktionsprogramm verabschiedet, das für die nächsten 20 Jahre Richtlinien für die Bevölkerungspolitik festlegt. Quantitative Ziele wurden in drei Bereichen beschlossen: Bildung, insbesondere für Frauen, Senkung der Kinder- und Müttersterblichkeit, Familienplanung und Aids-Beratung.

Kairo hat einen entscheidenden Wendepunkt dargestellt: Früher enthielten Bevölkerungsprogramme nur demographische Ziele. Das Kairoer Programm setzt erstmals an den konkreten Ursachen und Bedürfnissen der Individuen an – besonders denen der Frauen. „Das Aktionsprogramm beschäftigt sich in erster Linie mit Menschen, nicht mit Zahlen. Im Vordergrund steht die Freiheit der einzelnen oder der Paare, zu entscheiden, ob und wie viele Kinder sie haben wollen und in welchem Abstand diese zur Welt kommen sollen. Global wird sich diese Entscheidungsfreiheit der einzelnen positiv auf das Wachstum der Weltbevölkerung auswirken.“[11]

Auf der UN-Sondergeneralversammlung Anfang Juli 1999 wurden weitere Maßstäbe zur Beurteilung der Umsetzung der Kairoer Ziele festgelegt:

1. Halbierung der Analphabetenrate bis zum Jahre 2005. Bis spätestens 2010 sollten mindestens 90 Prozent aller Kinder beiderlei Geschlechts eine Grundschulbildung erhalten.
2. Bis spätestens 2005 sollten 60 Prozent der Einrichtungen für medizinische Grundversorgung und Familienplanung das größtmögliche Angebot von sicheren und wirksamen Familienplanungsmethoden, Geburtshilfe, Verhütung und Behandlung von sexuell übertragbaren Krankheiten anbieten; 80 Prozent der Einrichtungen sollten bis spätestens 2010 solche Dienste anbieten, und alle sollten bis spätestens 2015 über ein solches Angebot verfügen.
3. Bis spätestens 2005 sollten weltweit 80 Prozent der Geburten von geschultem Personal betreut werden.
4. Die Kluft zwischen dem Anteil von Personen, die Verhütungsmittel benutzen, und dem Anteil derer, die sich entweder keine Kinder mehr wünschen oder einen größeren Abstand zwischen den Geburten erreichen wollen, sollte bis zum Jahre 2005 halbiert, bis 2010 um 75 Prozent reduziert werden. Im Jahr 2015 soll das Menschenrecht auf Familienplanung für alle verwirklicht sein.
5. Zur Verringerung der HIV/AIDS-Infektionen sollten bis zum Jahre 2005 mindestens 90 Prozent und bis zum Jahre 2010 mindestens 95 Prozent der jungen Männer und Frauen im Alter von 15 bis 24 Jahren Zugang zu Präventionsmaßnahmen – wie Kondomen für Frauen und für Männer, freiwilligen Tests, Beratung und Betreuung – haben; die HIV–Infektionsraten bei Personen im Alter von 15 bis 24 Jahren sollten in den am stärksten betroffenen Ländern bis zum Jahre 2005 um 25 Prozent und weltweit bis zum Jahre 2010 um 25 Prozent gesenkt werden.

Diese Ziele sind gut. Es müßte eigentlich im Interesse aller Staaten sein, daß sie ernsthaft verfolgt und erreicht werden. Doch leider ist dem nicht so. In Kairo wurde geschätzt, daß bis zum Jahre 2000 für die erfolgreiche Umsetzung eines Kernpakets von Maßnahmen im Bereich der Bevölkerungspolitik und der reproduktiven Gesundheit jährlich 17 Millionen US-Dollar erforderlich sein werden. Davon sollten etwa zwei Drittel (11,3 Milliarden) in den Entwicklungsländern selbst und ein Drittel (5,7 Milliarden) von den Geberländern erbracht werden. 1997 hatten die Industrieländer jedoch insgesamt nur knapp zwei Milliarden US-Dollar und die Entwicklungsländer rund 7,7 Milliarden US-Dollar aufgebracht. Die Ziele können also aller Wahrscheinlichkeit nicht erreicht werden. Auch Deutschland macht da keine Ausnahme: Der Anteil der Entwicklungshilfe am Bruttosozialprodukt beträgt 0,2, ihr Anteil am Bundeshaushalt 1,5 Prozent.

Entscheidend wird sein, ob sich an dieser Zahlungsmoral der entwickelten Industrienationen etwas ändert. Sicher, mit Entwicklungshilfe kann man keine Wahlen gewinnen. Aber wenn man das zuvor Gesagte Revue passieren läßt, muß jede verantwortungsbewußte Politik dennoch bereit sein, ihren Beitrag zu leisten. Wir werden schon in wenigen Jahren 9 Milliarden Menschen auf dieser Erde sein. Es ist möglich, diese Menschen zu ernähren und ihnen ein menschenwürdiges Dasein zu ermöglichen. Doch dafür müssen die Länder des Südens am globalen Wohlstand partizipieren. Dann werden dort schneller postmoderne Lebensformen entstehen und es wird schneller zu einem Stillstand des Bevölkerungswachstums kommen. Und das ist, wie hoffentlich deutlich wurde, in unserem ureigensten Interesse.

Entscheidend wird auch die Einstellung der Entwicklungsländer sein: Räumen sie dieser Aufgabe den Stellenwert ein, der ihr gebührt? Fließt das Geld dort z. B. wirklich in den Ausbau von Bildungs- und Gesundheitssystemen oder in andere Maßnahmen? Wird es schlimmstenfalls für Kriege verschwendet oder verschwindet es in die Taschen einer reichen Elite? UNO-Generalsekretär Kofi Annan hat dafür auf der Konferenz der Organisation für Afrikanische Einheit (OAU) am 11. Juli 2000 deutliche Worte gefunden. Nur ein Afrikaner konnte es so deutlich sagen: Afrika trägt an seinem Elend eine Teilschuld. Die Wunden Afrikas sind nicht bloß Folge von Kolonialismus und Neokolonialismus, sondern auch Folge des Unvermögens der eigenen nationalen Eliten.

6. Wir brauchen eine neue Weltinnenpolitik

Aus allem dem ergibt sich: Notwendig ist eine neue Weltinnenpolitik, die versucht, auf eine Globalisierung der Ökonomie mit einer Globalisierung der Politik zu antworten. Das Leitbild dafür sollte die nachhaltige Entwicklung sein und nicht ein entfesselter

Markt namens „freie Weltordnung". Die Weltgemeinschaft jedoch hat sich noch nicht zwischen diesen beiden Leitbildern entschieden. Während die WTO versucht, jegliche Handelsschranken abzubauen, wird parallel dazu versucht, auf Umwelt-, Klima- und Bevölkerungskonferenzen Regeln für die neue Weltordnung aufzubauen. Ungeklärt ist dabei die Frage, welche Konferenzen die hierarchisch höheren Beschlüsse faßt. Können und sollen also nationale Umweltstandards und -regeln mit dem Argument, daß sie den freien Welthandel beschränken, ausgehebelt werden?

Man sollte denken, daß klar ist, welche Antwort ich auf diese Frage gebe. Aber so einfach ist das nicht. Während viele sich im reichen Norden aus guten Gründen eindeutig auf die Seite des Umweltschutzes stellen, sehen viele Entwicklungsländer im Ruf nach internationalen Umweltstandards nur einen neuen Neokolonialismus, der sie daran hindern soll, billiger zu produzieren und damit auch eine Chance zu haben, sich einen Teil des Kuchens zu erobern. Genauso sieht das Bild z.B. bei den sozialen Standards aus. In vielen Entwicklungsländern siedeln sich arbeitsintensive Produktionen an, die mit niedrigen Arbeitslöhnen und zu miserablen Arbeitsbedingungen vor allem Frauen beschäftigen. Die NGOs und die Gewerkschaften fordern deshalb eine Verbesserung der sozialen Standards. Die „Gruppe 77" hat sich aber entschieden gegen eine soziale Nachbesserung der WTO ausgesprochen. Warum? Sie fürchten um den Verlust des Vorteils, den sie in der globalisierten Weltwirtschaft ins Felde führen können. Und ist das nicht verständlich? Auch aus unserer europäischen Sicht sollten wir ihnen diese Entwicklung wünschen, denn Armut verschärft die Umweltprobleme und erhöht den Bevölkerungsdruck.

Daraus ergibt sich aber: Das Leitbild der nachhaltigen Entwicklung wird sich nur durchsetzen, wenn die ärmeren Länder sich davon Entwicklung versprechen. Sie vertreten berechtigt den Anspruch, daß die Industrienationen, die bisher die Hauptverursacher der globalen Umweltprobleme sind, erst einmal im eigenen Land beginnen sollen, sie, die armen Länder der Welt, aber ein Recht vor allem auf wirtschaftlichen Aufschwung haben. Wenn dies nicht zu Umweltdumping führen soll, müssen ihnen die reichen Länder der Welt helfen, modernere und damit teurere Technologien einzusetzen.

Deshalb ist die Diskussion um Instrumente wie „joint implementation“ oder einen weltweiten CO_2-Zertifikatshandel so spannend. Bei „joint implementation“ können sich die Industrienationen bei ihrer Verpflichtung, die CO_2-Emissionen zu reduzieren, etwas gutschreiben, wenn sie den Entwicklungsländern helfen, umweltfreundliche Technologien einzusetzen. Beim CO_2-Zertifikatshandel würde jedes Land entsprechend seiner Bevölkerungszahl und ausgehend von seinem Entwicklungsstand ein CO_2-Kontingent bekommen, das es kontinuierlich an den durchschnittlichen CO_2-Verbrauch eines Weltbürgers anpassen muß. Benötigt es mehr, muß es sich bei anderen Staaten Zertifikate zukaufen. Auch davon würden die Entwicklungsländer profitieren. Natürlich steckt der Teufel dabei im Detail. „Joint implementation“ darf nicht dazu führen, daß sich die Industrieländer der Verantwortung entziehen, im eigenen Lande etwas zu tun. Vertrauen entsteht nur, wenn die Industrieländer im eigenen Land beginnen. Und wenn damit Atomkraftwerke gefördert werden, wird das ganze Instrument fragwürdig. Und beim CO_2-Zertifikatshandel droht die Gefahr, daß nur mit „heißer Luft“ gehandelt wird, weil insbesondere die osteuropäischen Länder Kontingente zugesprochen bekommen, die völlig irreal sind, und damit könnten sich dann die Industrieländer von ihrer Schuld freikaufen. Dennoch: Der Gedanke ist richtig, und wenn die EU ab 2005 hier den Vorreiter übernehmen will, dann muß dies unterstützt werden.

Neue globale Umweltregeln und Standards sind in bestimmtem Ausmaß erforderlich, da alte nationale Vorschriften infolge der Globalisierung erodieren. Sofern diese aber kein Knebelinstrument für die Entwicklung des Südens sein sollen, müssen die Entwicklungsländer parallel zur Verrechtlichung der internationalen Umweltpolitik als Kompensation mehr Hilfe erhalten, um diese Umweltstandards erfüllen zu können, so wie es der Grundgedanke des Brundtland-Reports und der Rio-Konferenz war.

Wir müssen die Entwicklungsländer in die Lage versetzen, nicht unsere Fehler zu wiederholen, sondern beim Aufbau ihrer Industrien gleich einen nachhaltigen Weg zu beschreiten. Und hier schließt sich wieder der Kreis: Dies wird nur geschehen, wenn auch wir im eigenen Land beginnen. Es ist wenig überzeugend, wenn man beispielsweise den Entwicklungsländern rät, beim Aufbau ihrer Energieinfrastruktur auf erneuerbare Energien zu setzen, und gleichzeitig im eigenen Land weiter die Steinkohle subventioniert. Wandel in den Industrienationen und nachhaltige Entwicklung in der Dritten Welt – das sind zwei Seiten einer Medaille. Wir sind eine Welt, und sie ist sehr klein geworden.

Michael Kloepfer

Haben nur Menschen Rechte?

1. Einleitung

Das Thema fragt danach, ob nicht nur Menschen, sondern auch Tiere, Pflanzen und die Umwelt eigene Rechte haben können. Im Berliner Zoo lebt zur Zeit das Pandaweibchen Yan Yan, das die Republik China dem Zoo ausgeliehen hat. Dieses Pandaweibchen sollte in seine Heimat zurückkehren. Nun haben sich die Verantwortlichen verständigt, daß Yan Yans „Aufenthaltsgenehmigung" verlängert wird. Yan Yan kann also zunächst in Berlin bleiben. Nach geltendem Recht kann es sich dabei allerdings nicht um eine Aufenthaltsgenehmigung im Sinne eines sog. subjektiven öffentlichen Rechts von Yan Yan handeln. Eine solche Aufenthaltsgenehmigung setzt voraus, daß Yan Yan rechtsfähig ist, also Trägerin eines Rechts sein kann. Gerade das ist nach unserer Rechtsordnung für Tiere und Pflanzen momentan nicht möglich.

Hier stellt sich nun die Frage, warum Tiere, Pflanzen und die Umwelt in unserer Rechtsordnung keine eigenen Rechte haben. Ein wesentlicher Grund in unserer Kultur dürfte der christliche Glaube an die Einzigartigkeit des Menschen unter allen Geschöpfen sein, weil nur er nach dem Ebenbild Gottes geschaffen sei. Andere, z.B. asiatische Religionen kennen sehr wohl tierische Götter, heilige Bäume, aber auch Berge als Götter und begründen somit andere kulturelle Grundwerte. Märchen, die virtuelle Realität vergangener Zeiten, sind voller vermenschlichter Tiere und Pflanzen (Fabeln).

Betrachtet man die menschliche Geschichte, so findet man unzählige Beispiele, die belegen, daß Tieren und Pflanzen höherer Stellenwert eingeräumt wurde und teilweise noch wird. So wurden im Mittelalter Tierprozesse durchgeführt, bei denen zum Beispiel ein Pferd, das seinen Reiter abgeworfen hatte, angeklagt wurde. Erst nachdem ein Urteil über das Tier gesprochen war, konnte es bestraft werden. Diese Strafen waren dieselben, die auch menschliche Verurteilte zu erwarten hatten; so konnte es geschehen, daß ein Pferd gehängt oder gevierteilt wurde.[1] Auch in unserer Zeit ist eine andere Würdigung von Tieren zu beobachten. So gibt es zum Beispiel in Indien eine Sekte, deren Anhänger kein Tier töten, sei es noch so klein, und die deshalb mit einem Besen den Weg vor sich reinigen, um z. B. kein Insekt zu töten.

In der Vorstellung von Kindern, das heißt in unserer individuellen Menschengeschichte, werden nicht nur Tiere, sondern auch Gegenstände lebendig. Kinder beleben Dinge in ihrer Phantasie, spielen mit ihnen, belohnen sie, strafen aber auch. So zeigen das Wesen der Menschen und deren Geschichte sowie der Vergleich mit anderen Kulturen, daß die Idee, Tieren, Pflanzen und Dingen Rechte zu verleihen, nicht außergewöhnlich ist.

Die eher fundamentalistische Ablehnung der Forderung, Tiere und Pflanzen mit eigenen Rechten auszustatten, ist um so erstaunlicher, wenn man bedenkt, daß unsere Rechtsordnung Rechte für andere als den Menschen kennt, nämlich für die sog. juristischen Personen. Juristische Personen sind Organisationen bzw. Einrichtungen, die als Träger von Rechten und Pflichten anerkannt werden.[2] Im Privatrecht sind dies vor allem die rechtliche Verselbständigung von Personenmehrheiten (z. B. Vereine) oder von Vermögen (z. B. Stiftungen).[3] Die juristischen Personen sind nicht juristische Bewertungen vorgefundener Realitäten, sondern eher umgekehrt juristische Voraussetzungen für die Entfaltung von entsprechenden Realitäten. Die Fähigkeit von juristischen Personen, Träger von Rechten und Pflichten zu sein, beruht auf Gesetzen bzw. auf gesellschaftlichem Konsens. Kraft juristischer Fiktion wird ein gedankliches Gebilde insoweit wie ein Mensch behandelt. Wenn es aber möglich ist, gedanklichen Gebilden wie den juristischen Personen Rechte zu verleihen, sollte es grundsätzlich auch möglich sein, Tiere und auch unbelebte Dinge mit Rechten auszustatten. Zwar stehen hinter juristischen Personen menschliche Interessen, aber auch die Ausstattung von Tieren und Pflanzen mit Rechten geht auf menschliche Entscheidungen zurück.

In dem grundsätzlichen Streit über die Rechte von Tieren und Pflanzen stellt sich vor allem die Frage, ob es den Tieren und den Pflanzen tatsächlich nützen würde, wenn sie mit eigenen Rechten ausgestattet würden. Es ist daher zu fragen, ob und welche einschlägigen Konflikte bestehen und ob diese tatsächlich durch die Schaffung von eigenen Rechten zu lösen sind. Dazu bedarf es der Aufzeigung der gegenläufigen Interessen, der Feststellung von bestehenden Schutzlücken in der Rechtsordnung sowie der Analyse der diskutierten Lösungen.

2. Politische Diskussion

Die Einführung von eigenen Rechten für Tiere und auch Pflanzen, aber auch für die Umwelt wird politisch und gesellschaftlich immer wieder problematisiert. Dies geschieht häufig aus Anlaß einer Umweltkatastrophe (z.B. Fischsterben) oder eines anderen Unglücks, da solche Vorfälle das Bewußtsein der Gesellschaft für ihre Mitgeschöpfe und die Umwelt schärfen. In den USA hat dies u.a. zur Forderung nach Rechten der Natur geführt. Diese und vergleichbare gesellschaftliche Ideen werden zunehmend auch in Deutschland diskutiert. Die letzte in Deutschland unternommene Anstrengung, den Tierschutz zu stärken, war die Gesetzesinitiative zur Einführung einer Staatszielbestimmung Tierschutz, einem Art. 20b GG. Diese Staatszielbestimmung erinnert an die im Zuge der Verfassungsreform 1994 eingeführte Staatszielbestimmung Umweltschutz (Art. 20a GG). Für den Nichtjuristen muß sich hier zunächst die Frage stellen, warum Tierschutz nicht vom Umweltschutz erfaßt ist, ob also die Einführung einer neuen Staatszielbestimmung Tierschutz überflüssig wäre. Umweltschutz hat einen anderen Schutzzweck als der Tierschutz. Der Tierschutz zielt auf den Schutz eines jeden Tieres als Mitgeschöpf ab.[4] Umweltschutz schützt dagegen nicht das einzelne Tier, sondern die Umwelt und ihre Teile, also – vereinfacht – die Natur als solche. Tierschutz unterfällt dem Umweltschutz in der Form des Artenschutzes. Artenschutz hat das Ziel, die Tierart als biologische Spezies zu erhalten, das einzelne individualisierte Tier unterfällt dabei keinem besonderem Schutz. Daher wird der Tierschutz, der das Tier nur als Kreatur in den Mittelpunkt stellt, nicht vom Umweltschutz erfaßt.[5]

Die Gesetzesinitiative zur Einführung der Staatszielbestimmung Tierschutz scheiterte am 13. April 2000 an dem Nichterreichen der erforderlichen Zweidrittelmehrheit. Das schließt eine erneute Gesetzesinitiative in der Zukunft allerdings nicht aus. Insoweit dürfte diese – wie auch immer zu bewertende – politische Forderung nach Konstitutionalisierung des Tierschutzes nicht dauerhaft vom Tisch sein.

3. Geltende Rechtslage

Das deutsche Rechtsschutzsystem ist weitgehend (aber keineswegs nur) ein Individualrechtsschutzsystem. Es ist primär auf den gerichtlichen Schutz individueller Rechte (Art. 19 IV GG, § 42 II Verwaltungsgerichtsordnung) und damit letztlich auf den Menschen ausgerichtet. Deutlich werden die primäre Ausrichtung des Rechtsschutzsystems auf den Menschen und damit einhergehende Schutzlücken für nicht-humane Lebensformen am Beispiel der Robbenklage. 1988 reichten die „Seehunde der Nordsee" eine Klage gegen das Deutsche Hydrographische Institut vor dem Verwaltungsgericht Hamburg ein. Mit dieser Klage sollte gegen die Genehmigungspraxis des Instituts vorgegangen werden, das die Müllverklappung in der Nordsee genehmigte.

Die Klage wurde vom VG Hamburg als unzulässig abgewiesen, da Seehunde nicht beteiligtenfähig i.S.d. § 61 Verwaltungsgerichtsordnung seien. Ihnen fehle die erforderliche Rechtsfähigkeit, um klagen zu können.[6] Rechtsfähigkeit bedeutet die Fähigkeit, Träger von Rechten und Pflichten zu sein.[7] In unserer Rechtsordnung sind das die natürlichen Personen, also die Menschen, sowie die juristischen Personen. Tiere sind dagegen nicht rechtsfähig und im Verwaltungsprozeß nicht beteiligtenfähig, das heißt, sie können schon nicht Partei in einem Prozeß sein. (Das gilt selbstverständlich nur für die Rolle als aktive Prozeßpartei. Tiere und Pflanzen können aber Gegenstand eines Prozesses sein, so zum Beispiel bei einer zivilrechtlichen Klage auf Herausgabe eines Pferdes oder etwa bei einer verwaltungsrechtlichen Verpflichtungsklage auf Einschreiten einer Behörde gegen bellende Hunde in einem Hundezwinger).

Aber selbst wenn der Gesetzgeber insoweit einen Kurswechsel vornehmen würde, wird am Beispiel der Robbenklage auch ein praktisches Problem deutlich. Tiere und Pflanzen könnten nicht selbst ihre Rechte geltend machen. Im Fall der deutschen Robben initiierten Tier- und Umweltschutzverbände (BUND, Greenpeace, WWF u.a.) die Klage. Die Verbände stellten den Antrag, vom Gericht z.B. in entsprechender Anwendung des § 57 Zivilprozeßordnung als Prozeßpfleger bestellt zu werden, um die Robben vertreten zu können.[8] Durch dieses Vorgehen wird deutlich, daß Tiere und Pflanzen immer einen Treuhänder benötigen, der ihre Rechte für sie verteidigt. Der Antrag der Umweltverbände wurde vom VG Hamburg als unzulässig abgewiesen, da die Umweltverbände nicht in ihren eigenen Rechten verletzt seien und eine Verbandsklage grundsätzlich ausgeschlossen sei.

Allerdings besteht die Möglichkeit, fremde Rechte gerichtlich geltend zu machen, in der Rechtsordnung in unterschiedlicher Ausgestaltung. Eine Form dieser Vertretung fremder Rechte ist die altruistische Verbandsklage im Naturschutzrecht. Die Verbandsklage soll anerkannten Naturschutzverbänden die Möglichkeit geben, gegen Maßnahmen der Verwaltung gerichtlich vorzugehen, ohne geltend machen zu müssen, in eigenen Rechten verletzt zu sein.[9] Die Verbandsklage wird zum Mittel der objektiven Rechtskontrolle.[10] Die Verbandsklage ist auf Bundesebene zur Zeit nicht zulässig, auf Landesebene haben bereits 12 Länder die naturschutzrechtliche Verbandsklage eingeführt. Allerdings sind diese Klagen nur möglich, wenn gegen das jeweilige Landesnaturschutzrecht verstoßen wird. Auf naturschutzrechtlicher Ebene kann man davon ausgehen, daß künftig alle Länder die Verbandsklage einführen werden, und auch auf Bundesebene gibt es schon jetzt entsprechende Vorschläge. Eine tierschutzrechtliche Verbandsklage existiert momentan jedoch nicht, ebensowenig eine umfassende Verbandsklage gegen alle umweltrechtlichen Verstöße.

4. Veränderung der Rechtslage?

Es stellt sich nun die Frage, ob die Einführung von eigenen Rechten für Tiere und Pflanzen tatsächlich die bestehenden Konflikte lösen könnte. Dazu ist zunächst zu untersuchen, welche Möglichkeiten die Rechtsordnung zur Verbesserung der Rechtsstellung von Tieren und Pflanzen bietet.

a) Tier- und Pflanzengrundrecht

Die Einführung eines Tier- und Pflanzengrundrechts im Sinne einer sog. institutionellen, objektivrechtlichen Garantie, ähnlich etwa dem Schutz von Ehe und Familie durch Art. 6 I GG („Tiere stehen unter dem besonderen Schutz der staatlichen Ordnung"), wäre theoretisch denkbar. Allerdings könnte ein solches Tier- und

Pflanzengrundrecht gegen Art. 79 III GG verstoßen. Art. 79 III GG schützt als sog. Ewigkeitsgarantie die Fundamentalnormen der Verfassung, zu denen auch Art. 1 GG zählt.[11] Dieser könnte durch ein solches Tier- und Pflanzengrundrecht betroffen sein, da durch die verfassungsrechtliche Gleichstellung von Pflanzen und Tieren mit dem Menschen der in Art. 1 GG enthaltene Schutz der Menschenwürde berührt wird. Menschen, Tiere und Pflanzen sind nach der verfassungsrechtlichen Ordnung nicht gleichsetzbar. Daher ist eine Einführung eines Tier- und Pflanzengrundrechtes momentan verfassungsrechtlich unzulässig.

Eine andere Möglichkeit, Tieren und Pflanzen Grundrechtsschutz zu eröffnen, wäre die Schaffung eines Art. 19 IIIa GG, der lauten könnte: „Die Grundrechte sind ihrem Wesen nach auf Tiere und Pflanzen anwendbar." Dadurch würden Tiere und Pflanzen zumindest in den Genuß der entsprechenden Grundrechte auf körperliche Unversehrtheit und Leben (Art. 2 II GG) kommen, da diese Grundrechte ihrem Wesen nach auch auf Tiere anwendbar sind. Zwar wären diese Grundrechte wiederum einschränkbar, doch würde ein Grundrecht auf Leben die unbegrenzte Disposition über die Tiere und Pflanzen begrenzen.

Verfassungsrechtlich stehen der Einführung eines solchen Tier- und Pflanzengrundrechts allerdings erhebliche Bedenken entgegen. Grundsätzlich geht die Rechtsordnung von einem anthropozentrischen Leitbild aus, das heißt, sie ist auf den Menschen ausgerichtet. Die Grundrechte sind vorrangig Schutzmechanismen, die den Menschen vor dem Staat schützen sollen. Die teilweise verfassungsrechtliche Gleichstellung von Tieren und Pflanzen mit dem Menschen liefe somit der Grundkonzeption unserer Verfassung entgegen, die in ihrem Grundrechtsteil maßgeblich der Entfaltung der Menschenwürde dient, nicht aber der Tier- und Pflanzenwürde.

b) Staatszielbestimmung

Eine weitere konstitutionelle Möglichkeit zur Förderung des Tierschutzes ist die bereits erwähnte – vorerst gescheiterte – Staatszielbestimmung Tierschutz (Art. 20b GG). Entsprechendes ließe sich für eine Staatszielbestimmung Schutz von Pflanzen denken. Eine Staatszielbestimmung ist eine dem Staat auferlegte

Handlungspflicht, nach der er sein Handeln ausrichten soll und das es als Ziel zu erreichen gilt.[12] Eine Staatszielbestimmung Tierschutz bzw. Pflanzenschutz führte daher nicht zu eigenen Rechten von Tieren bzw. Pflanzen, sondern wäre eine dem Staat auferlegte Handlungspflicht. Da die meisten Gefährdungen von Tieren von Privaten (nicht vom Staat) ausgehen, wird die staatliche Verantwortung vor allem in Form einer staatlichen Pflicht zum Schutz der Tiere vor Übergriffen Privater aktualisiert. Wichtig ist insbesondere auch, daß die Staatszielbestimmung den Tierschutz zu einem Verfassungsgut werden ließe. Dieser Verfassungsrang des Tierschutzes führte dazu, daß durch die Staatszielbestimmung Tierschutz das Grundrecht auf Wissenschaftsfreiheit nach Art. 5 III GG teilweise einschränkbar wäre.[13] Hierdurch würden Konflikte zwischen Wissenschaftsfreiheit und Tierschutz zu Verfassungskollisionen, was im Ergebnis zu wechselseitigen Beschränkungen, das heißt eben auch zu tierschutzbedingten Beschränkungen der Wissenschaftsfreiheit führen kann. Das könnte z.B. für Beschränkungen von Tierversuchen wichtig werden. Zu dieser Funktion einer Staatszielbestimmung Tierschutz käme die mögliche Signalwirkung, die sie auf die Gesellschaft ausüben könnte. Eine Staatszielbestimmung Tierschutz verliehe den Tieren zwar keine eigenen Rechte, ist in ihrer Auswirkung aber trotzdem nicht zu unterschätzen. Im Gegensatz zur grundrechtlichen Lösung ist eine solche grundsätzlich verfassungsrechtlich unbedenklich, zumal eine solche Tierschutzbestimmung ihrerseits Begrenzungen durch andere Verfassungsbestimmungen hinnehmen müßte. Von daher könnte auch mit einer Staatszielbestimmung Tierschutz kein völliges Verbot der Tierversuche erreicht werden.

c) Einfachgesetzliche Lösung

Zur Förderung eines nachhaltigen Tier- und Pflanzenschutzes könnte man auch an die Einführung von subjektiven Rechten auf einfachgesetzlicher Ebene unterhalb des Verfassungsrechts denken. Dies soll im folgenden für Tiere dargestellt werden: Das für unsere Problematik im Hinblick auf die Tiere zentrale Tierschutzgesetz ist ein solches einfaches Gesetz. Es schützt durch die Begründung von Verhaltenspflichten für den Menschen objektivrechtlich die Tiere, gibt diesen aber keine eigenen Rechte. Solche

Rechte, z.B. Rechte auf Leben, körperliche Unversehrtheit oder auf artgerechte Haltung, wären – richtig dosiert – verfassungsrechtlich wohl unbedenklich, allerdings stellt sich die Frage, wie nützlich solche Rechte für Tiere tatsächlich sein können.

Das geltende deutsche Tierschutzgesetz schützt Tiere als Mitgeschöpfe und differenziert teilweise nach Tierarten.[14] Es begründet das Verbot, einem Tier ohne vernünftigen Grund Schmerzen oder Leiden zuzufügen. Normen, die ausschließlich dem Schutz der Tiere dienen, könnten theoretisch zur Begründung von subjektiven Rechten für Tiere dienen. Die Tiere könnten sie allerdings wegen ihrer fehlenden Prozeßfähigkeit nicht als eigene Rechte durchsetzen. Praktisch sinnvoll wäre dies aber kaum, denn letztlich können Tiere ihre Rechte nicht selbst wahrnehmen, sondern sind auf die Menschen zur Geltendmachung ihrer Rechte angewiesen.

Deshalb wäre die Einführung von eigenen Rechten, die den bestehenden Schutz des Tierschutzgesetzes auch in subjektive Rechte fassen, nicht zu empfehlen, da das Problem der faktischen und rechtlichen Wahrnehmung dieser Rechte durch Menschen oder Organisationen von Menschen bestehen bliebe.

Denkbar wäre auch die Einführung von Rechten für Pflanzen und die Umwelt. Insbesondere die sog. Eigenrechte der Natur werden vor allem in den USA diskutiert.[15] Sie führen dort nicht zu ähnlich fundamentalistischen Einwänden wie in Deutschland. Der politische und juristische Durchbruch blieb diesen Bemühungen in den USA freilich bisher versagt.

d) Erweiterung von Kontrollrechten

Eine sinnvolle, auch praktisch durchführbare Lösung unterhalb der Einführung von Rechten für Tiere, Pflanzen und die Umwelt könnte die Verstärkung von Kontrollrechten im Hinblick auf das Tierschutzrecht sein. Das Schutzniveau des Tierschutzgesetzes ist relativ hoch, allerdings wird es häufig nicht eingehalten. Es gilt daher, den effektiven Vollzug des heute schon bestehenden Schutzes von Tieren, Pflanzen und Umwelt nachhaltig zu verbessern.

Einen möglichen Ansatz verfolgt das Tierschutzgesetz mit der Vorschrift über den Tierschutzbeauftragten. Nach § 8b I TierSchG müssen Einrichtungen, die Tierversuche durchführen, einen betrieblichen Tierschutzbeauftragten bestellen. Diese sind nach § 8b TierSchG verpflichtet, auf die Einhaltung des Tierschutzgesetzes im Betrieb zu achten und den Tierschutz innerhalb des Betriebes weiterzuentwickeln. Dieser Ansatz fördert den innerbetrieblichen Tierschutz, außerhalb der Betriebe bedarf es allerdings anderer Regelungen.

Zur Wahrnehmung der Tierrechte – aber auch zum Schutz des objektiven Tierschutzrechts – wäre an die Einführung einer tierschutzrechtlichen Verbandsklage zu denken, mit der anerkannte Tierschutzverbände bestehende Vollzugsdefizite bekämpfen könnten. Auf diese Weise könnten die Interessen der Tiere in einem objektiven Verfahren überprüft werden, ohne daß es dazu der Einführung von Rechten für die Tiere bedürfte. Entsprechendes gilt für die Umwelt. Die Betriebsbeauftragten für Umweltschutz sind wichtige Instrumente für den betrieblichen Umweltschutz. Die umweltrechtliche Verbandsklage als objektives Rechtserzwingungsverfahren in der Hand von Verbänden ist – wie erwähnt – im Vordringen. Der Entwurf eines Umweltgesetzbuches (UGB – KomE) fordert die bundesweite Einführung der Verbandsklage in allen Gebieten des Umweltschutzrechts (vgl. § 81 III UGB – KomE).

5. Ergebnis

Abschließend ist festzustellen, daß der Tierschutz, der Pflanzenschutz und der Umweltschutz weiterer Verbesserungen bedürfen. Lücken im Schutz von Tieren, Pflanzen und Umwelt sind allerdings nicht oder jedenfalls nicht entscheidend auf fehlende subjektive Rechte für Tiere, Pflanzen und Umwelt zurückzuführen, sondern vor allem auf die mangelnde Umsetzung bestehender Gesetze. Diese Vollzugsdefizite sind am effektivsten durch die Einführung einschlägiger Verbandsklagemöglichkeiten sowie durch die weitere Stärkung bzw. Einführung betrieblicher Tierschutz-, Pflanzenschutz- und Umweltschutzbeauftragter zu lösen.

Allerdings ist umfassender Tier-, Pflanzen- und Umweltschutz nicht nur ein rechtliches, sondern vor allem ein gesellschaftliches Problem. Von den angesprochenen Gesetzesänderungen mag eine Signalwirkung ausgehen, aber sie sollte nicht überschätzt werden.

Nur wenn Gesetze das Bewußtsein der Bevölkerung widerspiegeln, kann von einem umfassenden Vollzug geltenden Rechts ausgegangen werden. Daher sollte zur Lösung von tier-, pflanzen- und umweltschutzrechtlichen Fragen nicht primär und schon gar nicht allein auf den Gesetzgeber gebaut werden. Zu einer umfassenden Lösung dieser Problematik bedarf es vor allem einer Bewußtseinsveränderung in der Bevölkerung, die letztlich zu mehr Achtung der Tiere und der Umwelt führt. Diese Bewußtseinsveränderung ist eine wesentliche Bildungsaufgabe, der sich auch die Universitäten stellen müssen.

Klaus Michael Meyer-Abich

Für wen hat die Natur einen Eigenwert? Die Abhängigkeit der ökologischen Ethik vom Menschenbild

Die verbreitete Frage, ob die Natur einen Eigenwert habe, ist so formuliert, wie es auch in der Naturkrise der wissenschaftlich-technischen Welt immer noch dem allgemeinen Bewußtsein entspricht. Denn hier steht ja mit dem Eigenwert der Natur nicht auch der des *Menschen* in Frage. Unter der *Natur* wird also offenbar nur die außermenschliche Natur verstanden: die grüne Welt, die man vor dem Fenster hat oder dort vermißt – also das, was nicht wir sind. Demgegenüber bestreitet eigentlich fast niemand ausdrücklich, daß auch wir Menschen ein Teil der Natur sind, aber das hindert uns nicht, mit „der Natur" so wie hier in der Regel doch nur die außermenschliche Natur zu meinen. Diese begriffliche Unschärfe mag mit der Verdrängung unserer Naturzugehörigkeit zusammenhängen, die in die Naturkrise hineingeführt hat und die wir uns in dieser Krise nicht mehr erlauben dürften.

Ich verstehe deshalb unter der Natur grundsätzlich das Ganze, zu dem auch wir gehören. Die außermenschliche Natur verstehe ich demgegenüber als unsere „natürliche Mitwelt". Diese ist dann – wie wir – auch nur ein Teil des Ganzen, allerdings der größere. In diesem Verständnis entfalte ich (1) die im Titel gestellte Frage im folgenden so weit, daß darauf Antworten gegeben werden können. Dies geschieht (2) in dem dafür bisher ökologisch-ethisch gefundenen Rahmen. Mir kommt es dann aber (3) vor allem darauf an, daß die verschiedenen Antworten – von der Anthropozentrik bis zur Physiozentrik – auf unterschiedlichen Voraussetzungen über die Identität des Menschen im Ganzen der Natur beruhen. Abschließend plädiere ich (4) für diejenige Selbsteinschätzung des Menschen im Ganzen der Natur, die ich für richtig halte, und nenne empirische Gründe, die auf eine Veränderung des herrschenden Menschenbilds hindeuten.

1. Anthropomorphie und Anthropozentrik

Die im Titel gestellte Frage lautet nun, genauer gesagt, ob außer dem Menschen auch die *natürliche Mitwelt* einen Eigenwert hat. Die entgegengesetzte Möglichkeit wäre, daß ihr – soweit ihr überhaupt ein Wert zukommt – dies doch nur derjenige ist, den sie für uns oder für einige von uns hat. Ein Eigenwert also ist der Wert, den etwas von sich aus oder „intrinsisch", d.h. seiner eigenen Natur nach hat. Wenn ich beispielsweise den Nachbarn verspreche, ihre Blumen zu gießen, so besteht der Unterschied darin, ob ich diese Verpflichtung nur ihnen gegenüber „in Ansehung" (wie Kant sagte) der Blumen eingehe oder auch gegenüber den Blumen. Im einen Fall wäre es mir, wenn die Blumen eingingen, nur um die Nachbarn leid, im anderen auch um die Blumen selbst.

Derartige Unterscheidungen sind freilich – im guten Sinn der Philosophie des Pragmatismus – nur so weit von Belang, wie sie auch Konsequenzen für ein unterschiedliches Handeln haben. Dies aber trifft hier durchaus zu. Beispielweise hinge das Schicksal der Blumen im einen Fall davon ab, wie ich den Nachbarn gegenüber gesinnt bin, im anderen auch davon, ob ich ihrer eigenen Natur nach ein Verhältnis zu den betreffenden Blumen habe.

Der allgemeinere Fall ist eine Abwägung entgegengesetzter Interessen. Ginge es beispielsweise darum, ob durch einen Wald eine Straße gebaut werden darf, so wären lediglich die Interessen der Autofahrer, der Anwohner, der Erholungsuchenden, der Forstwirte etc. zu berücksichtigen und gegeneinander abzuwägen, wenn der Wert der Bäume und der übrigen Lebensgemeinschaften des Waldes nur derjenige wäre, den sie für Menschen haben. Hätte der Wald hingegen einen Eigenwert als er selber, so wäre außer den menschlichen Interessen auch dieser in die Abwägung einzubeziehen. Es versteht sich, daß dabei die Interessen des Waldes bzw. seiner Lebensgemeinschaften durch einen Menschen vertreten werden müßten, denn Wälder erscheinen nicht persönlich zu Anhörungsterminen, sondern Personen sind allemal Menschen. Diese aber sind erstaunlicherweise imstande, auch andere als ihre individuellen oder artgemäßen Interessen zu vertreten. Juristen werden dazu eigens ausgebildet.

Ich will damit nicht sagen, wir seien imstande, uns in ein Tier, eine Pflanze oder eine Lebensgemeinschaft wie den Wald so hineinzuversetzen, daß wir sie authentisch vertreten könnten. Das können wir aber auch nicht in bezug auf andere Menschen. Und bedenken wir etwa, wie Konrad Lorenz mit seinen Gänsen umgegangen ist, so ist nicht auszuschließen, daß er die Gänse besser verstanden hat als wir ihn. Darin war Lorenz freilich ein Künstler, jedoch können auch wir uns in die Lage eines Tiers in der Massentierhaltung doch wohl leichter hineinversetzen als in den Gemütszustand seiner Wärter. Im übrigen bedarf es zur Wahrnehmung bestimmter *Interessen* eines anderen nur einer begrenzten Identifikation, wobei es unter Menschen sogar vorkommt, daß ein Außenstehender diese besser erkennt oder empfindet als der Betroffene selbst.

Die Interessen des Waldes durch einen Menschen zu vertreten ist natürlich *anthropomorph* (menschenhaft), aber diese Anthropomorphie ist unsere Natur. Was auch immer wir denken oder tun, ist menschlich gedacht oder getan. Die Unterscheidung, ob etwas einen Eigenwert oder nur einen Wert für Menschen hat, ist ebenfalls ein menschlicher Gedanke und insoweit anthropomorph. Sie ist aber ebensowenig *anthropozentrisch*, wie jedes menschliche Handeln, insoweit es persönlich ist, deshalb auch egozentrisch sein muß. Die Anthropomorphie entspricht als Gattungsmerkmal der Personalität des Individuums so wie die Anthropozentrik der Egozentrik des einzelnen, d.h. die eine ist der naturgegebene Horizont unseres Daseins, die andere eine bestimmte Verengung. „Der Mensch begreift niemals, wie anthropomorphisch er ist", meinte Goethe,[1] anthropozentrisch aber ist er deshalb noch lange nicht.[2]

Anthropomorph wäre auch das Recht, das im Fall der Abwägung der Interessen des Waldes gegenüber denen seiner Nutzer zur Anwendung kommen müßte. Möglicherweise sind Menschen sogar die einzigen Lebewesen, die durch Rechte Frieden zu halten versuchen. Soweit es sich dabei um den mitmenschlichen Frieden handelt, sind diese Rechte ein Ausdruck gegenseitiger gesellschaftlicher Verhältnisse. Hinsichtlich des Friedens mit der Natur ergibt sich der Unterschied, daß die entsprechenden Rechte der natürlichen Mitwelt[3] einseitig nur die menschlichen Verhältnisse zu dieser bestimmen, jedoch keine gegenseitigen Beziehungen, geschweige denn den Umgang von Tieren und Pflanzen untereinander regeln sollen. Dies braucht uns aber nicht davon abzuhalten,

Tieren, Pflanzen und Landschaften – zur Regulierung *unseres* Verhaltens – Rechte zuzuerkennen, denn nur unser Handeln bedarf der Beschränkung.[4]

Ist das Verhalten einer menschlichen Gesellschaft jederzeit so anthropomorph wie das des einzelnen persönlich, so ist die Anthropozentrik eine zusätzliche und nicht unvermeidliche Haltung im menschlichen Handeln. Sie beruht auf der religiösen oder quasi-religiösen, jedenfalls aber nicht „rational" zu begründenden Annahme einer Sonderstellung des Menschen, so wie sie am klarsten in dem alttestamentlichen Anspruch zum Ausdruck gebracht ist, nur der Mensch – und nicht etwa die Natur insgesamt – sei ein Ebenbild Gottes und deshalb sei er stellvertretend zur Herrschaft in der Natur legitimiert. Wer an diesem Anspruch festhält, wird konsequenterweise die Kantische Dichotomie von Personen und Sachen aufgeben und den „Anspruch" der außermenschlichen Natur auf einen verantwortlichen Umgang unsererseits anerkennen,[5] nämlich in der Verantwortung vor dem Schöpfer. Mit Recht wird dann auch die „despotische Anthropozentrik" der Industriegesellschaft von der „humanen" im Sinn des alttestamentlichen Herrschaftsauftrags unterschieden.[6] Wer die Anthropozentrik so meint, wird bei der zuvor genannten Interessenabwägung wohl auch auf die Lebensgemeinschaften des Waldes verantwortlich Rücksicht nehmen. Gleichwohl ist auch diese Anthropozentrik keineswegs notwendig, sondern beruht auf „dezisionistischen" Vorentscheidungen, die durch eine philosophische Argumentation nicht zu beweisen sind.

Ich werde unter einer anthropozentrischen Ethik im folgenden jedoch nicht die alttestamentlich fundierte verstehen, denn ich halte den damit verbundenen Anspruch für gescheitert, so daß ich auch in seiner Erneuerung im Sinn Kants (mit den Gethmannschen Veränderungen) und vieler zeitgenössischer Philosophen keinen Ausweg aus der Naturkrise der wissenschaftlich-technischen Welt sehe. Natürlich brauchten wir uns in der industriellen Wirtschaft auf Erden nicht wie Ausbeuter zu verhalten, sondern könnten uns der dem Menschen im Alten Testament zugesprochenen Verantwortung für die außermenschliche Natur als Gottes Schöpfung erinnern. Davon aber haben wir uns inzwischen so weit entfernt, daß wir allen Anlaß haben, darüber nachzudenken, ob die alttestamentliche Besonderung des Menschen in der Natur nicht selbst schon ein Irrtum war oder jedenfalls durch uns so verfälscht worden ist, daß es diesen Rückweg nicht mehr gibt.

Ich kann diese Einschätzung ebensowenig beweisen, wie die entgegengesetzte zu beweisen ist. Wer aber meint, mit dem heroischen Aufruf an die Industriegesellschaften, im 21. Jahrhundert endlich doch (wieder?) zu einer alttestamentlich-Kantischen Verantwortungsethik überzugehen, nicht nur argumentativ eine gute Figur zu machen, sondern damit um der Natur willen auch eine Aussicht auf Erfolg zu haben, ist dafür zumindest eine weitergehende Begründung schuldig, als sie mir bisher bekannt geworden ist. Soweit dabei das Bild einer idyllischen Natur durch das entgegengesetzt gleich falsche und ebenso ideologische der Soziobiologen ersetzt wird,[7] ist dies für mich jedenfalls keine angemessene Basis.

Unter einer anthropozentrischen Ethik verstehe ich im folgenden deshalb diejenige Verfälschung der alttestamentlichen Anthropozentrik, die in die Naturkrise unserer Zeit hineingeführt hat und deshalb heute unser Thema ist, d.h. die real existierende Anthropozentrik der industriellen Wirtschaft und nicht eine früher einmal anders gemeinte. Sie besteht darin, (1) für den Menschen unter allen Umständen – nicht nur von Fall zu Fall – den Vorrang vor der natürlichen Mitwelt zu beanspruchen, d.h. seine Interessen denen der übrigen Welt grundsätzlich überzuordnen und dabei (2) nicht in der Verantwortung vor Gott für die uns anvertraute Schöpfung zu handeln. Das menschliche Selbstverständnis beruht dann auf der Annahme, Mensch *sein* zu können, indem man die übrige Welt nur *haben* will. Dieses Menschenbild steht zwar noch in der Tradition der alttestamentlichen Auszeichnung des Menschen als eines alleinigen Ebenbilds Gottes, ist aber diejenige Verfälschung dieses Anspruchs, die in die Naturkrise geführt hat und in ihr weiterhin handlungsleitend ist.

Selbstverständlich ist auch die Anthropozentrik – sei es die industriewirtschaftliche oder die alttestamentlich-Kantische – eine anthropomorphe Einstellung. Gerade das Beispiel der Interessenabwägung hinsichtlich des Waldes zeigt aber, daß beide Varianten über die bloße Anthropomorphie unterschiedlich hinausgehen. Denn die industriewirtschaftliche Anthropozentrik besteht gerade darin, daß dem Wald kein Eigenwert und keine gegenüber den unseren ein Eigengewicht habenden Interessen zuerkannt werden, so daß immer schon von vornherein zugunsten der Menschen oder einiger von ihnen entschieden ist. Demgegenüber ist die Interessen-Abwägung zwischen den verschiedenen menschlichen Interessen und denen des Waldes von mir nicht so gemeint, daß nun allemal zugunsten des Waldes bzw. der natürlichen Mitwelt und grundsätzlich zu Lasten der Menschen entschieden werden sollte. Es geht nur darum, daß die Abwägung überhaupt so oder so, also gleichermaßen zugunsten der Menschen wie der natürlichen Mitwelt, ausgehen kann. Natürlich ist auch diese „physiozentrische" Form der Abwägung ebenso anthropomorph wie die anthropozentrische.

Wie derartige Abwägungen im physiozentrischen Denken anzustellen sind, ist hier nicht mein Thema. Wenn aber nicht grundsätzlich zu Lasten der natürlichen Mitwelt entschieden werden soll, so ist damit jedenfalls gesagt, daß auch ein Menschenleben nicht jeden Preis wert ist.[8] Wenn beispielsweise mein Leben nur dadurch zu retten wäre, daß die Elbe oder die Nordsee stürbe, so wäre mir dies ein zu hoher Preis. Die Chipko-Bewegung in Indien hat diese Haltung demonstriert. Auch die Eigenwerte der Dinge und Lebewesen der natürlichen Mitwelt aber sind, soweit sie reichen, meines Erachtens grundsätzlich Eigenwerte relativ zum Ganzen der Natur.[9] Soweit beispielsweise ein Stein einen Eigenwert hat, wäre damit kein Recht auf Unveränderlichkeit verbunden. Physiozentrisch wäre vielmehr zu bedenken, ob die Welt insgesamt schöner und besser wäre, wenn er so bliebe, wie er ist, oder wenn er statt dessen von einem Bildhauer bearbeitet würde, mit anderen zusammen einen Brückenpfeiler bildete etc. Für unsere Ernährung ist dementsprechend nicht zu überlegen, wie es zu vermeiden wäre, daß wir von anderem Leben leben, sondern was wir dafür schuldig sind, daß wir es tun und nicht vermeiden können, auch nicht als Vegetarier.[10] Wenn wir in der Welt das Unsere nicht nur für uns tun, dürfen wir auch von anderem Leben leben, denn wir sind nicht dazu da, die Welt wieder so zu verlassen, als seien wir gar nicht dagewesen.

Ob die Dinge und Lebewesen der außermenschlichen Natur in unserem Handeln nur um unseretwillen oder auch um ihrer selbst willen im Ganzen der Natur zu berücksichtigen sind, ist also praktisch von großer Bedeutung. Dementsprechend ist es für die Umweltpolitik von einigem Interesse, ob es auf die philosophische Frage eine eindeutige Antwort in dieser oder jener Richtung gibt. Ich werde zeigen, daß es eine solche Antwort zwar gibt, daß sie aber von weitergehenden Voraussetzungen hinsichtlich des dabei zugrundegelegten Menschenbilds abhängt. Diese Einsicht hat sich noch nicht herumgesprochen. Ich schildere deshalb zunächst kurz die Grundstruktur der bisherigen umweltphilosophischen Debatte, so wie sie weitgehend in den USA stattgefunden hat.

2. Sittlichkeit im Verhältnis zur natürlichen Mitwelt

Am Anfang stand die Unterscheidung zwischen (1) sittlichen Akteuren, (2) sittlich Betroffenen und (3) Sachen ohne sittliche Bedeutung.[11] Akteure sind erwachsene Menschen, die vernünftig urteilen, Sachen hingegen sind diejenigen Dinge, die keinen Eigenwert haben, sondern nur einen Wert für Menschen. Die umweltphilosophische Debatte hat sich darauf konzentriert, was alles in den mittleren Bereich der sittlich Betroffenen (moral patients) fällt, die uns also sittlich etwas angehen (uns um ihrer selbst willen nicht gleichgültig sind) und im Handeln moralisch bzw. sittlich zu berücksichtigen sind. Hierzu wurde im Lauf der Jahre von verschiedenen Autoren[12] eine Reihe von Unterscheidungen getroffen. Die sich dabei durchhaltende Grundfrage war jeweils, was – vor allem: welche Lebewesen – außer dem Menschen in der sittlichen Urteilsbildung um seiner selbst willen zu berücksichtigen sei. Wenn beispielsweise die Tierquälerei als verwerflich gilt und die Pflanzenquälerei nicht, so wird dabei vorausgesetzt, daß der Umgang mit Tieren ein sittliches Urteil verdiene, der mit Pflanzen hingegen nicht.

Die Ausgangsposition der umweltphilosophischen Debatte war die real existierende Anthropozentrik der industriellen Wirtschaft, daß es keine sittlich Betroffenen außerhalb der Menschheit gibt. Was nicht Mensch ist, gilt hier als Sache bzw. Ressource für menschliche Bedürfnisse – was einen verantwortlichen Umgang gegenüber anderen Menschen nicht ausschließt. Mit der anthropozentrischen Ethik zu beginnen greift hier allerdings insoweit vor, als die meisten wirtschaftlichen und politischen Entscheidungen einstweilen noch nicht einmal im Interesse der ganzen Menschheit zu Lasten der natürlichen Mitwelt fallen, sondern vielmehr zugunsten einzelner, einer Familie, eines Wirtschaftszweigs, eines Landes oder einer Ländergruppe und zu Lasten anderer, also z.B. zugunsten der heutigen Industrieländer und zu Lasten der Dritten Welt sowie der künftigen Generationen in aller Welt. Ich gehe auf diese menschheitlichen Chauvinismen verschiedenen Grades hier nicht weiter ein, um mich auf das Verhältnis zur natürlichen Mitwelt zu konzentrieren.

Dabei ist freilich auch die Anthropozentrik ein Chauvinismus, allerdings nicht im nationalistischen Sinn, sondern im Verhältnis der Menschheit zur außermenschlichen Natur. Durch die Wahl des Ausdrucks „Chauvinismus" gebe ich zu erkennen, daß ich diese Ausgrenzung nicht für angemessen halte; wer aber statt dessen von der „Sonderstellung des Menschen" spricht, bringt damit nur die entgegengesetzte Bewertung ins Spiel. Soweit es sich um einen Chauvinismus, also um eine zu überwindende Haltung handelt, ist es der nächstliegende Gedanke, den engeren Kreis wenigstens für die höheren Tiere zu öffnen, d.h. außer den Mitmenschen auch diese Mitgeschöpfe in unserem Handeln sittlich um ihrer selbst willen zu berücksichtigen. Wie ähnlich beispielsweise die Schimpansen uns sind, ist verschiedentlich gezeigt worden, und niemand kann einem Pferd oder einer Kuh ins Auge sehen, ohne eine Art Verwandtschaft zu empfinden. Philosophisch hat sich für diese Einbeziehung der höheren Tiere in den Kreis derer, die uns sittlich etwas angehen, seit Bentham (1789) das Kriterium des Schmerzempfindens oder das der Leidensfähigkeit durchgesetzt, so daß sich eine Erweiterung der Anthropozentrik zur *Pathozentrik* ergibt. Dabei bleiben die Pflanzen in der Regel ausgeschlossen, obwohl sie zumindest leidensfähig, allerdings möglicherweise nicht schmerzempfindlich sind.

Will man den Kreis noch weiter öffnen, so ergibt sich als die nächste Hauptstufe eine *biozentrische* Ethik im Sinn von Albert Schweitzers „Ehrfurcht vor dem Leben". Nun gehören die Pflanzen und überhaupt alle Lebewesen mit zu denen, die uns sittlich etwas angehen.[13]

Natürlich bleibt auch die Biozentrik eine Art Chauvinismus, nämlich der der Lebewesen, sich etwas Besseres zu dünken als die sogenannte unbelebte Welt, welche dem Leben Raum gibt. Was aber wären beispielsweise die Fische ohne das Meer und die Pflanzen ohne die Erde mit den anderen Elementen? Eine Pflanze steckt nicht in der Erde wie ein Regenschirm im Ständer, sondern sie organisiert die vier Elemente zu sich selber, nämlich Wasser, Erde (Mineralien) und Luft (Kohlenstoff) vermöge des Feuers oder der Energie in Gestalt des Sonnenlichts. Sind dann diese vier Elemente nicht auch die Elemente des Lebens, die in ihrem durch einen Samen vermittelten Mitsein selbst zu der Pflanze aufleben und in ihr zur Blüte kommen? Ist es also nicht eigentlich die Erde, die in den Blumen blüht, und gleichermaßen das Meer, das in den Fischen lebt? Der Ozean ist nun einmal kein Aquarium, in das die Fische nur hineingesetzt wären, sondern er hat sie aus sich selbst hervorgebracht. Mit welchem Recht also dünkt uns das Leben in der biozentrischen Ethik etwas besseres zu sein als die Elemente, die zu ihm aufgelebt sind?

Ich bin deshalb von Anfang an (1984) für eine *physiozentrische* Ethik eingetreten, in der alle Dinge und Lebewesen der Natur nur im natürlichen Mitsein sind, was sie sind, so daß nichts als bloße „Sache" einen Wert nur für anderes und nicht zunächst einen Wert um seiner selbst willen hat. Dem entspricht der Begriff der „natürlichen Mitwelt" im Gegensatz zur von vornherein anthropozentrisch klingenden „Umwelt", wobei ich den Mitweltgedanken von Goethe übernehme und das Adjektiv „natürlich" hinzufüge, weil sich die Mitwelt im üblichen Verständnis wie im philosophischen Denken[14] mittlerweile auf die Mit*menschen* verengt hat. Physiozentrik heißt, daß weder der Mensch das Maß aller Dinge ist, nur für ihn da zu sein (Anthropozentrik), noch die Gemeinschaft der höheren Tiere (Pathozentrik), noch das Leben für sich (Biozentrik), sondern die Natur selbst – die eine, zu der auch wir gehören.

Dabei versteht es sich von selbst, daß nicht etwa alle Dinge den Menschen gleichgestellt werden sollen. Wie kämen wir dazu, einem Hund oder gar einer Katze, einem Baum oder einem Berg zuzumuten, sich wie Menschen behandeln zu lassen? Das wären doch nur plumpe Vertraulichkeiten. Gerecht können wir ihnen nur werden, wenn wir mit ihnen so umgehen, wie es ihrer eigenen Natur entspricht. Eine Katze braucht keine Menschenrechte, sondern sie hat ein Naturrecht, so zu sein, wie sie selber ist.[15]

Zwischen diesen vier Entwürfen also tobt der Kampf der Umweltethiker. Um hier zu einer Entscheidung zu kommen, mit der dann auch die im Titel gestellte Frage pragmatisch sinnvoll zu beantworten wäre, halte ich es am ehesten für sinnvoll, vom Gleichheitsgrundsatz auszugehen. Er lautet, Verschiedenes gleich zu behandeln, soweit die Gleichheit reicht, und verschieden, soweit dies den bestehenden Verschiedenheiten angemessen ist. Alle *Säugetiere* einschließlich der Menschen wären danach *gleich* zu behandeln, insoweit sie als solche kraft naturgeschichtlicher Verwandtschaft übereinstimmen, und im übrigen *verschieden* nach ihrer je verschiedenen Natur, wobei zwischen Menschen und Schimpansen der geringste Unterschied läge. Menschen, Tiere und Pflanzen wiederum haben das *Leben* naturgeschichtlich gemeinsam und im übrigen ihre spezifischen Verschiedenheiten. Die Grundgemeinsamkeit aller Dinge und Lebewesen in der Natur ist schließlich ihre *Stofflichkeit*, aufgelebte Materie zu sein, und relativ dazu gibt es die weitestgehenden Verschiedenheiten, die dann auch entsprechende Unterschiede im Handeln rechtfertigen.

Viel weiter aber sind wir damit noch nicht gekommen, obwohl gegen den Gleichheitsgrundsatz schwerlich etwas zu sagen ist. Denn die entscheidende Frage ist ja, welche unterschiedlichen Umgangsweisen den spezifischen Verschiedenheiten „entsprechen". Und hier zeigt sich, daß die menschliche Naturzugehörigkeit zwar obenhin leicht zugestanden wird, daß darunter aber wohl ebenso viel Verschiedenes verstanden werden kann, wie es „Umweltethiken" gibt.

3. Sind wir Interplanetarier oder Mensch gewordene Natur?

Insbesondere ist seit Descartes immer wieder bestritten worden, daß die Materialität zur Natur des Menschen gehört. Der Mensch *ist* Geist, heißt es in diesem Verständnis, und er *hat* einen Körper. Diesen aber bewohnt er nur in seinem irdischen Dasein – wie ein Steuermann sein Schiff – und entsteigt ihm letztlich wieder, ohne die eigene Identität eingebüßt zu haben. Beispielsweise ist es das Menschenbild der molekularbiologischen Humangenetik, daß der Mensch eigentlich ein Text, eine immaterielle Information sei, die sich in ein Stück Materie in-formiert habe, jedoch so, daß diese Wohnstatt – ebenso wie die übrige Welt – noch erheblich vervollkommnet werden könne, z.B. durch die Abschaffung der Krankheitsanfälligkeit und überhaupt durch eine wesentlich verbesserte „performance".[16]

In diesem Menschenbild des reinen Geists (res cogitans) versuchen diejenigen, die sich so verstehen, nun nicht nur ihre Materialität unter sich zu lassen, sondern überdies ihre organische Zugehörigkeit zur Biosphäre und die gemeinsame Leidensfähigkeit mit den höheren Tieren. Ich gehe auf die patho- oder biozentrischen Varianten hier nicht näher ein, aber man kann sich die entsprechend abgestuften Menschenbilder leicht hinzudenken.

Mir kommt es hier nicht auf diese Einzelheiten an, sondern auf die grundsätzliche Beobachtung: *Welche Ökoethik jemand für richtig hält, hängt davon ab, welches Menschenbild er hat.* Und dies ist ja eigentlich ein bereits von vornherein naheliegender Gedanke, denn *das menschliche Handeln ist immer ein Ausdruck des – impliziten oder expliziten – Selbstverständnisses des Handelnden.* Was ich tue oder lasse, hängt davon ab, wer ich zu sein meine, was zu tun mir also zukommt und was nicht. Wenn das aber so ist, dann sollten wir vor den verschiedenen Ökoethiken lieber erst einmal über unser menschliches Selbstverständnis nachdenken.[17]

Dieser Gedanke hat sich bisher nicht durchgesetzt, aber jede Ethik hat nun einmal anthropologische Voraussetzungen.[18] So hat es sich auch bereits in der Vergangenheit gezeigt, als man noch darüber nachdachte, ob die sogenannten Wilden – schwarze, braune, rote oder gelbe – andere *wie* wir, nämlich gleichermaßen Menschen, oder andere *als* wir, nämlich eine Art höherer Tiere seien. Diese Debatte ist mittlerweile zwar nicht politisch, wohl aber philosophisch zur Ruhe gekommen. Zumindest grundsätzlich gelten auch die „Wilden" als Menschen. Im Hinblick auf die natürliche Mitwelt aber stehen wir in einem weitergehenden Sinn wieder vor derselben Frage: Wer ist der Mensch in der Gemeinschaft der Natur?

Blickt man einmal auf das Lebensgefühl, das im wirtschaftlichen wie im wissenschaftlichen Betrieb unserer Zeit zum Ausdruck kommt, so findet man dort immer wieder ein Menschenbild, nach dem wir eigentlich „etwas Besseres als die Natur" sind – verstanden im Sinn dessen, was nicht wir sind. Beispielsweise

- fühlt sich die herrschende Medizin nur für die Reparatur und Wartung des Körpers zuständig, den wir haben, der wir aber nicht sind;

- ist das Interesse der heutigen Humangenetik darauf gerichtet, eben diesen Körper durch prädiktive Medizin weniger reparaturanfällig zu machen;
- halten auch die meisten Theologen – sogar ungeachtet einer neuerdings um sich greifenden verbalen Anerkennung der Abstammungslehre – den Geist immer noch für etwas Besseres als die „bloße Natur", erkennen also die Naturgeschichte des Geistes (Johann Gottfried Herder, Alexander von Humboldt) nicht an;
- erklärt unser Grundgesetz zwar die Menschenwürde für unverletzlich, aber die Juristen wollen nichts davon wissen, daß auch Tierquälerei eine Verletzung der Menschenwürde – durch den, der sie begeht – ist;
- versteht die Wirtschaftswissenschaft unter der Natur nichts als einen Haufen von Ressourcen, wobei teilweise auch der Mensch dazu gerechnet wird (qua Arbeit, nicht qua Ziel der Wirtschaftstätigkeit).

Der gemeinsame Nenner ist das menschliche Selbstverständnis, nicht nur den eigenen Körper, sondern Natur überhaupt nicht zu *sein*, sondern zu *haben*. Etwas pointiert gesagt, wie es sich besonders aus der wirtschaftlichen Abwertung der natürlichen Mitwelt zu einem Ensemble von Ressourcen nahelegt: Wir fühlen uns in den Industriegesellschaften wie *interplanetarische Eroberer*, die es sich hier auf Erden eine Zeitlang gut gehen lassen wollen und alle die Güter, welche dieser Planet zu bieten hat, durchaus zu schätzen wissen, sich mit ihm aber nicht heimatlich identifizieren. Seit der Entdeckung der „Grenzen des Wachstums" wissen die Interplanetarier auch, daß sie die Güter dieser Erde nicht gar so unbedacht verwirtschaften dürften wie bisher, jedoch nicht um der Natur willen, sondern aus ihrem Eigeninteresse, es sich hienieden noch möglichst lange möglichst gut gehen lassen zu können. Dies ist auch eine weitverbreitete, nämlich die anthropozentrische Begründung der „Umweltpolitik" und der verkürzte Sinn von Nachhaltigkeit, in dem dieses Kriterium meistens gemeint wird.

Das Bild der Interplanetarier, die sich nicht als Erdensöhne und Erdentöchter fühlen, sondern irgendwann weiterzuziehen gedenken, wenn hienieden nichts mehr zu holen ist, paßt am besten auf unser industriewirtschaftliches Verhalten und auf das anthropozentrische Recht. Stellen wir sie uns aber als eigentlich immaterielle Wesen vor, die sich hier nur vorübergehend irdisch verkörpert haben, so entsprechen diesem Menschenbild auch die bloß naturwissenschaftliche Medizin, die dualistische Theologie und vor allem das Projekt, sowohl unseren Körper als auch die übrige Natur ohne Rücksicht auf ihre eigenen Besonderheiten oder ihren Eigenwert ganz auf unsere Bedürfnisse zuzurüsten.

Hier zeigt sich sehr deutlich, wie unser Handeln von unserem Selbstverständnis abhängt. Soweit wir uns nämlich für interplanetarische Eroberer halten, ist unser industriewirtschaftliches Verhalten zwar hinsichtlich der Effektivität noch verbesserungsfähig,[19] im wesentlichen aber konsequent und durchaus nicht grundsätzlich falsch. So entspricht es der industriewirtschaftlichen Anthropozentrik. Anders wäre es, wenn wir als Mensch gewordene Natur nur im Mitsein mit der übrigen Welt, also unter Anerkennung ihres Eigenwerts, wahrhaft wir selber sein könnten. Als *Mensch gewordene Natur* würden wir uns aber nur dann – anders als jetzt – verhalten, wenn wir uns auch als Mensch gewordene Natur verstünden. Für welches der beiden Menschenbilder entscheiden wir uns?

Es gibt eine wissenschaftliche Disziplin oder Teildisziplin, die sich ausdrücklich mit der Frage: Was ist der Mensch? beschäftigt, nämlich die philosophische Anthropologie. Ohnehin ist es ja die Domäne der Philosophie, sich mit den expliziten oder impliziten Voraussetzungen zu beschäftigen, unter denen ein Handeln für berechtigt und sinnvoll gehalten wird, sei es ein Erkenntnishandeln oder ein unmittelbar wirtschaftliches, politisches oder sonstiges Handeln. Was also lehrt uns die philosophische Anthropologie, wenn sie auf die Leitbilder und unausdrücklichen Voraussetzungen im Menschenbild von Wissenschaft und Wirtschaft blickt? Viele schöne Eigenschaften des Menschen sind es, denen die Anthropologen des 20. Jahrhunderts ihre Aufmerksamkeit gewidmet haben: seine Personalität, seine Weltoffenheit, sein Vernunftvermögen, seine Exzentrizität in der Natur, seine sinnlichen Empfindsamkeiten etc. Soweit dabei die Stellung des Menschen gegenüber Tieren, Pflanzen und den Elementen zum Thema wird, kommt aber im allgemeinen wiederum heraus, daß der Mensch eine „Sonderstellung" in der Natur habe.

Nun ist der Mensch in seinen Fähigkeiten zum Guten wie zum Bösen gewiß ein besonderes Lebewesen. Wenn man sich aber mit

Sonnenblumen, Schildkröten, Nußbäumen, Katzen, Schwalben etc. ebenso gründlich beschäftigte wie die Anthropologen mit dem Menschen, käme gleichermaßen heraus, daß jedes dieser Lebewesen ebenfalls etwas ganz Besonderes in der Welt ist – natürlich nicht mit denselben Besonderheiten wie der Mensch, sondern mit je besonderen Besonderheiten, die wir nicht haben und die wir seine jeweilige Natur nennen. Mit der Sonderstellung des Menschen steht es also so ähnlich wie mit Mark Twains Feststellung, der Oktober sei ein besonders gefährlicher Monat für Börsenspekulationen; die anderen Monate seien April, März, September, Februar, August, Januar, Juli, Dezember, Juni, November und Mai. Das heißt: Der Mensch ist in seiner Art etwas *ganz Besonderes* im Kosmos; die anderen in ihrer Art *ganz besonderen* Lebewesen sind Sonnenblumen, Schildkröten, Nußbäume, Katzen, Schwalben etc.

Ich will damit überhaupt nicht sagen, daß der Mensch nichts Besonderes sei. Die vielen Besonderheiten, die dem Menschen mit Recht zugeschrieben werden, sind jedoch lediglich Feststellungen von Eigenschaften, die er tatsächlich hat und die ihn von anderen Lebewesen unterscheiden. Solche spezifischen Besonderheiten haben aber auch alle anderen Lebewesen, sei es relativ zueinander oder relativ zum Menschen. Jedes Lebewesen also ist etwas Besonderes, und der Mensch ist nichts besonders Besonderes.

Demgegenüber wird die Sonderstellung des Menschen in der philosophischen Anthropologie meist so verstanden, daß der Mensch den anderen Lebewesen etwas voraus habe oder ihnen übergeordnet sei. Zur Begründung dienen die Fähigkeiten, die er hat und welche die anderen nicht haben, ohne daß aus den Fähigkeiten, welche diese haben und der Mensch nicht, entsprechende Schlüsse zugunsten der anderen gezogen würden. Dieses Denken geht wohl in der Regel auf die Auszeichnung des Menschen im Alten Testament zurück, daß nur wir nach dem Bilde Gottes geschaffen und deshalb stellvertretend zur Herrschaft befähigt seien. Diese Selbsteinschätzung war wohl eine Überheblichkeit und ist der Natur nicht gut bekommen, sie war aber doch – wie in der philosophisch verklärten Anthropozentrik – jedenfalls mit einer gleichermaßen ausgezeichneten Verpflichtung verbunden, der angenommenen Gottähnlichkeit in unserem Handeln verantwortlich gerecht zu werden. Demgegenüber wird die Sonderstellung des Menschen in der verfälschten Form der real existierenden Anthropozentrik so verstanden, als hätten wir in der Natur sozusagen Vorzugsrechte und dürften uns besonders viel herausnehmen – sogar die bloße „Produktion“ anderer Lebewesen, sei es in der Massentierhaltung oder in der Biotechnik.

Die philosophische Anthropologie hat sich von der industriewirtschaftlichen Praxis, die Sonderstellung des Menschen vor allem in Gestalt besonderer Ansprüche geltend zu machen, bisher nicht hinreichend distanziert. Dies liegt aber auch daran, daß sie in der Regel als Geisteswissenschaft verstanden wird und sich für den Naturzusammenhang des menschlichen Lebens gar nicht interessiert. Was uns in der Naturkrise der wissenschaftlich-technischen Welt fehlt, ist also eine *naturphilosophische Anthropologie*, d.h. eine Antwort auf die Frage, wer der Mensch in der Gemeinschaft der Natur ist, was ihm im Zusammenleben mit Tieren und Pflanzen, Erde und Meer, Luft und Licht zusteht und was er dafür schuldig ist.

4. Grundgedanken einer naturphilosophischen Anthropologie

Unbestritten und ein dem heutigen anthropozentrischen wie dem physiozentrischen Menschenbild gemeinsamer Ausgangspunkt ist, daß ein einzelner Mensch sozusagen noch gar kein Mensch ist. Bloß für mich bin ich nicht Ich – ich bin es nur in der Gemeinschaft oder im mitmenschlichen Mitsein mit anderen, denn der Mensch ist von Natur ein soziales Wesen. Was du bist, das bist du anderen schuldig, sagt die Prinzessin in Goethes „Tasso“ mit Recht. Ein politisches Gemeinwesen ist mehr als eine Summe von Individualismen.

Was du bist, das bist du anderen schuldig. Die Interplanetarier würden hier mit den anderen, denen sie etwas schuldig sind, aber doch nur ihre Mitmenschen, die anderen Interplanetarier, meinen, was einen vor diesen „verantwortlichen“ Umgang mit den „Ressourcen“ dieser Erde wiederum nicht ausschließt. Sind aber diese anderen, denen wir unser Selbstsein schulden, tatsächlich nur die anderen Menschen? Diese sind es gewiß: Eltern, Lehrer, Lebensgefährten, die Großen der Vergangenheit – aber bin ich nicht auch dem Fluß und dem Meer, an denen ich aufgewachsen bin, dem Sternenhimmel, den meine Mutter mir gezeigt hat, den Bäumen, den Blumen und den Tieren, die mir etwas bedeutet haben, bin ich nicht auch ihnen allen schuldig, was ich bin?

Als Nikolaus von Kues sagte: In jedem Geschöpf (creatura) ist das ganze Universum oder ist die ganze Natur dieses Geschöpf, dachte er nicht nur an die Menschen, sondern *alle* Dinge und alle Lebewesen sind nur in der Gemeinschaft des Ganzen, was sie sind. Die jeweilige Individualität sollte damit ganz gewiß nicht abgewertet werden, im Gegenteil: eine Individuation des Ganzen zu sein ist mehr, als man dem Individuum normalerweise zutraut. Gemeint ist aber kein Indivi*dualismus*, sondern eine umfassendere Indivi*dualität*, ein größeres Selbst, und zwar im Mitsein sowohl mit anderen Menschen als auch mit den Lebewesen und Dingen der übrigen Natur. Dieses natürliche Mitsein, dessen der heutige Anthropozentriker sich überhebt, ist die Gegenwart der uns allen gemeinsamen Naturgeschichte in der Gemeinschaft der Natur.

In uns ist die Natur Mensch geworden, in der Schwalbe Schwalbe und im Fluß Fluß. Die Tiere und die Pflanzen, Landschaften, Wind und Wasser, Luft und Licht sind deshalb unsere natürliche Mitwelt und nicht bloß unsere Umwelt oder gar nur die „Lebensgrundlagen des Menschen“. Der Ausdruck „Umwelt“ war von Jakob von Uexküll, der ihn eingeführt hat, nicht anthropozentrisch gemeint, hat nun aber diesen Beiklang bekommen. Uexkülls Entdeckung war vielmehr, daß jede Spezies ihre eigene, besondere Umwelt hat, die menschliche Umwelt unter diesen allen also nur der menschliche Lebensraum im Kosmos ist. Die Industriegesellschaft hat diese Relativierung so mißverstanden, als sei der ganze Kosmos nichts als der menschliche Lebensraum.

So weit die naturphilosophische Anthropologie, deren Grundgedanken ich anderweitig dargestellt habe,[20] der Natur des Menschen besser gerecht wird als die bloß mitmenschliche Anthropologie der Interplanetarier, hat das größere Selbst – unsere umfassendere, nicht individualistische Individualität – den Horizont des natürlichen Mitseins. Unser Selbstsein oder unsere Identität ist umfassender als die Spezies Mensch. Wir *sind* auch Tier und Pflanze, Erde und Meer, Kraft und Stoff. Die anderen Lebewesen und die vier Elemente sind nicht die Natur, die wir nicht sind. Küstenbewohner beispielsweise werden natürlicherweise mit der Flut geboren und sterben mit der Ebbe. Also leben sie nicht nur am Meer, sondern das Meer lebt auch in ihnen. Bloß für mich bin ich nicht Ich und bloß für uns sind wir nicht Wir. Ohne die natürliche Mitwelt sind wir gar nicht die Menschheit. Wir sind es nur in der Gemeinschaft der Natur: als Mensch gewordene Natur. Dieser Kommunitarismus ist viel umfassender als der bloß gesellschaftliche, aber es ist auch eine Art Kommunitarismus.

Die anderen, denen wir unser Selbstsein schulden, sind im natürlichen Mitsein *Andere und Anderes* in der Gemeinschaft der Natur. Was also sind wir ihnen schuldig? Die Frage ist ungewohnt, denn die Industriegesellschaften interessieren sich bisher ja immer nur dafür, was die Welt ihnen zu bieten hat, und denken gar nicht daran, dafür vielleicht etwas schuldig zu sein. Kann aber nicht auch durch Menschen etwas Gutes in die Welt kommen, so daß eine Welt mit Menschen – soweit wir dies irgend beurteilen können – schöner und besser wäre als eine Welt ohne Menschen? Und wenn es so ist: Wäre es nicht angemessen, eben dieses der Welt auch zugute kommen zu lassen, der Welt, die der Lebenszusammenhang unseres Daseins ist?

Die Industrieländer haben in den letzten zweihundert Jahren so viele Zerstörungen angerichtet, daß die hoffnungsfrohe Frage, ob wir nicht doch für etwas *gut* sein könnten in der Welt, vielen Menschen vergangen ist. Das aber war nicht immer so. Kulturlandschaften beispielsweise sind eine menschliche Errungenschaft aus der Zeit, als die Landwirtschaft noch Agri-Kultur war. Es waren Menschen, die seit der letzten Eiszeit durch landwirtschaftliche Kultur Lebensräume für Tausende von Arten geschaffen haben, die es hierzulande sonst nicht gegeben hätte, die nun aber wieder aussterben, weil sie es mit uns nicht mehr aushalten. Ich glaube sogar, daß diese Erinnerung verallgemeinerungsfähig ist, daß nämlich *Kultur* der am ehesten spezifisch menschliche Beitrag zur Naturgeschichte ist. Dabei verstehe ich unter Kultur aber natürlich nicht nur den Zuständigkeitsbereich von Kulturdezernenten, sondern das, was eine menschliche Gemeinschaft zusammenhält, ihre Integrität. Auch Städte und sogar die ganze Wirtschaft können dazugehören.

Natürlich können wir nie ganz sicher sein, ob etwas, das wir in die Welt bringen, tatsächlich zur Kultur gerät. Wichtiger als jede besondere Antwort ist mir deshalb die Erinnerung an die Frage:

Wofür sind wir gut? Und wie finden wir eine Heimat auf diesem Planeten? Die Selbstverlorenheit in der wirtschaftsliberalen Selbstsucht des Homo oeconomicus hängt meines Erachtens damit zusammen, daß wir nicht nur die Subjekte einer Habe oder in Gestalt von Konsumgütern gut sein möchten. Wer ist schon damit zufrieden, im wesentlichen für ein Einkommen zu arbeiten, mit dem dann solche Güter zu erwerben sind? Wünschen wir uns nicht eigentlich eine sinnvolle Tätigkeit, in der wir für etwas gut sind, vielleicht auch eine, für die andere nicht ganz so gut sind wie wir? Natürlich soll dadurch zugleich der Lebensunterhalt gewährleistet werden, möglichst gut sogar, aber nur deswegen will man doch nicht arbeiten. Möchten wir nicht eigentlich irgendwo für etwas gut sein und dadurch auf dieser Erde eine Heimat haben?

Ich plädiere also nicht aus alttestamentlich-moralischen Gründen dafür, uns gegenüber der natürlichen Mitwelt anders zu verhalten als bisher, sondern weil wir dann mehr *Freude am Leben* hätten. Wenn es zutrifft, daß wir nur im Mitsein mit anderen – Menschen wie der natürlichen Mitwelt – ganz zur Welt kommen, verpassen die Interplanetarier etwas sehr Wesentliches und vielleicht sogar das Beste am Erdenleben. Hätte sich dies erst einmal herumgesprochen, so bliebe es wohl auch nicht mehr bei der vielbeklagten Diskrepanz zwischen Umweltbewußtsein und tatsächlichem Konsumverhalten.

Vieles deutet darauf hin, daß das anthropozentrische Menschenbild der wissenschaftlich-technischen Welt, das ich als das der interplanetarischen Eroberer und als eine Verfälschung des alttestamentlichen beschrieben habe, bereits in eine Krise geraten ist. Diese Krise beruht darauf, daß die Bürger der Industrieländer einerseits Identifikationsansprüche an die Konsumgüter stellen, die sie erwerben, mit diesen Gütern andererseits aber immer weniger zufrieden sind.

In anderen Kulturen als der abendländischen antwortet man, wie interkulturelle Untersuchungen zeigen, auf die Frage: Wer bin ich? in der Regel durch die Angabe der Beziehungen oder *Abhängigkeiten*, in denen man steht und man selber ist, d.h. man versteht sich selber vom Mitsein mit anderen her.[21] Demgegenüber ist die *Unabhängigkeit* im neuzeitlichen Abendland ein höchster Wert geworden. Die Konsumbürger der westlichen Länder sind dazu „engaged in an ongoing enterprise of self-creation (...) in a ‚cultural project' the purpose of which is to complete the self", und zwar durch den Konsum von Gütern.[22] Auf die Frage: Wer bin ich? antworten sie dann mit den Dingen und Eigenschaften, die sie von anderen unterscheiden, nicht mit dem, was sie verbindet. So ist es durch zahlreiche Untersuchungen belegt. Die jeweiligen Besitztümer dienen dabei als ein Symbol dafür, wer wir *unabhängig* von anderen sind.[23] Die Zufriedenheit mit dem materiellen Wohlstand aber hat sich nur bis in die siebziger Jahre hinein noch ungefähr parallel zum Sozialprodukt entwickelt und ist dann immer weiter dahinter zurückgeblieben.[24]

Die Verbindung der beiden Entwicklungen ergibt, daß das individualistische Ich, das sich durch den Halt an materiellen Gütern unabhängig vom Mitsein mit anderen zu behaupten sucht, diesen Halt allmählich nicht mehr findet. Das Glücksversprechen unserer industriellen Wirtschaft wird also immer weniger glaubhaft. Ohnehin war das autonome Ich wohl „eine etwas seltsame Idee im Kontext der Weltkulturen".[25] Sich mit weniger Konsumgütern zu begnügen kommt den meisten Menschen heute noch wie ein Verzicht vor, könnte sich dann aber alsbald als ein Gewinn an Lebensqualität erweisen. Ohnehin war die Verkürzung des Selbst zum Konsumenten eine Entwicklung des 20. Jahrhunderts. Noch William James verstand unter dem Selbst eines Menschen das Seine im weitesten Sinn – außer seinem Besitz auch seine Fähigkeiten, seine Familie, seine Freunde, seinen Ruf und sein Handeln.[26]

Die empirischen Befunde deuten darauf hin, daß das interplanetarische Menschenbild der industriewirtschaftlichen Anthropozentrik seine gestaltende Kraft verliert. Jüngst hat auch die geistige Kraftlosigkeit der Weltausstellung in Hannover gezeigt, daß daran nichts Visionäres mehr ist. Welches Menschenbild an die Stelle des interplanetarischen tritt, ist gleichwohl eine offene Frage. Ich kann nicht ausschließen, daß die alttestamentlich-moralische Anthropozentrik ihre große Zeit nun doch noch vor sich hat, daß also der künftige Mensch in diesem Sinn ein „animal morale"[27] sein und mit der Natur als Schöpfung verantwortlich umgehen wird. Die empirischen Befunde deuten nicht in diese Richtung, aber das könnte ja auch ein Fehler sein.

Philosophen verstehen sich auf die Suche nach der Wahrheit, aber sie verkündigen sie nicht. Was sie leisten können, sind Entfaltungen von Lebensentwürfen, die auf Menschenbildern beruhen, wie sie ihrerseits das Thema der Religionen sind. Die religiösen Wurzeln des physiozentrischen Menschenbilds, das ich dem alttestamentlich-moralischen entgegenhalte, liegen im kosmischen Christentum einiger Teile des Neuen Testaments (Joh 1,1ff., Kol 1,15f., Apokalypse Johannis u.a.). Ich meine, daß es nun endlich Zeit für diesen christlichen Pantheismus ist, kann zu seiner Verwirklichung aber nur beitragen, daß ich die Alternativen, vor denen wir stehen, auf den Begriff bringe und den Pantheismus meinerseits entfalte.

Wie also wollen wir in Zukunft leben? Für die Interplanetarier hat die natürliche Mitwelt keinen Eigenwert. Sind wir aber – wie ich meine – Mensch gewordene Natur, so ist es die Chance unseres Lebens, im Mitsein mit anderen – anderen Menschen wie der natürlichen Mitwelt – das unsere zu tun: das, wofür wir gut sind, ohne es nur für uns zu tun. Früher sagte man einfach: etwas, das dem Leben einen Sinn gibt. Ich bin nicht optimistisch, daß es schon bald so kommt, aber solange wir noch etwas dafür tun können und zumindest dieses wirklich tun, bleibt uns eine *Hoffnung*, daß es mit uns doch kein so böses Ende nimmt, wie es einstweilen aussieht.

Anmerkungen

Vittorio Hösle
Dimensionen einer Krise. Das Umweltproblem im 21. Jahrhundert

1 D. MEADOWS u. a.: *Die Grenzen des Wachstums. Bericht des Club of Rome zur Lage der Menschheit*, Stuttgart 1972.

2 State of the World 2000, New York/London 2000. Alle folgenden Zahlen entstammen dem einleitenden Artikel des Direktors des Instituts, L. BROWN: *Challenges of the New Century*, S. 3–21.

3 München 1991, [2]1994. S. auch meinen Aufsatz „Zur Metaphysik der ökologischen Krise", jetzt in: *Praktische Philosophie in der modernen Welt*, München 1992, S. 166 ff.

4 *Die Technik und die Kehre*, Pfullingen 1962.

5 Zu dieser schon recht alten Kontroverse vgl. etwa K. S. SHRADER-FRECHETTE: *Environmental Ethics*, Pacific Grove, CA 1981, S. 3–27 (mit einem Text von D. H. Strong/E. S. Rosenfield und Shrader-Frechettes Kritik).

6 Siehe den neuen Gesamtüberblick von J. RADKAU: *Natur und Macht. Eine Weltgeschichte der Umwelt*, München 2000.

7 Vgl. W. SCHÜLE: Vegetation, Megaherbivores, Man and Climate in the Quaternary and the Genesis of Closed Rain Forests, in: J. G. GOLDAMMER (Hg.): *Tropical Forests in Transition*, Basel u. a. 1992, S. 45–76. Siehe auch W. SCHÜLE: *Prähistorischer Fennenschwund*, Freiburg 2001.

8 G. CZIHAK/H. LANGER/H. ZIEGLER (Hg.): *Biologie. Ein Lehrbuch*, Berlin u. a. [3]1984, S. 803 und 874.

9 Vgl. H. UNNERSTALL: *Rechte zukünftiger Generationen*, Würzburg 1999.

10 Vgl. I. KANT: *Idee zu einer allgemeinen Geschichte in weltbürgerlicher Absicht*, Dritter Satz.

11 Vgl. etwa *De anima* 402 a1 ff.

12 S. neuerdings P. MÜNCH (Hg.): *Tiere und Menschen. Geschichte und Aktualität eines prekären Verhältnisses*, Paderborn 1999.

13 Zur Spannung zwischen Evolutionsbiologie und Ökologie und ihrer möglichen Verbindung s. TH. POTTHAST: *Die Evolution und der Naturschutz*, Frankfurt/New York 1999.

14 *De homine* 10.3.

15 Ursprung und Grundlagen der Ungleichheit, Zweiter Teil, in: J.-J. ROUSSEAU: *Sozialphilosophische und Politische Schriften*, München 1981, S. 104.

16 Dazu und zum folgenden s. die Argumentationen in meinem Werk: *Moral und Politik*, München 1997.

17 Im Abschlußbericht der Enquête-Kommission „Schutz des Menschen und der Umwelt – Ziele und Rahmenbedingungen einer nachhaltig zukunfts-

verträglichen Entwicklung" des 13. Deutschen Bundestages sind neben der ökologischen auch eine ökonomische und eine soziale Dimension der Nachhaltigkeit anerkannt: *Konzept Nachhaltigkeit*, Bonn 1998, S. 30ff. Dies ist zu begrüßen, sofern es nicht einer Neutralisierung der ökologischen Dimension dienstbar gemacht wird.

18 *Ökologische Ökonomie*, Opladen 1992, S. 314ff.

19 Vgl. UNNERSTALL, *Rechte zukünftiger Generationen* (wie Anm. 9), S. 132ff.

20 O. RENN/M. M. ZWICK: *Risiko- und Technikakzeptanz*, Berlin u.a. 1997, S. 158.

21 E. VON HIPPEL: *Rechtspolitik*, Berlin 1992, S. 313.

22 Vgl. etwa G. SCHERHORN/H. HAAS/F. HELLENTHAL/S. SEIBOLD: *Informationen über Wohlstandskosten*, Stuttgart [2]1996.

23 E. U. VON WEIZSÄCKER/A. B. LOVINS/L. HUNTER LOVINS: *Faktor Vier*, München 1995.

24 Zur genaueren Analyse beider Prinzipien immer noch vorbildlich: C. SCHMITT: *Verfassungslehre*, Berlin 1928.

Hubert Wiggering/Michael Hahn
Ist unsere Umwelt dauerhaft geschädigt? Bilanz und Perspektiven

1 V. HAUFF (Hg.): *Unsere gemeinsame Zukunft: Der Brundtlandbericht der Weltkommission für Umwelt und Entwicklung*, Greven 1987.

2 P. SCHACHTSCHABEL U.A.: *Scheffer/Schachtschabel – Lehrbuch der Bodenkunde*, Stuttgart 1998.

3 RAT VON SACHVERSTÄNDIGEN FÜR UMWELTFRAGEN (SRU): *Umweltgutachten 1987*. Stuttgart 1987, Kap. 2.2.3, S. 180ff.

4 RAT VON SACHVERSTÄNDIGEN FÜR UMWELTFRAGEN (SRU): *Altlasten – Sondergutachten*, Stuttgart 1990. RAT VON SACHVERSTÄNDIGEN FÜR UMWELTFRAGEN (SRU): *Altlasten II – Sondergutachten*, Stuttgart 1995.

5 Ernährungsstörungen, insbesondere Magnesiummangel; RAT VON SACHVERSTÄNDIGEN FÜR UMWELTFRAGEN (SRU): *Umweltgutachten 2000 – Schritte ins nächste Jahrtausend*, Stuttgart 2000; R. F. HÜTTL/W. SCHAAF: Nutrient supply of forest soils in relation to management and site history, in: Plant and Soil 168/169 (1995) S. 31–41.

6 RAT VON SACHVERSTÄNDIGEN FÜR UMWELTFRAGEN (SRU): *Umweltgutachten 1998. Umweltschutz: Erreichtes sichern – neue Wege gehen*, Stuttgart 1998.

7 LÄNDERARBEITSGEMEINSCHAFT WASSER (LAWA): *Nationale Gewässerschutzkonzeption – Aktuelle Schwerpunkte*. Stuttgart 1996.

8 RAT VON SACHVERSTÄNDIGEN FÜR UMWELTFRAGEN (SRU): *Flächendeckend wirksamer Grundwasserschutz. Ein Schritt zur dauerhaft umweltgerechten Entwicklung – Sondergutachten*, Stuttgart 1998.

9 H. WIGGERING/D. SCHENK: Grundwasserschutz konsequent weiter entwickeln, in: Wasser und Abfall 1–2 (1999).

10 UNITED NATIONS ECONOMIC COMISSION FOR EUROPE (UN/ECE): Convention on Long-range Transboundary Air Pollution (2000, http://www.UNECE.org/env/lrtap).

11 P. C. WERNER/F. W. GERSTENGARBE/F. FRÄDRICH/H. OESTERLE: Recent climate change in the North Atlantic/European sector, in: International Journal of Climatology 20 (2000), S. 463–471.

12 INTERGOVERNMENTAL PANEL ON CLIMATE CHANGE (IPCC): *Climate Change 1995 – The science of climate change, Contribution of Working group I to the second assessment report of the Intergovernmental Panel on Climate Change*. Cambridge 1996; ebenso: IPCC Third Assessment Report – Climate Change 2001: The Scientific Basis: Summary for Policy Makers (2001) (http://www.ipcc.ch, 17.4.2001).

13 D. E. MEYER/H. WIGGERING: *Steinkohlenbergbau – ökologische Folgen, Risiken und Chancen,* Wiesbaden 1991, S. 195–202.

14 H. WIGGERING: Bergeaufkommen und -entsorgung, in: H. WIGGERING (Hg.): *Steinkohlenbergbau – Steinkohle als Grundstoff, Energieträger und Umweltfaktor.* Reihe *Geologie und Ökologie im Kontext.* Berlin 1993, S. 148–158; D. E. MEYER: *Flächeninanspruchnahme und Massenverlagerung,* Berlin 1993.

15 WIGGERING: Bergeaufkommen und -entsorgung (wie Anm. 14).

16 U. WEBER (1990): *Bergbauliche Einwirkung auf Gebäude; Abgrenzung und Möglichkeiten der Sanierung und Vermeidung*, Wiesbaden 1990, S. 49–60; H. KRATZSCH: *Mining Subsidies Engineering*, Berlin 1983.

17 H. WIGGERING: Verwitterung auf Steinkohlenbergehalden: Ein erster Schritt von anthropo-technogenen Eingriffen zurück in den natürlichen exogen-geodynamischen Kreislauf der Gesteine, in: Z. dt. Geol. Ges., 137 (1986) S. 431–446.

18 J.-M. DÜNGELHOFF/A. LENGEMANN/M. PLANKERT/W. SCHLIMM/W. SCHMIDT/H. WILDER: *Bergehalden und Grundwasser,* Krefeld 1983.

19 WIGGERING: Bergeaufkommen und -entsorgung (wie Anm. 14).

20 P. HOFSTETTER/R. FRISCHKNECHT/I. KNOEPFEL: Ökoinventare für Energiesysteme: Beispiel Braun- und Steinkohlesystem, in: Brennstoff, Wärme, Kraft 47 (1995) S. 23–32.

21 INTERGOVERNMENTAL PANEL ON CLIMATE CHANGE (IPCC): *Climate Change 1995 – The science of climate change, Contribution of Working group I to the second assessment report of the Intergovernmental Panel on Climate Change*. Cambridge 1996.

22 RAT VON SACHVERSTÄNDIGEN FÜR UMWELTFRAGEN (wie Anm. 4)

23 K. HOFFMANN: Altlastenproblematik auf ehemaligen Zechen- und Kokereistandorten, in: WIGGERING (Hg.): *Steinkohlenbergbau* (wie Anm. 14), S. 186–203.

24 W. HABER: Von der ökologischen Theorie zur Umweltplanung, in: GAIA 2 (1993), S. 96–106.

25 L. HONNEFELDER: Welche Natur sollen wir schützen?, in: GAIA 5 (1993) S. 253–264.

26 RAT VON SACHVERSTÄNDIGEN FÜR UMWELTFRAGEN (SRU) (1994): *Umweltgutachten 1994*, Stuttgart 1994.

27 K. RENNINGS, WIGGERING, H.: Steps towards indicators of sustainable development: Linking economic and ecological concepts, in: *Ecological Economics 20* (1997), S. 25–36.

28 F. MÜLLER/R. HOFFMANN-KROLL/M. LEUPELT/H. WIGGERING: *Indikatoren für Ökosystemzustände als Elemente ganzheitlicher Umweltbeobachtungskonzepte, Reihe „Nachhaltiges Niedersachsen"*, Bd. 8 (1999), S. 32–47.

29 F. MÜLLER/H. WIGGERING: Environmental indicators determined to depict ecosystem functionality", in: Y. A. PYCK/D. E. HYAT/R. J. M. LENZ: *Environmental Indices: System Analysis Approach,* Oxford 1999, S. 64–82.

30 MÜLLER U. A. *Indikatoren für Ökosystemzustände als Elemente ganzheitlicher Umweltbeobachtungskonzepte* (wie Anm. 28).

31 C. S. HOLLING: The resilience of terrestrial ecosystems: local surprise and global change, in: W. M. CLARK/R. E. MUNN (Hg.): *Sustainable development of biosphere*. Cambridge 1986, S. 292–320.

32 MÜLLER/WIGGERING: Environmental indicators determined to depict ecosystem functionality (wie Anm. 29).

Wolfgang Haber
Ökologie und Nachhaltigkeit
Einführung in die Grundprinzipien der theoretischen Ökologie

1 W. HABER: *Ökologische Grundlagen des Umweltschutzes*, Bonn 1993.

2 EBENDA.

3 E. O. WILSON: *Der Wert der Vielfalt*, München/Zürich 1995.

4 W. HABER/M. HELD/M. SCHNEIDER (Hg.): *Nachhaltiger Umgang mit Böden*, München 1999.

5 M. AUER/K.-H. ERDMANN: Das Übereinkommen über die biologische Vielfalt, in: K.-H. ERDMANN (Hg.): *Internationaler Naturschutz*, Berlin/Heidelberg 1997, S. 97–116.

6 V. HÖFLE/C. ILLIES: *Darwin*, Freiburg i. Br. 1999.

7 M. BEGON/J. L. HARPER/C. R. TOWNSEND: *Ökologie. Individuen, Populationen und Lebensgemeinschaften*, Basel/Berlin 1991.

8 G. WIEGLEB: Konzepte der Hierarchie-Theorie in der Ökologie, in: K. MATHES/B. BRECKLING/K. EKSCHMITT (Hg.): *Systemtheorie in der Ökologie*, Landsberg/Lech 1996, S. 7–24.

9 K. R. POPPER: *Alles Leben ist Problemlösen*, München/Zürich 1994.

10 L. TREPL: Ökosystemforschung im System der Wissenschaft, in: O. FRÄNZLE/F. MÜLLER/W. SCHRÖDER (Hg.): *Handbuch der Umweltwissenschaften*, Landsberg/Lech 1999, II-2.3.

11 A. G. TANSLEY: The Use and Abuse of Vegetational Concepts and Terms, in: *Ecology* 16 (1935), S. 284–307.

12 L. TREPL: Gibt es Ökosysteme?, in: *Landschaft + Stadt* 20, S. 176–185.

13 R. ARDREY: *Adam und sein Revier*, Wien/München 1966.

14 H. ELLENBERG (Hg.): *Ökosystemforschung*, Berlin/Heidelberg 1973; H. ELLENBERG/R. MAYER/J. SCHAUERMANN: *Ökosystemforschung. Ergebnisse des Sollingprojekts 1966–1986*, Stuttgart 1986.

15 H. P. Franz: *Der deutsche Beitrag zum UNESCO-Programm „Der Mensch und die Biosphäre" (MAB). Analyse eines umfassenden Forschungsprogramms*, Bonn 1984 (MAB-Mitteilungen Bd. 18).

16 K.-H. ERDMANN: Biosphärenreservate der UNESCO: Schutz der Natur durch eine dauerhaft-umweltgerechte Entwicklung, in: K.-H. ERDMANN/ L. SPANDAU (Hg.): *Naturschutz in Deutschland*, Stuttgart 1997, S. 51–69.

17 G. HIRSCH HADORN: Nachhaltige Entwicklung und der Wert der Natur, in: *GAIA* 8 (1999), S. 269–274.

18 C. VOGEL: *Anthropologische Spuren. Zur Natur des Menschen*, Leipzig 2000.

19 J. DIAMOND: *Guns, Germs, and Steel. The Fates of Human Societies*. New York 1997.

20 W. HABER: *Ökologische Grundlagen des Umweltschutzes* (wie Anm. 1).

21 M. FISCHER-KOWALSKI/H. HABERL: Stoffwechsel und Kolonisierung: Konzepte zur Beschreibung des Verhältnisses von Gesellschaft und Natur, in: M. FISCHER-KOWALSKI u. a.. (Hg.): *Gesellschaftlicher Stoffwechsel und Kolonisierung von Natur*, Amsterdam 1997, S. 3–12.

22 O. RENN: *Ein regionales Konzept qualitativen Wachstums*, Stuttgart 1994.

23 G. C. DAILY: *Nature's Services: Societal Dependence on Natural Ecosystems*, Washington 1997.

Peter Koslowski
Prinzipien einer ökologisch nachhaltigen Ökonomie

1 Vgl. zur materialen Wertethik P. KOSLOWSKI: *Prinzipien der Ethischen Ökonomie*, Tübingen 1988, ²1994, 3. Kapitel.

2 Vgl. H. HOTELLING: The Economics of Exhaustible Resources, in: *Journal of Political Economy* 39 (1931), S. 137 ff. Deutsche Übersetzung: Ökonomie erschöpfbarer Resourcen, in: H. SIEBERT (Hg.): *Umwelt und wirtschaftliche Entwicklung*, Darmstadt 1979, S. 39 ff.

3 Vgl. KOSLOWSKI: *Prinzipien der Ethischen Ökonomie* (wie Anm. 1), 9. Kapitel.

4 F. FORTE: Tutor of Nature. Comment on Peter Koslowski, in: P. KOSLOWSKI (Hg.): *Individual Liberty and Democratic Decision Making. The Ethics, Economics, and Politics of Democracy*, Tübingen 1987, S. 97.

5 Vgl. P. KOSLOWSKI: Markt und Demokratie als Diskurse, in: P. KOSLOWSKI (Hg.): *Individuelle Freiheit und demokratische Entscheidung. Ethische, ökonomische und politische Theorie der Demokratie*, Tübingen 1989, S. 48–83.

6 J. F. BAUDRILLARD: *Der symbolische Tausch und der Tod*, München 1982. Original: *L'échange symbolique et la mort*, Paris 1976.

7 E. SCHROEDINGER: *Was ist Leben?*, München 1951. Original: *What Is Life?*, Cambridge 1944.

8 N. GEORGESCU-ROEGEN: *Energy and Economic Myths*, New York 1976, S. 3–36.

9 SACHVERSTÄNDIGENRAT FÜR UMWELTFRAGEN: *Umweltgutachten 1994*, Stuttgart 1994, S. 11. Vgl. auch H.J. MÜNK: Für einer dauerhaft-umweltgerechte Entwicklung. Anmerkung zum Umweltgutachten 1994, in: *Stimmen der Zeit* 213 (1995), S. 55–66.

10 *Ebenda.*

11 Vgl. zum Prinzip der Handlung mit doppelter Wirkung KOSLOWSKI: *Prinzipien der Ethischen Ökonomie* (wie Anm. 1), 5. Kapitel.

12 JOHANNES A SANCTO THOMA: *Cursus Theologicus*, Madrid 1645–1656, tom. VI, disp. XI, a. 6, cap. 39 u.42.

13 J.P. GURY: *Compendium theologiae moralis*, Regensburg ²1869, tr. I, cap. II, n. 9.

Ernst-Dieter Lantermann
Umgang mit komplexen Umweltproblemen im Spannungsfeld von Denken, Wissen und Gefühl

1 D.L. MEADOWS/D.H. MEADOWS: *Die Grenzen des Wachstums*, Stuttgart 1972.

2 D. DÖRNER/H.W. KREUZIG/F. REITHER/T. STÄUDEL (Hg.): *Lohhausen. Vom Umgang mit Unbestimmtheit und Komplexität*, Bern 1983; E.-D. LANTERMANN/E. DÖRING-SEIPEL/P. SCHIMA: *Ravenhorst. Gefühle, Werte und Unbestimmtheit im Umgang mit einem ökologischen Scenario*, München 1992.

3 A. SAMPSON: *The Oxford Book of Ages*, Oxford 1985.

4 K. PAWLIK: The psychology of global environmental change. Some basic data and an agenda for cooperative international research, in: *International Journal of Psychology* 26 (1991), S. 547–563.

5 H. SPADA/A.M. ERNST: Wissen, Ziele und Verhalten in einem ökologisch-sozialen Dilemma, in K. PAWLIK/K.H. STAPF (Hg): *Umwelt und Verhalten. Perspektiven und Ergebnisse ökopsychologischer Forschung*, Bern 1992, S. 83–106.

6 E.-D. LANTERMANN/E. DÖRING-SEIPEL/P. SCHIMA/B. SCHMITZ: *Syrene – Umwelt- und Systemlernen mit Multimedia*, Göttingen 2000.

Paul Leidinger
Der Mensch – ein natürlicher Feind der Natur? Unser Verhältnis zur Umwelt in der Geschichte

1 Aus der Vielzahl der inzwischen vorliegenden Veröffentlichungen und Konzepte zur Umweltgeschichte werden hier nur die folgenden aufgeführt. Sie dokumentieren auch den jeweiligen Literaturstand ihrer Zeit: H. MARKL (Hg.): *Natur und Geschichte*, München/Wien 1983; D. WORSTER (Hg.): *The Ends of the Earth. Perspectives on Modern Environmental History*, Cambridge 1988; I.G. SIMMONS: *Environmental History. A Con-*

cise Introduction, Oxford 1993; A. ANDERSEN: Umweltgeschichte. Forschungsstand und Perspektiven, in: *Archiv für Sozialgeschichte* 33 (1993), S. 672–701; P. LEIDINGER: Von der historischen Umweltforschung zur Historischen Ökologie. Ein Literaturbericht, in: *Westfälische Forschungen* 41 (1991), S. 495–516, wieder abgedruckt in: H. BEHRENS, H. PAUCKA (Hg.), *Umweltgeschichte: Wissenschaft und Praxis* (= *Forum Wissenschaft Studien*, Bd. 27), Marburg 1994, S. 11–39; P. LEIDINGER: Umweltkrise, Historische Ökologie und Geschichtsunterricht, in: H. SÜSSMUTH (Hg.): *Geschichtsunterricht im vereinten Deutschland. Auf der Suche nach Neuorientierung*, Baden-Baden 1991, S. 216–232, erweiterter Nachdruck in: H. BEHRENS/G. NEUMANN/A. SCHIKORA (Hg.): *Wirtschaftsgeschichte und Umwelt – Hans Mottek zum Gedenken* (= *Forum Wissenschaft Studien*, Bd. 29), Marburg 1996, S. 383–403; P. LEIDINGER (Hg.): *Historische Ökologie und ökologisches Lernen im historisch-politischen Unterricht*, Paderborn 1986 (mit Angabe älterer Literatur). Für den europäischen Zusammenhang vgl. P. BRIMBLECOMBE/C. PFISTER: *The Silent Countdown. Essays in European Environmental History*, Berlin u. a. 1990; ferner C. PFISTER: Historische Umweltforschung – eine neue, fächerverbindende Aufgabe für Natur- und Sozialwissenschaften, in: *Geschichtsforschung in der Schweiz. Bilanz und Perspektiven – 1991*, Basel 1992, S. 169–187; R. P. SIEFERLE: Aufgaben einer künftigen Umweltgeschichte, in: C. SIMON (Hg.): *Umweltgeschichte heute*, Mannheim 1993 (= *Environmental History Newsletter*, Special issue, Heft 1), Mannheim 1993, S. 29–43; G. JARITZ/V. WINIWATER, *Umweltbewältigung. Die historische Perspektive*, Bielefeld 1994; J. RADKAU: Was ist Umweltgeschichte?, in: W. ABELSHAUSER (Hg.): *Umweltgeschichte*, Göttingen 1994, S. 11–28; J. RADKAU: Technik- und Umweltgeschichte. Literaturbericht, in: *Geschichte in Wissenschaft und Unterricht* 48 (1997), S. 479–497; 50 (1999), S. 250–258 und 356–384, vgl. auch dessen jüngst erschienene *Weltgeschichte der Umwelt* (wie Anm. 4); G. BAYERL, N. FUCHSLOCH/T. MEYER (Hg.): *Umweltgeschichte. Methoden, Themen, Potentiale*, Münster 1996; G. BAYERL/U. TROITZSCH (Hg.): *Quellentexte zur Geschichte der Umwelt von der Antike bis heute*, Göttingen 1998. Eine kritische Bilanz umwelthistorischer Entwicklung zieht R. P. SIEFERLE: *Rückblick auf die Natur. Eine Geschichte des Menschen und seiner Umwelt*, München 1997. Eine Umweltgeschichte des Industriezeitalters vornehmlich in Deutschland bietet F. J. BRÜGGERMEIER unter dem etwas irreführenden Titel: *Tschernobyl, 26. April 1986. Die ökologische Herausforderung. 20 Tage im 20. Jahrhundert*, München 1998. Mehr Standards einer historischen Geographie bleibt H. JÄGER: *Einführung in die Umweltgeschichte*, Darmstadt 1994, verpflichtet. – Der 9. Internationale Wirtschaftshistorikerkongreß 1986 in Bern, der eine eigene Sektion Umweltgeschichte bildete, wurde zum Ausgangspunkt der Gründung einer „European Association for Environmental History“ auf einer von Christian Pfister, Bern, und Karlheinz Blaschke, Dresden, 1988 nach Bad Homburg einberufenen Tagung. Das nachfolgend herausgegebene Nachrichtenorgan *Enviromental History Newsletter* der Gesellschaft erschien seit 1989 bis etwa 1995 in einzelnen Heften, darunter auch den Sonderheften 1: C. SIMON (Hg.): *Umweltgeschichte heute*, Mannheim 1994, und 2: J. SIEGLERSCHMIDT (Hg.):

Der Aufbruch ins Schlaraffenland. Stellen die Fünfziger Jahre eine Epochenschwelle im Mensch-Umwelt-Verhältnis dar?, Mannheim 1995. Eine fortschreitende Etablierung der Disziplin „Umweltgeschichte" zeigen u.a. jüngst die von F.-J. Brüggemeier geleitete Sektion „Umweltgeschichte" auf dem Internationalen Historikertag in Oslo im August 2000 (Bericht in der FAZ vom 17.8.2000) und eine Tagung zu „Naturkatastrophen und ihre Wahrnehmung in der Geschichte" an der Universität Konstanz im November 2000 (FAZ vom 27.11.2000) an.

2 W. ZORN, Ansätze und Erscheinungen des Umweltschutzes aus sozial- und wirtschaftshistorischer Sicht, in: *Wirtschaftskräfte und Wirtschaftswege (Festschrift Hermann Kellenbenz)*, Bd. IV, Stuttgart 1978, S. 721.

3 Vgl. *Umweltpolitik. Agenda 21. Konferenz der Vereinten Nationen für Umwelt und Entwicklung im Juni 1992 in Rio de Janeiro, Dokumente*, hg. vom BUNDESMINISTERIUM FÜR UMWELT, NATURSCHUTZ UND REAKTORSICHERHEIT, Bonn 1997, Präambel S. 9; vgl. zur Erklärung: *Konzept Nachhaltigkeit. Fundamente für die Gesellschaft von morgen. Zwischenbericht der Enquete-Kommission „Schutz des Menschen und der Umwelt – Ziele und Rahmenbedingungen einer nachhaltig zukunftsverträglichen Entwicklung" des 13. Deutschen Bundestages.* Hg: DEUTSCHER BUNDESTAG, Referat Öffentlichkeitsarbeit, Bonn 1997, bes. S. 22ff.

4 J. RADKAU: *Natur und Macht. Eine Weltgeschichte der Umwelt*, München 2000.

5 Als frühes Beispiel, dem inzwischen eine Anzahl weiterer gefolgt sind, wird hier verwiesen auf G. KOSSACK/K.-E. BEHRE/P. SCHMID (Hg.): *Archäologische und naturwissenschaftliche Untersuchungen an ländlichen und frühstädtischen Siedlungen im deutschen Küstengebiet vom 5. Jahrhundert v. Chr. bis zum 11. Jahrhundert n. Chr.*, Weinheim 1984, 2 Bände, hier vor allem Bd. 1, S. 44ff., 51ff.; vgl. auch den jüngst erschienenen Band der BAYERISCHEN AKADEMIE DER WISSENSCHAFTEN (Hg.): *Rundgespräche der Kommission für Ökologie*, Bd. 18: *Entwicklung der Umwelt seit der letzten Eiszeit*, München 2000.

6 Vgl. dazu P. C. MAYER-TASCH (Hg.): *Natur denken. Eine Genealogie der ökologischen Idee*, Bd. 1 und 2, Frankfurt/M. 1991; M. KLÖCKER/U. TWORUSCHKA (Hg.): *Umwelt (= Ethik der Religionen, Bd. 5)*, München und Göttingen 1986; J. HERMAND, *Grüne Utopien in Deutschland. Zur Geschichte des ökologischen Bewußtseins*, Frankfurt/M. 1991; A. KNAUT: *Zurück zur Natur! Die Wurzeln der Ökologiebewegung*, Greven 1993; G. WARNEKE: *Die grüne Ideologie. Heile-Welt-Mythen, Gesellschaftsutopien und Naturromantik als Ausdruck einer angstbestimmten Politik*, Frankfurt/M. u.a. 1998.

7 Vgl. hierzu R. KURZWEIL, *Homo s@piens. Leben im 21. Jahrhundert*, Hamburg 1999, und die seit dem Sommer 2000 in der FAZ geführte Diskussion über die Zukunftsentwicklung des Menschen und der Welt im 21. Jahrhundert, ausgehend von Thesen des amerikanischen Wissenschaftlers Bill Joy, der angesichts der Risiken der Entwicklung eher zum Verzicht auf weitere Forschung rät: B. JOY: Warum die Zukunft uns nicht braucht. Die mächtigsten Technologien des 21. Jahrhunderts – Robotik, Gentechnik und Nanotechnologie – machen den Menschen zur gefährdeten Art, in: FAZ

vom 6.6.2000, S. 49 und 51; die Diskussion wird weitergeführt von D. GELERNTER: Warum Sie an Ihrem Computer verzweifeln. Und was geschehen muß, damit wir glücklicher werden: Neunundfünfzig Thesen zur Zukunft der Informationsgesellschaft, in: FAZ vom 15.6.2000; J. LANIER: Das neue Package. Die Menschheit macht sich dumm, damit die Maschinen siegen können, in: FAZ vom 22.7.2000; H. MORAVEC: Die Robotik – eine Vorankündigung. Anleitung, wie man künstliche Intelligenz schafft: Das Maschinenbewußtsein simuliert nicht das menschliche Gehirn, sondern schafft sein eigenes evolutionäres System, in: FAZ vom 26.7.2000, S. 53; R. A. BROOKS: Das Fleisch und die Maschine. Wie die neuen Technologien den Menschen verändern werden, in: FAZ vom 4.9.2000; W. HECKL: Vom Nutzen der allerkleinsten Teilchen für unser Leben. Aufatmen über das Ausscheiden des alten Adam: Es gibt keinen Grund, sich vor der Nanowelt zu fürchten, in: FAZ vom 1.11.2000. Vgl. auch das von der FAZ mit drei Pionieren der neuen Nanotechnologie, J. VON EHR, R. MERKLE und R. FREITAS JR., geführte Gespräch: Alles, was der Mensch will, wird machbar sein. Verheißungen, Ängste, Geschäfte: Nanotechnologen erwarten die dritte industrielle Revolution, in: FAZ vom 21.9.2000; ferner das von K. ENGLERT mit dem französischen Philosophen und Naturwissenschaftler M. SERRES geführte Gespräch: Unsere Freiheit hängt von der wahren Information ab. Warum wir den Dialog zwischen der Philosophie und den Naturwissenschaften vorantreiben müssen, in: FAZ vom 19.10.2000, in dem Serres die Freiheit des Forschers nicht beschränkt sehen will, sie aber an verpflichtende ethische Maßstäbe bindet. Ähnlich G. ALTNER: Weltethos und die Wissenschaften, in: G. ALTNER u. a. (Hg.): *Jahrbuch Ökologie 2000*, München 2000, S. 11–15, doch lassen die erheblichen ethnisch-nationalen, ideologischen, religiösen, sozialen sowie wirtschafts- und machtpolitischen Konfliktpotentiale der Welt daran zweifeln, ob ohne zwingende internationale Konventionen ethische Maßstäbe überhaupt eine Chance haben.

8 Hinzuweisen ist auf die vielfach in Industriebrachen und verlassenen Steinbrüchen von selbst entstandenen neuen Biotope. Aber auch andere umweltschädigende Nutzungen des Menschen haben oft zu überraschenden, die Schädigungen überwindenden Entwicklungen in der Natur geführt. Vgl. J. H. REICHHOLF: *Comeback der Biber: Ökologische Überraschungen*, München 1993, ferner J. H. REICHHOLF: *Der blaue Planet*, München 1998; dazu RADKAU, *Natur und Macht* (wie Anm. 4), passim, der eine Reihe von Beispielen unter den verschiedensten Kulturbedingungen für überraschende Folgen von Naturdekompositionen anführt. Sie können allerdings keine Umweltschädigung rechtfertigen, weisen aber auf die Offenheit des Naturbegriffs und damit von Ökosystemen hin. Vgl. dazu auch das von dem Biologen G. ZIRNSTEIN verfaßte Studienbuch: *Ökologie und Umwelt in der Geschichte*, Marburg 1994.

9 Einen Zugang zu den ökologischen Problemen im Weltzusammenhang vermittelt das seit 1989 in mehreren Auflagen erschienene Werk von E. U. VON WEIZSÄCKER: *Erdpolitik. Ökologische Realpolitik an der Schwelle zum Jahrhundert der Umwelt*, Darmstadt [5]1997. Statistische Situationsübersichten zu Weltproblemen mit kurzgefaßten Kommentierungen bei I. PEARSON (Hg.): *Der Fischer Atlas Zukunft*, Frankfurt/M. 1998.

10 Vgl. M. KRINGS: *Neandertaler DNA-Sequenzen und der Ursprung des modernen Menschen*, Dissertation München 1998; U. EBERT: Provokation aus dem Labor. Gen-Forscher werfen den Neandertaler aus unserem Stammbaum, in: *Bild der Wissenschaft* 3 (1998), S. 52–55; ferner die Berichte über das seit acht Jahren laufende Forschungsprojekt zur Neubearbeitung der Neandertalerfunde im Rheinland in: Archäologie in Deutschland, Heft 2, 1998, S. 18–39, und Heft 2, 1999, S. 6–10; R. W. Schmitz, J. THISSEN: Archäologie im Neandertal – nicht nur auf den Spuren des Neandertalers, in: H. KOSCHNICK (Hg.): *Archäologie im Rheinland 1997*, Köln 1998, S. 20–21; R. W. SCHMITZ/J. THISSEN: *Neandertal. Die Geschichte geht weiter*, Bonn 2000; ferner NEANDERTALER & CO, *Ausstellungskatalog des Westfälischen Landesmuseum für Archäologie Münster*, Münster 1998, mit verschiedenen Beiträgen sowie die Forschungsberichte in: *Ausgrabungen und Funde in Westfalen-Lippe*, Heft 10, Münster 2000; einen neuen Fund in Neuwarendorf bei Warendorf (Westfalen) stellen C. KINTRUP und B. RÜSCHOFF-THALE: Lebensbild des Neandertalers, in: *(Ur-) Kult (-ur). Bodenschätze aus den Sandgruben der Warendorfer Hartsteinwerke*, Warendorf 2000, S. 10ff., vor. Eine darüber verfaßte Dissertation wird von B. Rüschoff-Thale 2001 zu erwarten sein. – Zur Entwicklung früher Hominiden vgl. D. MANIA: *Die ersten Menschen in Europa*, Stuttgart 1998; ferner die Forschungsberichte von F. SCHRENK in der FAZ vom 5.7. und vom 12.7.2000. Im letzten Beitrag faßt Schenk die Ergebnisse zum Neandertaler so zusammen: „Parallel zu den Neandertalern in Europa entwickelten sich in Afrika vor etwa 200000 Jahren bereits die modernen Menschen. Neandertaler und moderne Menschen trafen schließlich vor knapp 80000 Jahren im Nahen Osten aufeinander. Sie existierten dort fast 50000 Jahre lang neben- und miteinander. Der aus Afrika stammende moderne Mensch setzte sich weltweit durch, während die Unterart des europäischen Neandertalers vor etwa 30000 Jahren anatomisch unterging." Eine mögliche genetische Vermischung von Neandertaler und modernem Menschen schließen Ralf W. SCHMITZ und J. THISSEN in neuen Verlautbarungen eher aus (vgl. den FAZ-Bericht „Knochenpuzzle. Neue Funde geben dem Neandertaler das Gesicht zurück" vom 6.9.2000).

11 K. J. NARR: Jüngere Steinzeit und Steinkupferzeit, in: *Handbuch der Urgeschichte*, Bd. 2, Bern 1975; R. EICHHOLZ: Der Mensch baut sein Haus. Aus Jägern werden Bauern, in: *Archäologie in Deutschland*, Heft 1, 1984, S. 23–25; A. KREUZ: Einheimische oder Eindringlinge? Die ersten Bauern Mitteleuropas, in: *Archäologie in Deutschland*, Heft 3, 1992, S. 6–9, weist seit dem Ende des 6. Jahrtausends bäuerliche Siedlungen in Mitteleuropa aus, die von Einwanderern auf guten Böden oder im Bereich von Fluß- und Bachtälern angelegt wurden und entsprechend den unterschiedlichen Vegetationszonen auch durch unterschiedliche bäuerliche Lebensweisen in Bezug auf die Ernährung zeitigten; H. KÜSTER (Hg.): *Der prähistorische Mensch und seine Umwelt*, Stuttgart 1988; zur kultischen Ein- und Unterordnung des vorgeschichtlichen Menschen in seine natürliche Lebenswelt vgl. R. BUSCH (Hg.): *Opferplatz und Heiligtum. Der vorgeschichtliche Mensch in seiner Umwelt*, Neumünster 2000.

12 H. G. MENSCHING: Ökosystem-Zerstörung in vorindustrieller Zeit, in: H. LÜBBE/E. STRÖKER (Hg.): *Ökologische Probleme im kulturellen Wandel* (= Ethik der Wissenschaften, Bd. 5), Paderborn 1986, S. 15–27; H. G. MENSCHING: Die Verwüstung der Natur durch den Menschen in Historischer Zeit. Das Problem der Desertifikation, in: MARKL (wie Anm. 1), S. 147–170; H. G. MENSCHING: *Desertifikation. Ein weltweites Problem der ökologischen Verwüstung in den Trockengebieten der Erde*, Darmstadt 1990.

13 Zum Problem des Klimawandels wird verwiesen auf G. R. WEBER: *Treibhauseffekt. Klimakatastrophe oder Medienpsychose*, Wiesbaden [2]1992; C.-D. SCHÖNWIESE: *Klima im Wandel. Von Treibhauseffekt, Ozonloch und Naturkatastrophen*, Reinbek b. Hamburg 1994; J. ALTMANN: *Umweltpolitik*, Stuttgart 1997, S. 10–27; S. BANASCH: Die Erdachse ändert das Klima, in: Welt am Sonntag vom 19. 9. 1999.

14 Als informative Übersicht vgl. das von H. KELLENBENZ herausgegebene *Handbuch der europäischen Wirtschafts- und Sozialgeschichte*, Bd. 1–6, Stuttgart 1980–1993, das in den einzelnen Bänden erstmals den natürlichen Grundlagen der Geschichte eigene Kapitel einräumt und damit Aspekten der Umweltgeschichte entgegenkommt. Vgl. speziell J. A. HOUTTE: Europäische Wirtschaft und Gesellschaft von den großen Wanderungen bis zum Schwarzen Tod, in: Bd. 2, S. 9 ff.; H. KELLENBENZ: Wirtschaft und Gesellschaft Europas 1350–1650, in: Bd. 3, S. 4 und 105 ff.; I. MIECK: Wirtschaft und Gesellschaft Europas von 1650 bis 1850, in: Bd. 4, S. 12 und 32 ff.; allgemein H. KÜSTER: *Geschichte der Landschaft in Mitteleuropa. Von der Eiszeit bis zur Gegenwart*, München 1995.

15 Grundlegend: J. A. HAUSER: *Bevölkerungs- und Umweltprobleme der Dritten Welt*, 2 Bde., Bern/Stuttgart 1990/91; zu Einzelfragen vgl. M. WÖHLKE: *Umweltzerstörung in der Dritten Welt*, München 1987; M. WÖHLKE: *Der ökologische Nord-Süd-Konflikt*, München 1993; J. HERKENDELL/ E. KOCH: *Bodenzerstörung in den Tropen*, München 1991; P. J. OPITZ: *Das Weltflüchtlingsproblem. Ursachen und Folgen*, München 1988; P. J. OPITZ: *Grundprobleme der Entwicklungsländer*, München 1991; M. WÖHLKE, *Umweltflüchtlinge. Ursachen und Folgen*, München 1992; E. RIBBECK: Die „post-europäische Stadt", in: *Die Alte Stadt* 24 (1997), Heft 1, S. 35–47.

16 Vgl. die Übersichten bei L. und R. SCHUA: *Wasser. Lebenselement und Umwelt. Die Geschichte des Gewässerschutzes in ihrem Entwicklungsgang dargestellt und dokumentiert* (= *Orbis Academicus*, Bd. 2,1), Freiburg/ München 1981, S. 64 ff.; N. SMITH: *Mensch und Wasser: Geschichte und Technik der Bewässerung und Trinkwasserversorgung vom Altertum bis heute*, Wiesbaden 1985, S. 113 ff.; G. GARBRECHT: Wasser: *Vorrat, Bedarf und Nutzung in Geschichte und Gegenwart*, Reinbek 1985, S. 45 ff.; L. BENEVOLO: *Die Geschichte der Stadt*, Frankfurt/New York [4]1990, S. 19 ff.; G. HEINE: *Ökologie und Recht in historischer Sicht*, in: H. LÜBBE/ E. STRÖKER (Hg.): *Ökologische Probleme im Wandel*, Paderborn 1986, S. 116 ff. – Eine eingehendere Diskussion der Problemaspekte technischer Wasserbaukulturen bei RADKAU: *Natur und Macht* (wie Anm. 4), S. 107 ff.

17 Einen quellenorientierten Überblick vermittelt K.-W. WEEBER: *Smog über Attika. Umweltverhalten im Altertum*, Zürich/München 1990, Reinbek 1993.

18 Zitiert nach D. WOELK: *Agatharchides von Knidos: Über das Rote Meer*, Phil. Diss. Freiburg 1966, S. 37.

19 H. PAUCKE: Zu Inhalt, Struktur und Potential der Umweltforschung in der DDR von 1981 bis 1985, in: IUGR (INSTITUT FÜR UMWELTGESCHICHTE UND REGIONALENTWICKLUNG E. V.) (Hg.), *Umweltgeschichte und Umweltzukunft* (= *Forum Wissenschaft*, Bd. 19), Marburg 1993, S. 68, charakterisiert die sozialistische Umwelttheorie wie folgt: „Der Irrglaube war in politisch maßgeblichen Kreisen weit verbreitet, daß es im Sozialismus objektiv keine ökologischen Probleme geben könne, weil mit der Überwindung der antagonistischen Klassenverhältnisse zwangsläufig auch der Widerspruch zwischen Natur und Gesellschaft im allgemeinen und zwischen Ökologie und Ökonomie im besonderen aufgehoben worden sei." Er zeigt auf, wie schwierig es war, diesen ideologischen Irrglauben angesichts der immer deutlicher werdenden realen Ökologie-Probleme in der DDR seit Anfang der 80er Jahre gegen ein festgefahrenes Politsystem aufzubrechen. Vgl. zur ökologischen Situation in der ehemaligen DDR und in Mittel- und Osteuropa: REDAKTION DEUTSCHLAND ARCHIV (Hg.): *Umweltprobleme und Umweltbewußtsein in der DDR*, Köln 1985; G. WÜRTH: *Umweltschutz und Umweltzerstörung in der DDR*, Frankfurt/M. u. a. 1985; H. SCHREIBER, *Umweltprobleme in Mittel- und Osteuropa*, Frankfurt/New York 1989.

20 W. LINDE (Hg.): *Lexikon der Völker. Regionalkulturen in unserer Zeit*, München 1986.

21 G. GARBRECHT: Die Wasserversorgung geschichtlicher Städte, in: *Die Alte Stadt* 20 (1993), S. 191–206, hier S. 199.

22 Vgl. WEEBER: *Smog über Attika* (wie Anm. 17), S. 20–24.

23 Zitate nach EBENDA, S. 11, 25, 39 ff., 85 ff., 131 ff.; vgl. auch H. SONNABEND, *Naturkatastrophen in der Antike*, Stuttgart 1999.

24 Vgl. RADKAU: *Natur und Macht* (wie Anm. 4), S. 160 ff., mit eingehender Diskussion bisheriger Entwaldungsvorstellungen im antiken Mittelmeerraum. Eine frühe aufschlußreiche Übersicht über anthropogene Umweltveränderungen durch den Menschen von der Vorzeit bis zum Industriezeitalter, gerade auch für ökologische Bewertungen der Antike, bietet aus biologischer Sicht der Beitrag von J. MÜLLER: Umweltveränderungen durch den Menschen, in: K. H. KREEB: *Ökologie und menschliche Umwelt*, Stuttgart 1979, S. 8–66. Speziell für Nordafrika vgl. B. D. SHAW: *Environment and Society in Roman North Africa*, Aldershot 1995. Zu Aufforstungsbemühungen: In Spanien wurden nach dem Bürgerkrieg allein zwischen 1940–1967 2,3 Mill. ha Ödland und Kahlflächen aufgeforstet, so daß das Land derzeit wieder über ca. 30% Waldfläche verfügt, die allerdings infolge der industriellen Luftverschmutzung heute zu ca. 25% geschädigt ist. Vgl. W. L. BERNECKER, Spanien 1914–1975, in: *Handbuch der europäischen Wirtschafts- und Sozialgeschichte* (wie Anm. 13), Bd. 6, S. 964 f.; vgl. auch J. HERKENDELL/J. PRETZSCH (Hg.): *Die Wälder der Erde. Bestandsaufnahme und Perspektiven*, München 1995.

25 U. Willerding: Über Klima-Entwicklung und Vegetationsverhältnisse im Zeitraum Eisenzeit bis Mittelalter, in: H. JANKUHN u. a. (Hg.), *Das Dorf der Eisenzeit und des frühen Mittelalters*, Göttingen 1977, S. 357–405;

R. VON USLAR: Die Germanen, in: *Handbuch der europäischen Wirtschafts- und Sozialgeschichte* (wie Anm. 13), Bd. 1, S. 696–698; KOSSACK u. a. (Hg.): *Archäologische und naturwissenschaftliche Untersuchungen* (wie Anm. 5), Bd. 1, S. 51 ff.

26 Vgl. dazu mit instruktiven Beispielen: C. PFISTER: *Das Klima der Schweiz von 1575–1860 und seine Bedeutung in der Geschichte von Bevölkerung und Landwirtschaft*, 2 Bde., Bern/Stuttgart ²1985; konkret: U. BRÄKER: *Sämtliche Schriften*, Bd. 1: *Tagebücher 1768–1778*, bearbeitet von Alfred MESSERLI u. a., München und Bern 1998; allgemein W. BÄTZING: *Die Alpen. Entstehung und Gefährdung einer europäischen Kulturlandschaft*, München 1991; ferner F. WALTER: *Bedrohliche und bedrohte Natur: Umweltgeschichte der Schweiz seit 1800*, Zürich 1996.

27 A. E. IMHOF: Mensch und Natur. Züge aus der Bevölkerungsgeschichte der Neuzeit, in: Markl (wie Anm. 1), S. 209–235, hier 211–217; modifizierend RADKAU: *Natur und Macht* (wie Anm. 4), S. 197.

28 Vgl. oben zu Anm. 14.

29 HOUTTE: *Europäische Wirtschaft und Gesellschaft* (wie Anm. 14), S. 12 ff., 18 ff.; H. KELLENBENZ: Wirtschaft und Gesellschaft Europas 1350–1650, in: *Handbuch der europäischen Wirtschafts- und Sozialgeschichte* Bd. 3, S. 4 f., 111 ff.; neben Klimafaktoren weist F. W. HENNING, *Deutsche Wirtschafts- und Sozialgeschichte im Mittelalter und in der frühen Neuzeit*, Paderborn 1991 (= *Handbuch der Wirtschafts- und Sozialgeschichte Deutschlands*, Bd. 1), S. 394 ff., 403 ff., vor allem auf Fehden und Kriege und Veränderungen in den Sozial- und Wirtschaftsverhältnissen als Mitursachen für die Auswirkungen der Pestzeit hin. Zu Pest und Seuchen vgl. J. RUFFIÉ/J. C. SOURNIA: *Die Seuchen in der Geschichte der Menschheit*, München 1992; N. BULST: Alte und neue Krankheiten: Seuchen, Mensch und Umwelt, in: E. MORNET/F. MORENZONI (Hg.): *Milieux naturels, espaces sociaux*, Paris 1997, S. 749 ff.

30 C. MECKSEPER (Hg.): *Stadt im Wandel*, Ausstellungskatalog, 4 Bde., Stuttgart-Bad Cannstatt 1985; J. SIDOW (Hg.): *Städtische Versorgung und Entsorgung im Wandel der Geschichte*, Sigmaringen 1981; U. DIRLMEIER: Umweltprobleme in deutschen Städten des Spätmittelalters, in: *Technikgeschichte* 48 (1981), S. 191–238; U. DIRLMEIER (Hg.): *Geschichte der Wasserversorgung*, Bd. 4: *Das Mittelalter*, Mainz 1991; M. ILLI: *Von der Schîssgruob zur modernen Stadtentwässerung*, Zürich 1987; M. ILLI: Wasserentsorgung in spätmittelalterlichen Städten, in: *Die Alte Stadt* 20 (1993) S. 221–228; S. HAUSER: ‚Reinlichkeit, Ordnung und Schönheit' – Zur Diskussion über Kanalisation im 19. Jahrhundert, in: *Die Alte Stadt* 19 (1992), S. 292–312; J. BÜSCHEFELD: *Flüsse und Kloaken: Umweltfragen im Zeitalter der Industrialisierung (1870–1918)*, Stuttgart 1997; J. REULECKE/A. GRÄFIN ZU CASTELL RÜDENHAUSEN (Hg.): *Stadt und Gesundheit*, Stuttgart 1991.

31 G. AGRICOLA: *Zwölf Bücher vom Berg- und Hüttenwesen*, München 1980, S. 6.

32 Zur Umweltgeschichte im Industriezeitalter liegen eine Reihe grundlegender Arbeiten vor, von denen hier nur die folgenden angeführt werden: F.-J. BRÜGGEMEIER/T. ROMMELSPACHER: *Besiegte Natur. Geschichte der*

Umwelt im 19. und 20. Jahrhundert, München 1987; F.-J. BRÜGGEMEIER/T. ROMMELSPACHER: *Blauer Himmel über der Ruhr. Geschichte der Umwelt im Ruhrgebiet 1840–1990*, Essen 1992; F.-J. BRÜGGEMEIER/M. TOYKA-SEID (Hg.): *Industrie-Natur. Lesebuch zur Geschichte der Umwelt im 19. Jahrhundert*, Frankfurt/New York 1995; A. ANDERSEN: *Historische Technikfolgenabschätzung am Beispiel des Metallhüttenwesens und der Chemieindustrie 1850–1933*, Stuttgart 1996; U. GILHAUS: *„Schmerzenskinder der Industrie". Umweltverschmutzung, Umweltpolitik und sozialer Protest im Industriezeitalter in Westfalen 1845–1914*; Paderborn 1995.

Richard Schenk
Der Mensch – die Dornenkrone der Schöpfung? Umweltzerstörung aus theologischer Sicht

1 Vgl. G. BENN: Der Arzt, in: *Gesammelte Werke*, hrsg. v. Dieter Wellershoff, Wiesbaden 1960, Bd. 1, S. 11–13, hier S. 12.

2 H. MARKL: Die Schrecken der letzten Welt, in: *Frankfurter Allgemeine Zeitung*, 30.5.1992, Beilage Bilder und Zeiten.

3 *Zufall und Notwendigkeit* (übersetzt von Fr. Griese), München 1975, S. 157. Infolgedessen erscheint nun Monods Schlußfolgerung fragwürdig: „Es ist an ihm, zwischen dem Reich und der Finsternis zu wählen"; *ebd.* Eine ähnliche Aporie zeigt sich an der Kritik von J. Habermas an dem von P. Sloterdijk in die Diskussion gebrachten Menschenpark.

4 B. RUSSELL: *Warum ich kein Christ bin*, München 1963, S. 24.

5 Vgl. RICHARD SCHENK/WOLFGANG VÖGELE (Hg.): *Apokalypse. Vortragsreihe zum Ende des Jahrtausends* (Loccumer Protokoll Nr. 31/99), Rehburg-Loccum 2000.

6 DIE KONFERENZ DER EUROPÄISCHEN ÖKUMENISCHEN KIRCHEN UND DER RAT DER EUROPÄISCHEN BISCHOFSKONFERENZEN (Hg.): *Frieden in Gerechtigkeit für die ganze Schöpfung. Dokumente der Europäischen Ökumenischen Versammlung*, Basel/Zürich 1989, S. 52; zur Reflexion seit der Versammlung in Vancouver 1983 vgl. PREMAN NILES: *Resisting the Threats to Life. Covenenting for Justice, Peace and the Integrity of Creation*, Genf 1989; ULRICH DUCHROW/GERHARD LIEDKE: *Shalom. Biblical Perspectives on Creation, Justice and Peace*, Genf 1989; sowie COMMITTEE ON SOCIAL WITNESS POLICY, PRESBYTERIAN CHURCH, U.S.A. (Hg.): *Keeping and Healing the Creation*, Louisville, Kentucky, [2]1990.

7 KONFERENZ DER EUROPÄISCHEN ÖKUMENISCHEN KIRCHEN (wie Anm. 6).

8 *Ebd.*, S. 58.

9 *Ebd.*, S. 53.

10 *Ebd.*,S. 57.

11 *Ebd.*, S. 58.

12 *Ebd.*, S. 62.

13 Die Verantwortung des Menschen für seine Umwelt, in: D. BIRNBACHER (Hg.): *Ökologie und Ethik*, Stuttgart 1983, S. 9–19, hier S. 12; vgl.

C. AMERY: *Das Ende der Vorsehung. Die gnadenlosen Folgen des Christentums*, Hamburg 1972, besonders Kap. 2: Das Bündnis. Für ein differenzierteres Urteil vgl. G. ALTNER: *Schöpfung am Abgrund. Die Theologie vor der Umweltfrage*, Neukirchen-Vluyn 1974, und U. KROLZIK: *Umweltkrise – Folge des Christentums?*, Stuttgart/Berlin 1979.

14 P. LØNNING: *Creation – An Ecumenical Challenge? Reflections issuing from a study by the Institute for Ecumenical Research, Strasbourg, France*, Macon, Georgia 1989.

15 *Ebd.*, S. 178 ff.

16 *Ebd.*, S. 193.

17 *Ebd.*

18 *Gott in der Schöpfung. Ökologische Schöpfungslehre*, München ^{3}1987, S. 45. Zur Schuldzuweisung an die Adresse einer theologischen Mißdeutung der Bibel vgl. außer der von Moltmann stark beeinflußten Basler Versammlung auch noch den katholischen Sozialethiker M. ROCK: Theologie der Natur und ihre anthropologisch-ethischen Konsequenzen, in: BIRNBACHER: *Ökologoie und Ethik* (wie Anm. 13), S. 72–102, etwa S. 82: „Ein falsches Verständnis von seinem Auftrag, die Erde in Besitz zu nehmen und zu beherrschen, hat den Menschen der Natur entfremdet“. Dagegen scheint die Frage berechtigt zu sein, ob das Mißverständnis des Schöpfungsauftrags nicht doch eher eine *Folge* der angedeuteten Entfremdung und Beherrschungstechnik sei. Eine gewisse Entfremdung ist freilich für den infralapsarischen Status des Menschen konstitutiv und wird als solche schon im Schöpfungsbericht thematisiert, etwa *Gen* 3, 14–19.

19 Zur Säkularität (freilich nicht als Säkularismus) bzw. zur (theologisch begründeten) Anthropozentrik vgl. FR. GOGARTEN: *Verhängnis und Hoffnung der Neuzeit*, Stuttgart 1953; und J.-B. METZ: *Christliche Anthropozentrik. Über die Denkform des Thomas von Aquin*, München 1962; J.-B. METZ: Die Rede von Gott angesichts der Leidensgeschichte der Welt, in: *Stimmen der Zeit* 117 (1992), S. 311–320. Moltmanns eigene Deutung der mittelalterlichen Theologie scheint zweideutig zu sein. Einerseits räumt er ihr eine kosmologische (nicht nur existentialistisch enggeführte) Deutung des Schöpfungsberichts ein (S. 47), andererseits sieht er in ihrem Gnadenaxiom (die Gnade vollendet die Natur) den Hintergrund für die Anthropozentrik K. Rahners, die er kritisiert und zu ergänzen versucht (S. 21 f.). Es ist zuzugeben, daß bis auf einige Einzelfragen der evolutiven Weiterentwicklung der Welt (die nach Rahner stets und unaufhaltsam auf personales Geistwerden angelegt ist) das Thema Schöpfung – gerade als *creatio ex nihilo* – aus dem theologischen Gesamtkonzept Rahners herausfällt; vgl. *Grundkurs des Glaubens: Einführung in den Begriff des Christentums*, Freiburg 1977. Ob dies allerdings wirklich auf das Gnadenaxiom thomanischer Theologie zurückzuführen sei, ist um so zweifelhafter, als die damit ursprünglich gemeinte Vollendung des „Natürlichen“ jene von Moltmann vermißte Erfahrung des Unvollendetseins („gratia non perficit naturam“, Ablehnung des gnadentheologischen „Triumphalismus“) stärker betonte, als in der angeführten neueren Deutung erkannt wird; vgl. dazu R. SCHENK: *Die Gnade vollendeter Endlichkeit. Zur transzendentaltheologischen Auslegung der thomanischen Gnadenlehre*

(FthSt 135) Freiburg i. Br. 1989, besonders Kap. III: Die dionysische Theodizee und das Gnadenaxiom bei Thomas: *Eigenart und Rezeption*, S. 286–442.

20 *The Coming of the Cosmic Christ. The Healing of Mother Earth and the Birth of a Global Renaissance*, San Francisco 1988; und *Creation Spirituality. Liberating Gifts for the Peoples of the Earth*, New York 1991. Paradoxerweise liegt die Schwäche des Entwurfs gerade in der modischen Anthropologisierung und Anthropomorphisierung der Erde und des kosmischen Christus, etwa in Sätzen wie: „In short, earth loved us – and still does – even though we crucify her daily" (*The Coming*, S. 144); und: „The Cosmic Christ in our time is dying over and over again of AIDS. The Cosmic Christ is learning lessons of wisdom and trying to teach them as a result of the tragedy of AIDS (...). The Cosmic Christ is becoming less tolerant of those who try and cover up sexuality or pretend that it is not important to psyche and to love and to a living cosmology" (*ebd.*, S. 164). Es ist mehr als fraglich, ob damit für die Anerkennung der Eigenrechte der nichtpersonalen (d. h. einer uns nicht liebenden) Schöpfung oder für die infolge neuer Tragödien intensivierte Suche nach einer der endlichen Person angemessenen Sexualität viel erreicht ist. Zu jüngeren Versuchen der Remythisierung vgl. auch RUPERT SHELDRAKE: *The Rebirth of Nature. The Greening of Science and God*, New York et al. 1990.

21 MOLTMANN: *Gott in der Schöpfung* (wie Anm. 18), S. 36.

22 Eine gewisse Spannung zwischen der kosmozentrischen Mystik und dem Kampf um Gerechtigkeit wird von Fox in seiner Einleitung zu *Creation* zwar eingestanden, nicht aber als eigentliches Problem aufgegriffen.

23 Vgl. A. L. KROEBER: *Yurok Myths*, Berkeley u. a. 1976; und J. HARRINGTON: *Karuk Indian Myths* (Bureau of American Ethnology Bulletin 107) Washington, D. C. 1932.

24 Zu den geschichtlichen Wurzeln der heutigen Dialektik vgl. R. SPAEMANN: *Rousseau – Bürger ohne Vaterland*, München 1980.

25 MOLTMANN: *Gott in der Schöpfung* (wie Anm. 18), S. 43.

26 *Ebd.*, S. 43 f.

27 *Ebd.*, S. 44.

28 *Ebd.*

29 *Ebd.*

30 Etwa *Gen* 8, 1 ff.: „Da dachte Gott an Noach und an alle Tiere und an all das Vieh", oder *Gen* 9, 10: „Hiermit schließe ich meinen Bund mit euch und mit euren Nachkommen und mit allen Lebewesen bei euch, mit den Vögeln, dem Vieh und allen Tieren des Feldes und mit allen Tieren des Himmels ...".

31 Vgl. L. SCHEFFCZYK: Die Guttat des Schöpfers und der Reflex im Menschen, in: *Ut omnes unum* 45, 1982, S. 41–46, S. 68–71, wo das Gutsein des Schöpfers und der Schöpfung gegen die anthropozentrische Engführung auf eine Brauchbarkeit für den Menschen oder auf das potentielle Produkt menschlicher Einwirkung verteidigt wird.

32 Vgl. K. LEHMANN: Kreatürlichkeit des Menschen als Verantwortung für die Erde, zuerst in: G. ALTNER (Hg.): *Sind wir noch zu retten? Schöpfungsglaube und Verantwortung für unsere Erde*, Regensburg 1978, S. 41–64;

hier nach PH. SCHMITZ (Hg.): *Macht euch die Erde untertan? Schöpfungsglaube und Umweltkrise*, Würzburg 1981, S. 65–88, besonders S. 76 f.

33 R. WOLF: God, James Watt, and the Public's Land, in: *Audubon* 83, H. 5, 1981, S. 58–65.

34 MOLTMANN: *Gott in der Schöpfung* (wie Anm. 18), S. 41. Eine neomarxistische Auseinandersetzung mit Bacon, welche eine Parallele zur scholastischen Unterscheidung von tyrannischer Herrschaft und einer auf das Gemeinwohl zielenden Dominanz unabhängig entwickelt, bietet W. LEISS: *The Domination of Nature*, New York 1972. Der Versuch UDO KROLZIKS: Die Wirkungsgeschichte von Gen 1, 28, in: G. ALTNER (Hg.): *Ökologische Theologie. Perspektiven zur Orientierung*, Stuttgart 1989, S. 145–163, die epochalen Unterschiede im Verständnis des *dominium terrae* in Korrespondenz zu den jeweils dominanten Formen staatlicher Herrschaft zu setzen, bestätigt bei aller Künstlichkeit im Detail doch die grundlegend historische Erkenntnis, daß die problematischsten Lesarten des *dominium terrae* zu Zeiten hervortraten, als die Verbindlichkeit biblischer Texte nachgelassen hatte; zu FRANCIS BACON etwa vgl. S. 158 f.

35 Zu der in der Renaissance programmatisch gewordenen Kritik an LOTARIO DE SEGNI (dem späteren Innozenz III.) und seinem *Werk Vom Elend des menschlichen Daseins*, besonders bei GIANNOZZO MANETTI: *Über die Würde und Erhabenheit des Menschen*, vgl. die Einleitung von A. BUCK zu H. LEPPINS Übersetzung des letztgenannten Werkes, Hamburg 1990. Unter Berufung auf *Gen* 1, 28 schrieb Manetti etwa folgendes: Gott setzte die Menschen „als Herren ein über alles, was geschaffen war, und als Könige, ja als Kaiser über den gesamten Erdkreis" (II 16, ed. cit., S. 46; vgl. auch III 35, ed. cit., S. 85, und – zum *Ps* 8 – III 37, ed. cit., S. 86). Vgl. auch Bucks Einleitung zu N. BAUMGARTENS Übersetzung von GIOVANNI PICO DELLA MIRANDOLAS weniger biblisch gehaltenem, die eigene Schöpfertätigkeit des Menschen stärker betonendem Traktat *Über die Würde des Menschen,* Hamburg 1990, sowie die Bemerkungen zu diesen Werken von R. IMBACH: Notabilia I, in: *FZPhTh* 39, 1992, S. 180–194, insbesondere S. 190–193.

36 *Legitimität, a. a. O.*, S. 150 ff.

37 *Anthropologie in theologischer Perspektive*, Göttingen 1983, S. 75.

38 *Mutmasslicher Anfang der Menschheitsgeschichte*, A 10.

39 *II Sent.* 1, 5, Nr. 6, ed. Grottaferrata, I 333, 15.

40 *II Sent.* 15, 5, Nr. 1, ed. Grottaferrata, I 402, 3–4.

41 Ed. Grottaferrata, I 332 f.

42 Ed. Grottaferrata, I 333, 4–11; vgl. PL 78, 206 A.

43 Ed. Grottaferrata, I 333, 12–19; und HUGO: *De sacramentis*, PL 176, 205 C – 206 A; zu Hugo vgl. auch KROLZIK: *Umweltkrise* (wie Anm. 13), S. 77 ff.

44 Ed. Grottaferrata, I 333, 17–19.

45 Ed. Grottaferrata, I 333, 20–29.

46 Ed. Grottaferrata, I 333, 25–27.

47 *In II Sent.,* d. 1, p. 2, a. 2, q. 2, ed. Quaracchi 1885, II 44.

48 *In II Sent.,* d. 15, a. 2, q. 1, ed. cit., II 383.

49 *Ebd.*

50 *Ebd.*, ad 4 et 5.
51 *STh* I 47, 1.
52 *Ver* 22, 2 ad 2.
53 *STh* I 65, 2.
54 *STh* I 103, 2 ad 2.
55 *STh* I 44, 4.
56 *In II Sent.*, 1, 2, 3 co.
57 *Ebd.* ad 3.
58 *Ebd.* ad 4.
59 *Ebd.*
60 *Ebd.* ad 2.
61 *STh* I 65, 2 ad 2.
62 *STh* I 65, 3 co.
63 *Ebd.*
64 *STh* I 22, 2, in Abgrenzung von MOSES MAIMONIDES: *Doct. Perplex.*, III 17.
65 *STh* I 22, 3.
66 *Ebd.*; vgl. *SCG* III 81.
67 *STh* I 47, 1 co.
68 *STh* I 47, 2; *SCG* II 45.
69 *SCG ebd.*, nach der Übersetzung der Summe gegen die Heiden durch K. ALBERT und P. ENGELHART: *Texte zur Forschung* 16, Darmstadt 1982, S. 181.
70 *Ebd.*
71 *SCG* III 64, nach der Übersetzung der *Summe gegen die Heiden* durch K. ALLGAIER: *Texte zur Forschung* 17, Darmstadt 1990, S. 267; vgl. OLIVA BLANCHETTE: *The Perfection of the Universe according to Aquinas. A Teleological Cosmology*, Pennsylvania 1992, etwa S. 319: „Thomas loved the perfection of he universe because he saw God as having loved that most among created things – *ex caritate.*"
72 Während der Gedanke an die Möglichkeit der Vernichtung als notwendiges Hilfsmittel zur begrifflichen Verdeutlichung sowohl der freien Schöpfung Gottes als auch des bloß natürlichen Vergehens angesehen wurde, richtete sich die Aufmerksamkeit mehr auf das zum göttlichen Gutsein Unpassende einer künftigen Vernichtung durch Gott; *STh* I 65, 1 ad 1; 104, 3–4; et par. Eine umfassende Aufarbeitung der mittelalterlichen Annihilationslehre steht m. E. noch aus. Die imposante Arbeit von KNUD E. LØGSTRUP: *Schöpfung und Vernichtung*, Tübingen 1990, betont zwar die Notwendigkeit einer Ergänzung jeder eschatologisch verengten Theologie durch das Bedenken der Schöpfungslehre, faßt aber den Vernichtungsbegriff viel weiter auf als den Begriff der Schöpfung, so daß die Problematik einer nie eintretenden *annihilatio* außerhalb des Themenkreises bleibt.
73 Die letzte Frage der *SCG* verrät die Bemühung, am Fortbestand des nicht personalen Geschöpfs soweit festzuhalten, als dieser keinen Selbstwiderspruch der Dinge impliziert: „Unde esse rerum quae aptitudinem habent ad perpetuitatem in perpetuum remanebit". Zugleich wird auf die gegenseitige Bedingung von menschlicher und nicht-personaler Vollendung hingewiesen. Ein Rückgang hinter den Stand der Verherrlichung Gottes in der er-

sten Schöpfung soll durch den das Werk abschließenden Hinweis auf die neue Schöpfung in *Offb* 21 und *Jes* 65 ausgeschlossen werden. Diese Dimension der Ambivalenz in der eschatologischen Reflexion des Thomas über die Natur wird auch von H. PAUL SANTMIRE übersehen: *The Travail of Nature. The Ambiguous Ecological Promise of Christian Theology*, Philadelphia 1985. Santmire verweist in neutestamentlichen Texten und traditioneller Theologie auf das bloße Nebeneinander von eher spiritualisierenden („johanneischen") und eher auch die nichtmenschliche Natur einschließenden („paulinischen") Heilsvorstellungen. Bei Thomas sieht er die inklusivistischen Aussagen auf die Schöpfungslehre beschränkt, während die Eschatologie der seit Origenes vorherrschenden, spitualistischen Tendenz folge: „*Sic transit gloria mundi.* The celebrated Thomistic principle that grace does not destroy nature, but perfects it, turns out to be narrowly anthropocentric, when all has been said. For, in effect, grace *does* destroy the animals, the plants, the minerals, and all mixed bodies. It only perfects spiritual creatures" (S. 94; vgl. auch S. 216 ff.). Eine genauere Lektüre hätte die Zweideutigkeit bis in die thomanische Eschatologie hinein verfolgen können: eine Ambivalenz, die – wie noch zu zeigen ist – bis heute und aus plausiblen Gründen anhält; vgl. etwa LEO SCHEFFCZYK: *Die heile Schöpfung und das Seufzen der Kreatur*, Weilheim-Bierbronnen 1992, besonders S. 91–115.

74 *Ebd.*, S. 53.

75 *Ebd.*, S. 40 ff.

76 Zur eschatologischen Dimension der Schöpfungslehre vgl. u. a. O. H. STECK: *Welt und Umwelt. Biblische Konfrontationen*, Stuttgart 1978, besonders S. 187 ff.; zur gemeinsamen Hoffnungsstruktur eines der eigenen Bedingtheit bewußten Schöpfungsglaubens und einer auf Heil für die Welt von Gott her hoffenden Apokalyptik vgl. G. ALTNER: Bewahrung der Schöpfung und Weltende, in: G. ALTNER (Hg.): *Ökologische Theologie* (wie Anm. 34), S. 409–423, sowie U. KÖRTNER: Die Entdeckung der Endlichkeit. Zur theologischen Herausforderung apokalyptischen Denkens an der Jahrtausendwende, in: RICHARD SCHENK/WOLFGANG VÖGELE (Hg.): *Aktuelle Apokalyptik!* (Loccumer Protokoll Nr. 20/99) Rehburg-Loccum 2000, S. 223–239. Die Unterschiede zwischen Körtner und Altner, die letzterer (s. o., S. 414) unterstreicht, relativieren sich, wenn einerseits auch Altner die heutige Aktualität biblischer Apokalyptikvorstellungen bejaht, während andererseits auch Körtner weit davon entfernt ist, verängstigter Subjektivität die Möglichkeit objektiverer Weltwahrnehmung abzusprechen; vgl. aber die grundsätzlichere Kritik an Weisheitstheologien von der Art Altners bei ULRICH H. J. KÖRTNER: *Solange die Erde steht. Schöpfungsglaube in der Risikogesellschaft* (Mensch – Natur – Technik. Beiträge aus christlicher Perspektive), Hannover 1997, S. 28.

77 Der Gnadencharakter der Schöpfung, in: ULRICH H. J. KÖRTNER: *Glaube in der Bewährung* (Gesammelte Schriften zur Theologie III), St. Ottilien 1991, S. 157–171, hier S. 162.

78 Die Wiederkunft Christi in ihrer kosmischen Bedeutung, in: *Glaube als Lebensinspiration* (Gesammelte Schriften zur Theologie I), Einsiedeln 1980, S. 287–310, hier S. 293.

79 Vgl. schon R. BULTMANNS Besprechung von KARL BARTH: „Die Auferstehung der Toten", in: *Glauben und Verstehen* I, Tübingen [6]1966. S. 38–64.

80 Die Wiederkunft Christi (wie Anm. 78), S. 294.

81 *Ebd.*, S. 295.

82 *Ebd.*

83 *Ebd.*, S. 299.

84 *Ebd.*, S. 293, Anm. 14.

85 Der Auferstandene: Universales Zeichen der Hoffnung, in: *Glaube als Lebensinspiration* (wie Anm. 78), S. 269–286, hier S. 284.

86 Von daher läßt sich besser verstehen, warum sich G. ALTNER u. a.: *Manifest zur Versöhnung mit der Natur. Die Pflicht der Kirchen in der Umweltkrise*, Neukirchen-Vluyn 1984, mit Recht auf *Ps* 8 berufen können, selbst wenn dort, S. 11, gesagt wird: „Auch nach der klassischen Schöpfungserzählung des Siebentagewerks ist der Mensch in ein Gefüge von Lebensräumen und Lebewesen hineingeschaffen, nicht als Krone der Schöpfung – die Vollendung der Schöpfung ist Gottes Ruhen am siebten Tag –, sondern als Schlußstein in der Reihe der Lebewesen". Damit wird allerdings weder ein Grund für gerade diesen Schlußstein noch der Reflex der theozentrisch bestimmten Ruhe in der menschlichen und außermenschlichen Schöpfung genannt.

87 *Die Schriftwerke. Verdeutscht von Martin Buber*, Stuttgart 1992, IV S. 16.

88 CSEL 70, 153–188; vgl. den ausgezeichneten Art. Stephanos von W. GRUNDMANN, in: G. KITTEL/G. FRIEDRICH: *TWNT* VII, Stuttgart 1990, S. 615–635.

89 Vgl. etwa cap. 14–15, *a. a. O.*, S. 184–188.

90 Vgl. MOLTMANN: *Gott in der Schöpfung* (wie Anm. 18), S. 45; LØNNING: *Creation* (wie Anm. 14), S. 70 und 83; sowie die Texte der Basler Versammlung (wie Anm. 6), etwa S. 57.

Gerhard de Haan
Bildung für eine nachhaltige Entwicklung als Voraussetzung für gesellschaftlichen Wandel

1 V. HAUFF (Hg.): Brundtlandbericht: *Weltkommission für Umwelt und Entwicklung. Unsere gemeinsame Zukunft*, Hamm 1987.

2 BUNDESMINISTERIUM FÜR UMWELT, NATURSCHUTZ UND REAKTORSICHERHEIT (Hg.): *Agenda 21: Umweltpolitik*. Konferenz der Vereinten Nationen für Umwelt und Entwicklung im Juni 1992 in Rio de Janeiro. Dokumente. Agenda 21, 1993.

3 ENQUETE-KOMMISSION „SCHUTZ DES MENSCHEN UND DER UMWELT DES DEUTSCHEN BUNDESTAGES" (Hg.): *Konzept Nachhaltigkeit. Vom Leitbild zur Umsetzung*. Abschlußbericht, Bonn 1998.

4 BUND/MISEREOR (Hrsg.): *Zukunftsfähiges Deutschland. Ein Beitrag zu einer global nachhaltigen Entwicklung*, Basel/Boston/Berlin 1996.

5 RAT VON SACHVERSTÄNDIGEN FÜR UMWELTFRAGEN (RSU): *Umweltgutachten 1994*. Deutscher Bundestag, Stuttgart 1994. RAT VON SACH-

VERSTÄNDIGEN FÜR UMWELTFRAGEN (Hg.): *Umweltgutachten 2000 – Schritte ins nächste Jahrtausend*, Stuttgart 2000; A. KNAUS/O. RENN: *Den Gipfel vor Augen. Unterwegs in eine nachhaltige Zukunft*. Marburg 1998.; Birgit BREUEL (Hg.): *Agenda 21. Vision: Nachhaltige Entwicklung*, Frankfurt/New York 1999.

6 G. de HAAN: Bildung für nachhaltige Entwicklung? Sustainable Development im Kontext pädagogischer Umbrüche und Werturteile – Eine Skizze, in: A. BEYER (Hg.): *Nachhaltige Entwicklung und Umweltbildung*, Hamburg 1998, S. 109–148.

7 FRAUNHOFER INSTITUT FÜR SYSTEMTECHNIK UND INNOVATIONSFORSCHUNG: Delphi 98 Umfrage: *Zukunft nachgefragt. Studie zur globalen Entwicklung von Wissenschaft und Technik*, Karlsruhe 1998.

8 PROGNOS AG, BASEL/INFRATEST BURKE SOZIALFORSCHUNG GMBH & CO, MÜNCHEN: Delphi-Befragung 1996/1998 *„Potentiale und Dimensionen der Wissensgesellschaft – Auswirkungen auf Bildungsprozesse und Bildungsstrukturen“*, durchgeführt im Auftrag des Bundesministeriums für Bildung, Wissenschaft, Forschung und Technologie, München/Basel 1998.

9 STIFTUNG ENTWICKLUNG UND FRIEDEN (Hg.): *Globale Trends 2000. Fakten, Analysen, Prognosen*. Frankfurt a. M. 1999.

10 Rat von Sachverständigen für Umweltfragen (wie Anm. 5).

11 DEUTSCHER BUNDESTAG: Bundestags-Drucksache 12/8451, *„Umwelt 1994 – Politik für eine nachhaltige umweltgerechte Entwicklung“*, Bonn 1994.

12 WISSENSCHAFTLICHER BEIRAT DER BUNDESREGIERUNG GLOBALE UMWELTVERÄNDERUNGEN (WBGU): Jahresgutachten 1995: *Welt im Wandel: Wege zur Lösung globaler Umweltprobleme*, Berlin/Heidelberg 1995.

13 DEUTSCHER BUNDESTAG: Bundestags-Drucksache 13/5238, *„Große Anfrage zu Umweltbildung“*, Bonn 1996.

14 DEUTSCHER BUNDESTAG: Bundestags-Drucksache 13/8213, *„Antwort der Bundesregierung auf die Große Anfrage zur Umweltbildung“*, Bonn 1997.

15 BUNDESMINISTERIUM FÜR BILDUNG, WISSENSCHAFT, FORSCHUNG UND TECHNOLOGIE (Hg.): *Forschung für die Umwelt. Programm der Bundesregierung*, Bonn 1998.

16 DEUTSCHER BUNDESTAG: Bundestags-Drucksache 13/8878, „Erster Bericht zur Umweltbildung.“ Unterrichtung durch die Bundesregierung vom 30. 10. 1997, Bonn 1997.

17 UNITED NATIONS (Hg.): *Indicators of Sustainable Development. Framework and Methodologies*. New York 1996.

18 *Interkulturelle Bildung und Erziehung in der Schule*. Beschluß der Kultusministerkonferenz vom 25. 10. 1996, 1996; K. GIESEL/G. de HAAN/H. RODE: *Umweltbildung in Deutschland. Stand und Trends im außerschulischen Bereich*. Heidelberg/New York 2000.

19 BUNDESMINISTERIUM FÜR UMWELT, NATURSCHUTZ UND REAKTORSICHERHEIT (Hg.): *Umweltbewußtsein in Deutschland* 1996, Berlin 1996.

20 BUND-LÄNDER-KOMMISSION FÜR BILDUNGSPLANUNG UND FORSCHUNGSFÖRDERUNG (Hg.): *Bildung für eine nachhaltige Entwicklung. Orientierungsrahmen*. Materialien, Heft 69, Bonn 1998.

21 ANTRAG DER FRAKTION DER SPD UND DER FRAKTION BÜNDNIS 90/DIE GRÜNEN: *„Bildung für eine nachhaltige Entwicklung“*, in: Deutscher Bundestag, Drucksache 14/1353, Bonn 1999.

22 G. DE HAAN/D. HARENBERG: *Bildung für eine nachhaltige Entwicklung. Gutachten zum Programm.* Materialien zur Bildungsplanung und zur Forschungsförderung der BLK, Heft 72, Bonn 1999, S. 60.

23 Ebd.

24 G. de HAAN u. a.: *Umweltbildung als Innovation. Bilanzierungen und Empfehlungen zu Modellversuchen und Forschungsvorhaben.* Berin/Heidelberg u. a. 1997.

25 BUNDESMINISTERIUM FÜR WIRTSCHAFTLICHE ZUSAMMENARBEIT UND ENTWICKLUNG: Sektorkonzept: *Förderung der Grundbildung in den Entwicklungsländern*, in: BMZ aktuell Nr. 106/August 1999 http://www.bmz.de/publikationen/aktuell106/a1.html

26 WISSENSCHAFTLICHER BEIRAT DER BUNDESREGIERUNG GLOBALE UMWELTVERÄNDERUNGEN (WBGU): Jahresgutachten 1996: *Welt im Wandel: Herausforderungen für die deutsche Wissenschaft*, Berlin/Heidelberg 1996.

27 Wissenschaftlicher Beirat der Bundesregierung Globale Umweltveränderungen (WBGU): Jahresgutachten 1996: *Welt im Wandel: Herausforderungen für die deutsche Wissenschaft*, Berlin/Heidelberg 1996; Wissenschaftlicher Beirat der Bundesregierung Globale Umweltveränderungen (WBGU): Jahresgutachten 1997: *Welt im Wandel: Wege zu einem nachhaltigen Umgang mit Süßwasser*, Berlin/Heidelberg 1997.

28 F. REUSSWIG: Nicht-nachhaltige Entwicklungen. Zur interdisziplinären Beschreibung und Analyse von Syndromen des globalen Wandels, in: K. W. BRAND (Hg.): *Nachhaltige Entwicklung. Eine Herausforderung an die Soziologie*, Opladen 1997, S. 71–90.

Michaele Hustedt

Sind wir zu viele? Über das Verhältnis von Weltbevölkerung und Umweltzerstörung

1 Definiert als die Höchstzahl von Individuen einer Population, die ein System unter den gegebenen Bedingungen verkraften kann.

2 Der Beitrag einzelner Spurengase zum Treibhauseffekt gestaltet sich folgendermaßen: CO_2 50%, CH_4 20%, FCKW 17%, Ozon 8%, N_2O 4%.

3 Lt. Berechnungen von UNEP für den Zeitraum von 1800 bis 2000.

4 VITTORIO HÖSLE: *Philosophie der ökologischen Krise*, München 1994.

5 BEVÖLKERUNGSFONDS DER VEREINTEN NATIONEN: *Weltbevölkerungsbericht 1999. 6 Milliarden. Zeit für Entscheidungen*, Stuttgart 1999.

6 RAY KURZWEIL: *Homo S@piens, Leben im 21. Jahrhundert – Was bleibt vom Menschen?*, Köln 1999.

7 BUND/Misereor (Hg.): *Zukunftsfähiges Deutschland. Ein Beitrag zur global nachhaltigen Entwicklung*, Berlin 1996, S 28f.

8 Ulrich Beck in: *Umweltnachrichten 74* (1997), S. 13.

9 Felix-Christian Matthes: *Energiewende 2020*. Kurzstudie im Auftrag der Heinrich-Böll-Stiftung, Berlin 2000.

10 Karl Homan in: *Das Parlament* vom 16.6.1997.

11 Dr. Nafis Sadik, ICPD-Generalsekretärin und Exekutivdirektorin des UN-Bevölkerungsfonds. Zitiert nach Deutsche Stiftung Weltbevölkerung www.dsw-online.de/kairobg.de vom 1.7.2000.

Michael Kloepfer
Haben nur Menschen Rechte?

1 J. Caspar: *Das Tier im Recht der modernen Industriegesellschaft,* Baden-Baden [1]1999, S. 45; G. Erbel: *Rechtsschutz für Tiere – Eine Bestandsaufnahme anläßlich der Novellierung des Tierschutzgesetzes*, in: Deutsches Verwaltungsblatt, 1986, S. 1235–1258; W. Hülle: *Von Tierprozessen im deutschen Recht*, in: *Deutsche Richterzeitung*, 1990, S. 135–137.

2 H. Brox: *Allgemeiner Teil des BGB*, Köln/Berlin [23]1999, § 33, Rn. 655.

3 Ebd., § 34, Rn. 680.

4 A. Lorz/E. Metzger: *Tierschutzgesetz*, München [5]1999, Einführung, Rn. 12.

5 M. Kloepfer: *Umweltrecht*, München [2]1998, § 1, Rn. 77; Caspar: *Das Tier im Recht der modernen Industriegesellschaft* (wie Anm. 1), S. 106.

6 Entscheidung des Verwaltungsgerichts Hamburg, in: *Neue Zeitschrift für Verwaltungsrecht*, 1988, S. 1058–1060.

7 H. Heinrichs in: O. Palandt: *Kommentar zum BGB,* München [59]2000, Überblick vor § 1, Rn 1.

8 Entscheidung des Verwaltungsgerichts Hamburg, in: *Neue Zeitschrift für Verwaltungsrecht*, 1988, S. 1058–1060.

9 R. Breuer: *Wirksamer Umweltschutz durch Reform des Verwaltungsverfahrens- und Verwaltungsprozessrechts?*, in: *Neue Juristische Wochenschrift*, 1978, S. 1558–1566; E. Rehbinder in: O. Kimminich/H. von Lersner/P.-C. Strom (Hg.): *Handbuch des Umweltrechts*, Berlin [2]1994, Band II, Spalte 2559.

10 Kloepfer: *Umweltrecht* (wie Anm. 5), § 8, Rn. 30.

11 T. Maunz/G. Dürig, in: T. Maunz/G. Dürig (Hg.): *Grundgesetzkommentar,* München [35]1999, Art. 79, Rn. 39.

12 W. Hoppe/M. Beckmann/P. Kauch: *Umweltrecht,* München [2]2000, § 4, Rn. 9; D. Mertens: Über Staatsziele, in: *Die Öffentliche Verwaltung*, 1993, S. 368–377.

13 Hoppe/Beckmann/Kauch: *Umweltrecht* (wie Anm. 12), § 4, Rn. 33; M. Kloepfer/M. Rossi: Tierschutz in das Grundgesetz?, in: *Juristen Zeitung*, 1998, S. 369–378.

14 K. Bosselmann: *Im Namen der Natur,* Bern/München 1992, S. 222; Lorz/Metzger: *Tierschutzgesetz* (wie Anm. 4), § 1, Rn. 2.

15 C. Stone: *Should trees have standing?*, Los Altos, 1974; Bosselmann: *Im Namen der Natur* (wie Anm. 14), S. 216.

Klaus Michael Meyer-Abich
Für wen hat die Natur einen Eigenwert?
Die Abhängigkeit der ökologischen Ethik
vom Menschenbild

1 J. W. v. GOETHE: Maximen und Reflexionen, in: *Goethes Werke*. Hamburger Ausgabe in 14 Bänden, hg. von E. TRUNZ, München 1981, Bd. 12, S. 530.

2 Die Anthropomorphie alles Menschlichen kann auch als „strukturelle Zentralität des Menschen" beschrieben werden, vgl. C. F. GETHMANN: Zur Ethik des umsichtigen Naturumgangs, in: P. JANICH/Chr. RÜCHARDT (Hg.): *Natürlich, technisch, chemisch. Verhältnisse zur Natur am Beispiel der Chemie*, Berlin/New York 1996, S. 27–46. Wenn von dieser dann aber wiederum als von einem „strukturellen Anthropozentrismus" (ebd., S. 32) die Rede ist, verschwimmen die hier notwendigen Unterscheidungen. Auch diejenigen Autoren, die wie Gethmann und Höffe für eine anthropozentrische Ethik eintreten, sollten den Anschein vermeiden, diese als notwendig und unumgänglich – wie die Anthropomorphie – darzustellen und damit den politischen Mißbrauch ihrer Überlegungen herauszufordern.

3 Chr. D. STONE: *Should Trees Have Standing? Toward Legal Rights for Natural Objects* [1972], Los Altos 1974; Chr. D. STONE: *The Gnat is Older than Man. Global Environment and Human Agenda*, Princeton, N.J. 1993, ND 1995; G. STUTZIN: *La Naturaleza: un Nuevo Sujeto de Derecho?*, Jahuel 1973.

4 Genauso anthropomorph ist die Naturwissenschaft. Beispielsweise sind die Masse oder die Ladung eines Elementarteilchens nicht Eigenschaften, die es „an sich" hat, sondern relationale Eigenschaften im Verhältnis zum Beobachter. Ein Elektron würde sich selbst, wenn das Selbstverständnis zu seiner Natur gehörte, schwerlich als „Elektron" verstehen. Damit ist nicht gesagt, daß es selber und seine Eigenschaften bloß menschliche Konstrukte seien, denn in Gestalt der Beziehungen, die wir zu ihnen eingehen, gibt es sie wirklich. Masse und Ladung sind eine wissenschaftliche, also gesellschaftliche Konstitution dieser Wirklichkeit. In demselben Sinn, in dem wir etwa einem Elektron eine bestimmte Ladung zuerkennen, könnten wir also auch einem Lebewesen bestimmte Rechte zuerkennen, wenn wir seinen Eigenwert rechtsförmig respektieren wollen (also nicht z. B. patriarchalisch). Die naturwissenschaftlichen Bestimmungen beschreiben die gesellschaftliche Wirklichkeit der Dinge in wissenschaftlich-technischen Erkenntnis-Zusammenhängen, die Rechte der natürlichen Mitwelt hingegen die gesellschaftliche Wirklichkeit der Dinge im menschlichen Handeln, auch im Erkenntnishandeln (z. B. bei Tierversuchen); vgl. K. M. MEYER-ABICH: *Praktische Naturphilosophie – Erinnerung an einen vergessenen Traum*, München 1997.

5 GETHMANN: Zur Ethik des umsichtigen Naturumgangs (wie Anm. 2).

6 O. HÖFFE: *Moral als Preis der Moderne. Ein Versuch über Wissenschaft, Technik und Umwelt* [1993], Frankfurt/M. ^{3}1995.

7 Ebd.

8 Gethmann hat diese Konsequenz der physiozentrischen Ethik mit Recht hervorgehoben und dann argumentativ zu beweisen versucht, daß sie und somit auch die physiozentrische Ethik falsch sei. Dieser Beweis ist in der zitierten Arbeit jedoch nicht schlüssig geführt. Vgl. GETHMANN: Zur Ethik des umsichtigen Naturumgangs (wie Anm. 2).

9 K. M. MEYER-ABICH: *Aufstand für die Natur – Von der Umwelt zur Mitwelt*, München 1990.

10 H. BARANZKE/F.-T. GOTTWALD/H. W. INGENSIEP (Hg.): *Leben – Töten – Essen. Anthropologische Dimensionen*, Stuttgart/Leipzig 2000.

11 G. J. WARNOCK: Naturalismus [1967], in: G. GREWENDORF/G. MEGGLE (Hg.): *Seminar: Sprache und Ethik. Zur Entwicklung der Metaethik*, Frankfurt/M. 1974, S. 341–352.

12 Holmes III ROLSTON: Is there an ecological ethic?, in: *Ethics* 85 (1975), S. 93–109. W. K. FRANKENA: Ethics and the Environment, in: K. E. GOODPASTER/K. M. SAYRE (Hg.): *Ethics and Problems of the 21st Century*, Notre Dame/London 1979, S. 3–20.

13 A. SCHWEITZER: *Kultur und Ethik*. Kulturphilosophie Zweiter Teil. Olaus Petri Vorlesungen an der Universität Upsala [1923], in: *Gesammelte Werke in fünf Bänden*. Bd. 2, München 1974, S. 95–420.

14 M. HEIDEGGER: *Sein und Zeit*. Erste Hälfte, Halle (Niemeyer) 1927, [2]1929; K. LÖWITH: *Das Individuum in der Rolle des Mitmenschen. Ein Beitrag zur anthropologischen Grundlegung der ethischen Probleme*, München 1928.

15 B. de SPINOZA: *Tractatus theologico-politicus. Theologisch-politischer Traktat* [1670]. Hg. von G. GAWLICK und F, NIEWÖHNER. *Opera Werke*. Lateinisch und deutsch. Bd. 1, Darmstadt 1979, Kap. 4.

16 R. SHAPIRO: *The Human Blueprint. The race to unlock the secrets of our genetic script*, New York 1991.

17 K. M. MEYER-ABICH: *Wege zum Frieden mit der Natur – Praktische Naturphilosophie für die Umweltpolitik*, München 1984; ND München 1986.

18 Höffe meint demgegenüber sogar, daß ein falsches Selbstbild im Sinn einer „anthropologischen Anmaßung“ per se gar keine Folgen habe, also nicht mit einer entsprechenden Moral einhergehen müsse, unterschätzt damit aber wohl die Tragweite des jedem ethischen Entwurf – auch dem seinen – zugrundeliegenden Menschenbilds. Vgl. HÖFFE: *Moral als Preis der Moderne* (wie Anm. 6), S. 214; dagegen L. SIEP: Ethik und Anthropologie, in: A. BARKHAUS u. a. (Hg.): *Identität, Leiblichkeit, Normativität. Neue Horizonte anthropologischen Denkens*, Frankfurt/M. 1996, S. 274–298.

19 E. U. v. WEIZSÄCKER/A. B. LOVINS/L. H. LOVINS: *Faktor 4. Doppelter Wohlstand – halbierter Naturverbrauch. Der neue Bericht an den Club of Rome*, München 1995.

20 MEYER-ABICH: *Praktische Naturphilosophie* (wie Anm. 4).

21 St. D. COUSINS: Culture and Selfhood in Japan and the US, in: *Journal of Personality and Social Psychology* 56 (1989), S. 124–131; H. R. MARKUS/S. KITAYAMA: Culture and the Self: Implications for Cognition, Emotion, and Motivation, in: *Psychological Review* 98,2 (1991), S. 224–253.

22 G. MCCRACKEN: *Culture and Consumption. New Approaches to the Symbolic Character of Consumer Goods and Activities* [1988], Bloomington/Indianapolis 1990, S. 88.

23 H. DITTMAR: *The Social Psychology of Material Possessions. To Have is To Be*, Hemel Hampstead 1992.

24 G. SCHERHORN: Die Wachstumsillusion im Konsumverhalten, in: H. Chr. BINSWANGER/P. v. FLOTOW (Hg.): *Geld & Wachstum. Zur Philosophie und Praxis des Geldes*, Stuttgart 1994, S. 213–230. T. JACKSON/N. MARKS: Consumption, Sustainable Welfare and Human Needs – With Reference to UK Expenditure Patterns Between 1954 and 1994, in: *Ecological Economics* 28 (1999), S. 421–441.

25 C. GEERTZ: From the Native's Point of View: On the Nature of Anthropological Understanding, in: P. RABINOW/W. M. SULLIVAN (Hg.): *Interpretive Social Science – A Reader*, Berkeley u. a. 1979, S. 229.

26 W. JAMES: *The Principles of Psychology*. Vol. I [1890], New York 1950, S. 291.

27 HÖFFE: *Moral als Preis der Moderne* (wie Anm. 6), S. 214.

Die Autoren

Prof. Dr. Vittorio Hösle, ehem. Direktor des Forschungsinstituts für Philosophie Hannover; Professor für Literaturwissenschaften, Philosophie und Politologie an der University of Notre Dame (Indiana), USA

Prof. Dr. Hubert Wiggering, Institut für Geoökologie, Universität Potsdam; Direktor des Zentrums für Agrarlandschafts- und Landnutzungsforschung (ZALF), Müncheberg

Dipl. Geoökol. Michael Hahn, Wissenschaftlicher Mitarbeiter beim Rat von Sachverständigen für Umweltfragen, Wiesbaden

Prof. em. Dr. Dr. h. c. Wolfgang Haber, Lehrstuhl für Landschaftsökologie, Technische Universität München

Prof. Dr. Dr. h. c. Peter Koslowski, Gründungsdirektor des Forschungsinstituts für Philosophie Hannover 1987–2001; freier Schriftsteller; apl. Professor für Philosophie und Politische Ökonomie an der Universität Witten/Herdecke

Prof. Dr. Ernst-Dieter Lantermann, Fachbereich Psychologie, Universität Gesamthochschule Kassel

Prof. Dr. Paul Leidinger, Professor für Neuere und Neueste Geschichte und Didaktik der Geschichte, Universität Münster

Prof. Dr. Richard Schenk, ehem. Direktor des Forschungsinstituts für Philosophie Hannover; Professor für Philosophie und Theologie an der Dominican School of Philosophy and Theology, Graduate Theological Union, Berkeley (Kalifornien), USA

Dr. Johannes Merck, Direktor für Umwelt- und Gesellschaftspolitik der Otto-Handelsgruppe; Geschäftsführer der Michael Otto Stiftung für Umweltschutz

Prof. Dr. Gerhard de Haan, Arbeitsbereich Erziehungswissenschaftliche Zukunftsforschung, Freie Universität Berlin

Michaele Hustedt, MdB, energiepolitische Sprecherin von Bündnis 90/Die Grünen

Prof. Dr. Michael Kloepfer, Lehrstuhl für Staats- und Verwaltungsrecht, Europarecht, Umweltrecht, Finanz- und Wirtschaftsrecht, Juristische Fakultät, Humboldt-Universität Berlin

Prof. Dr. Klaus Michael Meyer-Abich, Institut für Philosophie, Universität Essen

Buchanzeigen